程序员易读大讲堂

Python

数据分析

从零基础入门到案例实战

余本国◎著

北京理工大学出版社
BEIJING INSTITUTE OF TECHNOLOGY PRESS

内 容 简 介

　　本书是一本使用 Python 3.8 进行数据处理和分析的学习指南。全书分为三部分：基础入门、实战案例及拓展与应用。在基础入门部分，介绍了 Python 的语法基础，包括数据类型、流程控制、函数，数据的导入导出，数据处理的 NumPy 和 Pandas 库，数据清洗、数据分析、数据可视化和图像处理，以及正则表达式和爬虫方面的知识点；在实战案例部分，介绍了中文分词 jieba 库，并用三个完整的数据分析案例介绍了数据的清洗和分析过程；在拓展与应用部分，主要介绍了 Python 对文件系统的操作和格式化字符串的输出，并对数据库的操作、Python 应用模块的 DIY 与发布，以及机器学习入门做了简单的介绍。

　　本书内容丰富、简单易懂，适合本科生、研究生阅读，以及对 Python 语言感兴趣或者想要使用 Python 语言进行数据分析的读者参考。

图书在版编目（CIP）数据

Python数据分析：从零基础入门到案例实战 / 余本国著. —北京：北京理工大学出版社，2022.4（2022.11重印）
　ISBN 978-7-5763-1195-2

　Ⅰ. ①P··· Ⅱ. ①余··· Ⅲ. ①软件工具－程序设计
Ⅳ. ①TP311.561

中国版本图书馆CIP数据核字（2022）第052648号

出版发行 /	北京理工大学出版社有限责任公司	
社　　址 /	北京市海淀区中关村南大街 5 号	
邮　　编 /	100081	
电　　话 /	（010）68914775（总编室）	
	（010）82562903（教材售后服务热线）	
	（010）68944723（其他图书服务热线）	
网　　址 /	http://www.bitpress.com.cn	
经　　销 /	全国各地新华书店	
印　　刷 /	三河市中晟雅豪印务有限公司	
开　　本 /	787 毫米 × 1000 毫米　1 / 16	
印　　张 /	26.25	责任编辑 / 曾　仙
字　　数 /	581 千字	文案编辑 / 曾　仙
版　　次 /	2022 年 4 月第 1 版　2022 年 11 月第 2 次印刷	责任校对 / 周瑞红
定　　价 /	89.00 元	责任印制 / 李志强

前 言

如今关于 Python 的图书浩如烟海，这是一件好事情，说明大家都知道了 Python 的重要性并在学习它。正如语言专家 Bruce Eckel 说的 "Life is short, you need Python"，即 "人生苦短，我用 Python"，这从另一个方面也说明 Python 语言简洁易用。当前 Python 图书云集，良莠不齐，适合 "小白" 入门学习数据分析的书还真的不多。

Python 发展迅速，更新迭代速度更是惊人，当前最新版为 Python 3.9，Anaconda 中最新稳定版为 Python 3.8。本书所有代码都基于 Python 3.8 编写。

本书分为三部分，共 16 章，第 1 章 Python 基础，内容简洁明了，将数据分析中常见的知识点精讲，除去了繁杂的特例；第 2 ~ 4 章是数据分析的基础，主要介绍了数据分析工具和对数据框的增删改查的操作，以及对数据的处理；第 5 章介绍了几种常用的数据分析方法；第 6 章对数据可视化做了介绍，尤其是对 Matplotlib 和 pyecharts 做了详细讲解；第 7 章对数据的获取——网络爬虫做了介绍；第 8 章介绍了词云图的制作；第 9 ~ 11 章利用具体的案例进行数据分析；第 12 ~ 15 章介绍了一些拓展知识，以及如何发布开源项目；第 16 章简单介绍了机器学习入门知识，为将来机器学习和深度学习做一个铺垫。

本书特色

- 由浅入深，快速入门

本书定位以零基础为主，充分考虑到初学者的特点，引领读者快速入门。在知识点上不求面面俱到，但求够用。学好本书能掌握一般的数据分析工作所需的基础技术。

- 重点提示，高效学习

在各知识点的关键处给出提示说明和注意事项，专业知识和经验的提炼有助于读者高效学习，也能更多地体会编程的乐趣。

- 内容全面，实例丰富

本书详细介绍了 Python 的基本分析工具，内容涵盖基本语法、数据处理与分析，以及可视化等相关技术，知识点全面、够用。在介绍知识点时，辅以大量的实例及实战案例，有助于读者快速理解并掌握所学知识点。

● 配套资源，辅助学习

从基本语法到拓展，教学资源一应俱全。本书提供了全书的大部分源代码，但不建议复制、粘贴代码运行。有效的学习方法就是亲自敲代码，体会代码的写法。同时，还附赠了本书以外相关知识点的视频讲解，让读者能够举一反三，牢固掌握所学知识。

● 在线答疑，售后无忧

扫描下方二维码，关注公众号，输入"psjfx01"，即可获取配套资源下载方式。

由于计算机技术发展较快，书中疏漏和不足之处在所难免，恳请广大读者指正。

读者信箱：2315816459@qq.com

读者学习交流 QQ 群：423384703

教师用书可在群内联系笔者索取相关的教学课件、教学大纲、实训案例等资源。

本书的出版得到了海南省教育厅项目资助（Hnjg2022-80）和海南医学院医教所重点项目（编号：HYZD202114）的支持，笔者对此表示衷心感谢！本书 6.5.1 节中图示所用的书法作品《行稳致远　久久为功》得到了国家一级书法师杨惠雅的授权，笔者表示深深的谢意！

笔者虽尽职尽力，以期能够满足更多读者的需求，但书中难免有疏漏之处，敬请读者批评指正，后续将会在适当的时间进行修订和补充。

余本国

于海南海口·海南医学院杏林苑

2022 年 3 月 15 日

目　录

第二部分　实战案例

第三部分　拓展与应用

第一部分 基础入门

- Python 基础
- NumPy 库
- Pandas 库
- 数据处理
- 数据分析
- 数据可视化
- 字符串处理
- 网络爬虫

第 1 章

Python 基础

　　Python 自 1991 年正式发布以来，由于其简洁易懂、扩展性强，受到很多程序员的追捧，众多程序员编写了很多类库。这些类库使 Python 的应用越来越方便，因此也吸引了更多的 Python 用户。尤其近几年，谷歌等大型互联网公司使用 Python 语言编写 AI 程序，在机器学习、神经网络、模式识别、人脸识别、定理证明、大数据等领域产生了众多可以由 Python 直接引用的功能模块。目前最流行的深度学习框架使用的就是 Python，如震惊国内的 AlphaGo，其大部分程序就是用 Python 编写的。随着人工智能的火爆，Python 几乎被推上了神坛，获得"人工智能标配语言"的美誉，相关程序员的薪金也水涨船高。

　　随着 Python 3 的崛起和各种库的完善，Python 在数据分析、科学计算领域的应用越来越多，除了语言本身的特点外，第三方库也丰富且好用，某些场景下 Python 甚至可以取代 MATLAB。Python 中常见的数据分析库有 NumPy、Pandas、SciPy 等。

　　笔者第一次接触 Python 是在 2013 年，那年我刚好从加拿大访学回来，想做一个自己的网站，看到很多网文说 Django 很不错，于是我开始疯狂地搜索关于 Django 的学习资料。随后，我发现 Django 是架构于 Python 基础之上的，于是就开始学习 Python，从此与 Python 结下了不解之缘。

　　回想起来，那时候学习 Python 确实吃了不少苦。刚入手时，遇到的第一个问题就是选择 Python 版本的问题。那是 Python 2.7 风行的年代，买回来的书、网上能搜索到的资料，几乎都是用 Python 2.7 写的。刚 Python 入门，就被那些还有待完善、不兼容的库折磨得"死去活来"，看别人写代码既轻松又简单，到自己敲代码时，处处提示错误，搜索半天才从知乎网站的英文答案里摸索出一点眉目——库不兼容！

　　现在回过头来看看自己爬过的"坑"，也是一笔不小的财富。这就是写作本书的目的——让那些跟笔者当年一样的"小白"少走弯路！

Python 版本的前后不兼容确实让新、老学习者头痛，导致许多人为选择 Python 2.× 还是 Python 3.× 版本而发愁。现在已经不存在这个问题了，Python 最新版已经是 Python 3.9，稳定版是 Python 3.8，尽管很多库都已经兼容或者升级到 Python 3.×，但是相应的第三方库的更新较为缓慢，所以不建议使用最新版 Python。本书使用的版本是当下较为成熟的稳定版 Python 3.8。

如果您已经有了一定的 Python 基础，那么完全可以越过本章，直接进入下一章的学习。但是建议浏览一遍本章结尾处的小结。

1.1　安装Anaconda

要安装 Python 原生编辑器，Windows 用户可以访问 https://python.org/download，从该网站下载 Python 安装包，最新版本是 Python 3.9，如图 1–1 所示，软件大小约为 26 MB，其他各版本的安装过程均与 Python 3.9 类似。编写代码时，在"开始"菜单内直接选择 IDLE 命令即可。

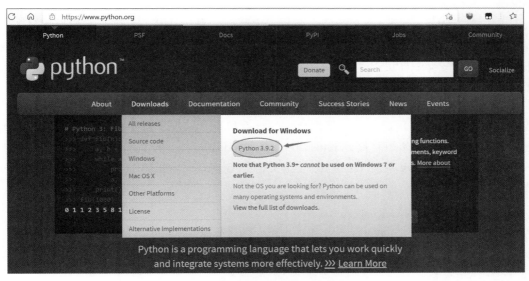

图 1–1　下载 Python 安装包

打开 Python 的 IDLE，启动 Python 解释器。在提示符 >>> 后输入 print("hello world")，然后按 Enter 键，即可输出 hello world，如图 1–2 所示。

Python 原生编辑器 IDLE 中的">>>"表示输入提示符，等待用户写入代码，随后按 Enter 键即可执行该代码，它的下一行表示输出的结果。在不作特殊说明的情况下，本书使用">>>"表示是在 Python 原生编辑器 IDLE 中写入的代码。

```
Type "help", "copyright", "credits" or "license()" for more information.
>>> print("hello world")
hello world
>>> import this
The Zen of Python, by Tim Peters

Beautiful is better than ugly.
Explicit is better than implicit.
Simple is better than complex.
Complex is better than complicated.
Flat is better than nested.
Sparse is better than dense.
Readability counts.
Special cases aren't special enough to break the rules.
Although practicality beats purity.
Errors should never pass silently.
Unless explicitly silenced.
In the face of ambiguity, refuse the temptation to guess.
There should be one-- and preferably only one --obvious way to do it.
Although that way may not be obvious at first unless you're Dutch.
Now is better than never.
Although never is often better than *right* now.
If the implementation is hard to explain, it's a bad idea.
If the implementation is easy to explain, it may be a good idea.
Namespaces are one honking great idea -- let's do more of those!
>>> |
```

图 1-2　输出 hello world

使用原生编辑器对新手来说会有很多麻烦，如安装第三方库。建议这里使用 Anaconda，本书将主要基于 Anaconda 下的 Spyder 和 Jupyter Notebook 运行代码，Spyder 和 Jupyter Notebook（简称 Jupy）已成为数据分析的标准环境。

Anaconda 是 Python 的一个开源发行版本，主要面向科学计算，是一个非常好用且省心的 Python 学习工具，尤其对于"小白"来说，它预装了很多可能用到的第三方库。相比于 Python，使用 pip install 命令安装库也较方便，Anaconda 中增加了 conda install 命令来安装第三方库，安装方法与 pip 命令一样。当然，在 Anaconda 的 Prompt 下也可以使用 pip install 命令安装第三方包。

Anaconda 官方下载网址为 https://www.anaconda.com/products/individual。Anaconda 的更新较快，下载时请拉到页面下方，根据自己的计算机配置情况下载适配的版本。Python 版本的更新也较快，往期版本可直接到 https://repo.anaconda.com/archive/ 下载。本书使用的是当前 Anaconda 官方 Windows 系统 64 位最新 py3.8 版 Anaconda3-2020.11-Windows-x86_64.exe，下载界面如图 1-3 所示。

图 1-3　Anaconda 官网下载界面

　　下载后直接双击安装包进行安装，可以自选安装位置。安装完成后，在"开始"菜单中可以看到如图 1-4 所示的 Anaconda3 菜单。

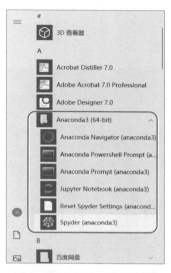

图 1-4　Anaconda3 菜单

第一次打开 Spyder 会比较慢。Spyder 的使用比较简单，其界面如图 1-5 所示。

图 1-5　Spyder 界面

　　在代码编辑区编辑代码，选定代码后按 F9 键即可运行，在该版本（Anaconda3-2020.11）之前按 Ctrl+Enter 快捷键可运行代码。由于版本不同，界面按钮以及快捷键可能略有不同。

　　下面介绍 Spyder 的几个基本功能和操作。

1. 代码提示

代码提示是开发工具必备的功能，当需要 Spyder 给出代码提示时，只需要输入函数名的前几个字母，便会出现已有的函数名待选，代码提示如图 1-6 所示。移动鼠标指针到待选函数名再按 Tab 键，即可选中该函数。

图 1-6　代码提示

2. 变量浏览

变量是代码执行过程中暂留在内存中的数据，可以通过 Spyder 对变量承载的数据进行查看，以便对数据进行处理。

变量浏览框中包含变量的名称（Name）、类型（Type）、大小（尺寸，Size）以及基本预览，双击对应变量名所在的行，即可打开变量的详细数据进行查看，如图 1-5 的 Spyder 界面中的变量显示区所示。

3. 安装第三方库

Anaconda 之所以颇受程序员的喜欢，是因为它整合了大量的依赖包，免去了安装的痛苦。尽管 Anaconda 整合了很多常用的包，但它也不是万能的，有些包就没有整合进来，如 Scrapy 爬虫框架。

使用 Anaconda 安装第三方库很简单，只需要在"开始"菜单的 Anaconda 下单击 Anaconda Prompt 命令即可。在弹出的窗口的命令行中输入 conda install scrapy 命令即可安装 Scrapy。但有些时候使用 conda install 命令安装一些第三方库时，会提示 PackageNotFoundError，此时可改为 pip install 命令安装试试。

使用 pip install 命令安装第三方库 Scrapy，如图 1-7 所示。

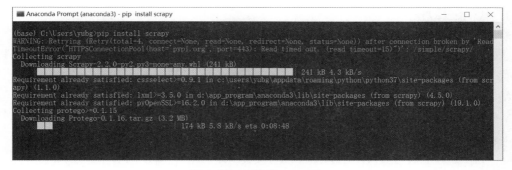

图 1-7　安装 Scrapy 库

在安装第三方库或者模块时，很可能因为库的文件较大而下载速度慢导致安装失败，此时可引用镜像进行安装。常用的镜像有清华镜像和豆瓣镜像，具体方法如下。

- 清华镜像：pip install –i https://pypi.tuna.tsinghua.edu.cn/simple 库名
- 豆瓣镜像：pip install ––user ––index–url https://pypi.douban.com/simple 库名

如使用镜像安装 TensorFlow，在命令行输入如下语句：

```
pip install --user --index-url https://pypi.douban com/simple tensorflow
```

安装 TensorFlow 的过程如图 1–8 所示。

图 1-8　安装 TensorFlow 的过程

 注意： 在安装 TensorFlow、Keras 等之前要安装 Visual Studio 2019，选择先下载再安装。

当然，有些包和库还需要自行下载源码安装包后才能安装，已有热心人士收集好了相关的包和库，直接到 http://www.lfd.uci.edu/~gohlke/pythonlibs 中下载即可。

1.2　语 法 基 础

为了更好地掌握后续的技能，下面先了解几个 Python 语法常识。

1. 代码注释方法

所谓注释，就是解释、说明此行代码的功能和用途，但不被计算机执行。就像读书时在书眉上或页脚旁做的标记一样，注释起加深记忆或者注释说明的作用，不算正文。同样，在编写代码的时候，也要养成良好的习惯，给代码写注释。很多时候，自己在写代码时，思路非常清晰，但时隔三五天甚至更长时间，再回过头来看自己写的代码却不知所云，甚至理解不了。养成写注释的好习惯不仅能给自己带来方便，也方便其他人理解代码。

添加注释有以下两种方式。

（1）在一行中，"#"后的语句表示注释，不被计算机执行，如例 1-1 中的第 1 行和第 8 行。

（2）如果要进行大段的注释可以使用 3 个单引号（'''）或者双引号（"""）将注释内容包围，如例 1-1 中的第 3 ~ 5 行的内容被第 2 行和第 6 行的一对三引号包围。

单引号和双引号在使用上没有本质的差别，但同时使用时要区别对待。

【例 1-1】代码注释（在 Spyder 下输入代码）。

```
# -*- coding: utf-8 -*-
"""
遍历 list 中的元素
Created on Fri Feb 26 14:17:37 2021
@author: yubg
"""
lis=[1,2,3]
for i in lis:                    #半角状态冒号不能少，下一行注意缩进
    print(i)
```

2. 用缩进表示分层

代码程序是有结构的，一般有顺序结构、选择结构和循环结构三种类型，所以代码及代码块之间是有逻辑层次关系的。Python 的代码及代码块缩进 4 个空格来表示层级，当然也可以使用一个 Tab 键替代 4 个空格的输入。但不要在程序中混合使用 Tab 键和空格进行缩进，这会导致程序在跨平台时不能正常运行。官方推荐的做法是使用 4 个空格表示一个层级。

一般来说，行尾遇到 ":" 就表示下一行缩进的开始，如例 1-1 中 "for i in lis" 行尾有冒号，下一行的 "print(i)" 就需要缩进 4 个空格。

3. 语句断行

一般 Python 中一条代码语句占一行，在每条语句的结尾处不需要使用分号 ";"。但在 Python 中也可以使用分号，表示将两条简单语句写在一行。分号还有一个作用，用在一行语句的末尾，表示对本行语句的结果不打印输出。如果一条语句较长，要分几行来写，可以使用反斜杠 "\" 进行换行。

例如，下面两条代码在输出效果上是一样的。第 2 条代码中第 1 行末尾出现的 "\" 表示

此行与下一行是一个代码语句行。所以"\"在这里是续行符号，是为了阅读舒适而将代码用"\"分成两行。"\"也是转义符，后面再细说。

```
a = 'Beautiful is better than ugly. Explicit is better than implicit. Simple is
better than complex. Complex is better than complicated.'
```

```
a = 'Beautiful is better than ugly. Explicit is better than implicit. \
Simple is better than complex. Complex is better than complicated.'
```

一般地，系统能够自动识别换行，如在一对括号中间或三引号之间均可换行。下面代码中的第 3 行较长，若要对其换行，则必须在括号内进行（包括圆括号、方括号和花括号），换行后的第 2 行一般空 4 个空格，在 Python 3.5 以后的版本中已经优化，可以不空 4 个空格，但是在较低的 3.x 版本中不空 4 个空格会报错。为了代码的美观，一般建议换行后的第 2 行要空一些空格，以对齐代码，清晰地显示层次感。

```
from pandas import DataFrame              #导入模块中的函数，后面详细讲
from pandas import Series
df =DataFrame({'age':Series([26,85,64]),
               'name':Series(['Ben','Joh','Jef'])})
print(df)
```

4. print() 函数的作用

几乎所有的计算机语言都有这么一句开篇的代码：

```
print('Hello World')
```

Python 当然也不例外。在 IDLE 编辑器 >>> 下直接输入 print("Hello World!")并按 Enter 键，观察其效果。

如果不出意外，输出如下：

```
>>>print("Hello World !")
Hello World !
```

若出现意外，只有两种可能。

（1）print 后面的 ( ) 输入成中文状态下的括号。一定要牢记，代码中均是英文状态下的括号，即半角字符状态下的括号。

（2）未将"Hello World !"用半角状态下的引号（单引号 ' 或双引号 "）引起来。

除了这两种情况，应该不会再有第三种情况出现。

print() 函数的作用是在输出窗口中显示一些文本或结果，便于监控、验证和显示数据。

print() 函数可以带参数 end，如在例 1-1 中对最后一行代码进行修改，添加 end=' ;' 参数，发现其输出的 2、3、4 不再是各占一行，而是用";"分隔后显示在一行。

```
In [1]: lis=[1,2,3]
```

```
    for i in lis:                  #半角状态的冒号不能少，下一行注意缩进
        i += 1
        print(i, end=';')

2;3;4;
```

5. 如果需要在一个字符串中嵌入一个单引号，该如何操作

有如下两种方法：

（1）可以在单引号前加反斜杠（\），如\'，这里反斜杠是转义符。

（2）在双引号中可以直接用，即'和"在使用上没有本质差别，但在同时使用时要区别。

```
>>>s1 = 'I\'m a boy. '             #如果不使用转义符"\"就会报错
>>>print(s1)
I'm a boy.

>>>s2="I'm a boy. "                #单引号使用双引号引起来，此处用双引号是为了区分单引号
>>>print(s2)
I'm a boy.
>>>
```

1.3 程 序 结 构

有计算机科学家已经证明：任何简单或复杂的算法都可以由顺序结构、选择结构和循环结构这三种基本结构组合而成。在学习程序结构之前，先看看 Python 中的运算符。

1.3.1 运算符

1. 比较运算符

比较运算符及其意义如表 1-1 所示。

表 1-1　比较运算符及其意义

运算符	意　义
x < y	判断 x 是否小于 y，是则返回真，否则返回假
x <= y	判断 x 是否小于等于 y，是则返回真，否则返回假
x > y	判断 x 是否大于 y，是则返回真，否则返回假
x >= y	判断 x 是否大于等于 y，是则返回真，否则返回假
x == y	判断 x 是否等于 y，是则返回真，否则返回假

运算符	意 义
x != y	判断 x 是否不等于 y，是则返回真，否则返回假
x is y	判断 x 的地址（id）是否等于 y，是则返回真，否则返回假
x is not y	判断 x 的地址（id）是否不等于 y，是则返回真，否则返回假

示例：

```
>>> 1 < 2
True
>>> 1 <= 2
True
>>> 1 == 2
False
>>> 1 != 2
True
>>> 1 is 2
False
>>> 1 is not 2
True
```

2. 数值运算符

数值运算符及其意义如表 1–2 所示。

表 1–2　数值运算符及其意义

运算符	意 义
x = y	将 y 赋值给 x
x + y	返回 x 加 y 的值
x − y	返回 x 减 y 的值
x * y	返回 x 乘 y 的值
x / y	返回 x 除以 y 的值
x // y	返回 x 除以 y 的整数部分
x % y	返回 x 除以 y 的余数部分
abs(x)	返回 x 的绝对值
int(x)	返回 x 的整数值
float(x)	返回 x 的浮点数
complex(re, im)	定义复数

运算符	意　义
c.conjugate()	返回复数的共轭复数
divmod(x, y)	返回 x 除以 y 的整数和余数部分，相当于返回 (x//y, x%y)
pow(x, y)	返回 x 的 y 次方
x ** y	相当于 pow(x, y)

示例：

```
>>> 7/3
2.3333333333333335
>>> 7//3
2
>>> 7%3
1
>>> int(7.2)
7
>>> float(7)
7.0
>>> complex(7,3)
(7+3j)
>>> (7+3j).conjugate()
(7-3j)
>>> divmod(7,3)
(2, 1)
>>> pow(7,3)
343
>>> 7 ** 3
343
```

1.3.2　顺序结构

采用顺序结构的程序将逐行执行代码，直到程序结束。本节将运用顺序结构编写一个求解一元二次方程的程序，对该一元二次方程的要求是有解。

对于一元二次方程来说，解的个数是根据 Δ 的情况判断的，对于如下方程：

$$\begin{cases} Ax^2 + Bx + C = 0 \\ \Delta = B^2 - 4AC \end{cases}$$

一元二次方程的解的三种情况如表 1–3 所示。

表 1-3　一元二次方程的解的三种情况

Δ 的值	解的个数
$\Delta < 0$	无解
$\Delta = 0$	$x = -\dfrac{B}{2A}$
$\Delta > 0$	$\begin{cases} x_1 = -\dfrac{B+\sqrt{\Delta}}{2A} \\ x_2 = -\dfrac{B-\sqrt{\Delta}}{2A} \end{cases}$

本节只讨论存在解的情况（一个解的情况，可认为两个解相同）。

一元二次方程用顺序结构求解的流程如图 1-9 所示。

（1）输入 A、B、C。

（2）计算 Δ。

（3）计算解。

（4）输出解。

代码 1：

图 1-9　顺序结构

```python
# 输入 A、B、C
A = float(input(" 输入 A: "))
B = float(input(" 输入 B: "))
C = float(input(" 输入 C: "))

# 计算 delta
delta = B**2 - 4 * A * C

# 计算 x1、x2
x1 = (B + delta**0.5) / (-2 * A)
x2 = (B - delta**0.5) / (-2 * A)

# 输出 x1、x2
print("x1=", x1)
print("x2=", x2)
```

说明：input() 函数是程序接收来自键盘的输入。如本代码首先要接收来自键盘的输入——方程的系数 A、B、C，才能执行接下来的代码计算 delta 和方程的解。为了给用户一个友好的界面，提醒用户输入，所以在 input() 函数的括号内可以写入一些提示信息，如本例的 input(" 输入 A: ")，当然也可以写成：input(" 爱 Python 的你，我在等你输入方程的首系数 A 呢：")。input() 函数将用户输入的内容以字符串形式返回，也就是说，即使输入的是数字，返回的数字的类型仍然是字符型。所以尽管输入的是数字 1，input() 函数接收的也确实是 "1"，但是这与输入一个字母的效果是一样的,它不会认为刚才输入的是一个数值 1,而是一个字符 "1"。但是方程的系数应该是数值型的,所以在 input() 函数外再给它包裹一层函数,转换字符型为数值类型。当然,这里系数既可以是整数型 int,也可以是小数浮点型 float。例如,将接收的数字转化为浮点型,可以写成 float(input(" 请输入 A: ")),也可以写成两行代码,第 1 行为 a=input(" 请输入 A: "),第 2 行为 float(a)。这样就将输入的数据由字符型转化为数值型。如果只需要接收整数型,将包裹函数换成 int() 即可。

使用 type() 函数可以查看输入数据的类型。

```
>>> a = input("请您输入数字：")
请您输入数字：12
>>> a
'12'
>>> type(a)
<class 'str'>
>>> b=input('等您输入呢：')
等您输入呢：abc
>>> b
'abc'
>>> type(b)
<class 'str'>
```

【例 1–2】对 $x^2 - 3x + 2 = 0$ 求解。

程序代码如下:

```
A = float(input("输入A:"))
B = float(input("输入B:"))
C = float(input("输入C:"))

# 计算delta
delta = B**2 - 4 * A * C

#计算方程的两个根
x1 = (B + delta**0.5) / (-2 * A)
x2 = (B - delta**0.5) / (-2 * A)

#输出两个解
print("x1=", x1)
print("x2=", x2)
```

运行结果如下:

```
输入A:1
```

```
输入 B:-3
输入 C:2

x1= 1.0
x2= 2.0
```

1.3.3　选择结构

选择结构增加了程序中的判断机制，对代码 1 的解方程程序，可以增加选择结构，从而让方程的解更加全面。

选择结构 if-else 的句式如下：

```
if 条件 :
    block1
else:
    block2
```

在执行时先执行"if 条件 :"，如果条件为真，则执行其下的 block1，否则执行 block2。当判断分支不止一个时，可以选择 if-elif-else 结构，这里的 elif 可以有多个。

一元二次方程用选择结构求解步骤如下。

（1）输入 A、B、C。

（2）计算 Δ。

（3）判断解的个数。

（4）计算解。

（5）输出解。

代码 2：

```
# 输入 A、B、C
A = float(input(" 输入 A:"))
B = float(input(" 输入 B:"))
C = float(input(" 输入 C:"))

# 计算 delta
delta = B**2 - 4 * A * C

# 判断解的个数
if delta < 0:
    print(" 该方程无解！ ")
elif delta == 0:
    x = B / (-2 * A)
    print("x1=x2=", x)
```

```
else:
    # 计算 x1、x2
    x1 = (B + delta**0.5) / (-2 * A)
    x2 = (B - delta**0.5) / (-2 * A)
    print("x1=", x1)
    print("x2=", x2)
```

【例 1-3】运行代码 2，求下面 3 个方程的解。

（1）不存在解：$x^2 + 2x + 6 = 0$。

输入系数，运行结果的输出如下：

```
输入 A:1
输入 B:2
输入 C:6
该方程无解！
```

（2）存在一个解：$x^2 - 4x + 4 = 0$。

输入系数，运行结果的输出如下：

```
输入 A:1
输入 B:-4
输入 C:4
x1=x2= 2.0
```

（3）存在两个解：$x^2 + 4x + 2 = 0$。

输入系数，运行结果的输出如下：

```
输入 A:1
输入 B:4
输入 C:2
x1= -3.414213562373095
x2= -0.5857864376269049
```

1.3.4 循环结构

前面已经了解了程序结构中的顺序结构与选择结构，对于编写程序而言还有一种程序结构是需要了解的，即循环结构。本节将学习 Python 中用到的循环结构，包括 while 循环与 for 循环，循环结构的流程如图 1-10 所示。

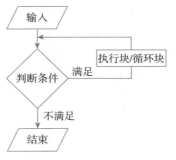

图 1-10　循环结构

1. while 循环

while 循环是最简单的循环，几乎所有的程序语言中都存在 while 循环这种结构。while 循环的结构如下：

```
while 循环条件为真：
    执行块
```

下面将编写一个从 1 加到任意数的程序来体验 while 循环的妙处。

代码 3：

```
n = int(input("请输入结束的数："))
i = 1
s = 0
while i <= n:
    s += i
    i += 1
print("从 1 加到 %d 的结果是：%d" % (n, s))        # %d 的作用类似于占位符
```

说明：

（1）s += i 表示的是 s=s+i，同理，i+= 1 表示的是 i=i+1。

（2）print("从 1 加到 %d 的结果是：%d" % (n, s))，这里是格式化输出，具体内容后面还会讲到。%d 在这里相当于占位符，类似的还有 %s 和 %f 等。%d 表示整数占位，%s 表示字符串占位，%f 表示浮点数占位。这里的第一个 %d 表示在这个位置上显示的应该是整数。同理，第二个 %d 也表示在这个位置上显示整数。%(n, s) 表示对前面的两处 % 占位符的赋值，表示在第一个 %d 位置上要输出的是 n，第 %d 位置上输出的是 s。再如：

```
>>> print("His name is %s, %d years old."%("Aviad",10))
His name is Aviad,10 years old.
```

代码 3 的测试及运行结果如下：

```
请输入结束的数：100
从 1 加到 100 的结果是：5050
```

2. for 循环

for 循环常用来遍历集合，for 循环与 while 循环比较而言，在程序中用得更为普遍。代码 3 中用 while 循环计算了从 1 到任意数的和，下面用 for 循环完成这个任务。

假设 A 是一个集合，element 代表集合 A 中的元素，for 循环就是让 A 中的每个元素 element 都运行一次"循环块"，格式如下：

```
for element in A :
    循环块
```

代码 4：

```
n = int(input(" 请输入结束的数: "))
i = 1
s = 0
for i in range(n + 1):
    s += i
print(" 从 1 加到 %d 的结果是:%d" % (n, s))
```

说明：range(n) 函数表示产生从 0 到 n–1 的 n 个连续整数的一个序列，不包含 n。例如，range(5) 表示产生从 0 到 5 但不包含 5 的一个序列：0、1、2、3、4，长度为 5。当然，可以自定义需要的起始点和结束点，如 range(2,5) 代表从 2 到 5（不包含 5），即产生 2、3、4 的序列。Python 中的顺序号（index，索引号）一般都是左闭右开，即不包含右边的数据。range() 函数还可以定义步长，如定义一个从 1 开始到 30 结束，步长为 3 的序列 range(1,30,3)，即 1、4、7、10、13、16、19、22、25、28。当然，当步长为 1 时，可以省略，如 range(2,5,1) 等同于 range(2,5)，因为它们输出的结果是一样的。在 Python 3.5 及以后的版本中，range() 函数作为一个容器存在，当需要将容器中的序列作为列表时，只需要在外面包裹 list() 函数转化一下即可，同样要将它作为元组时只需要用 tuple() 函数包裹起来转化一下即可，list() 和 tuple() 将在后面再讲。Python 中有些类型的成员有序排列，可以通过下标来访问，这种类型统一称为序列，包括列表、字符串、数组等。

```
>>> a=range(5)          #产生一个范围是 [0,5) 的序列
>>> list(a)             #将 a 转化为列表
[0, 1, 2, 3, 4]
>>> tuple(a)            #将 a 转化为元组
(0, 1, 2, 3, 4)
```

代码 4 的测试及运行结果如下：

```
请输入结束的数:100
从 1 加到 100 的结果是:5050
```

1.3.5 异常

在 Python 中，try-except 语句主要用于处理程序正常运行过程中出现的一些异常情况，如语法错误、数据除零错误、从未定义的变量上取值等；try-finally 语句主要用于监控和捕获错误。尽管 try-except 和 try-finally 的作用不同，但是在编程实践中通常可以把它们组合在一起，使用 try-except-else-finally 的形式来实现更好的稳定性和灵活性。Python 中 try-except-else-finally 语句的完整格式如下：

```
try:
    Normal execution block
except A:
    Exception A handle
except B:
    Exception B handle
except:
    Other exception handle
else:       #可无，若有 else，则必有 except x 或 except，仅在 try 后无异常时执行
    if no exception, get here
finally:    #此语句务必放在最后，无论前面语句的执行怎么样，最后必执行此语句
    print("finally")
```

将需要正常执行的程序放在 try 下的 Normal execution block 语句块中，运行时如果发生了异常，则中断当前的运行，跳转到对应的异常处理块 except x（x 表示 A 或 B）中开始执行。Python 从第 1 个 except x 处开始查找，如果找到了对应的 exception 类型，则进入其提供的 Exception x handle 中进行处理，如果没有找到则依次进入第 2 个 except x，如果都没有找到，则直接进入 except 语句块进行处理。except 语句块是可选项，如果没有提供，该 Exception 将会被提交给 Python 进行默认处理，处理方式是终止应用程序并打印提示信息。

如果 Normal execution block 语句块在运行中没有发生任何异常，则在运行完 Normal execution block 后会进入 else 块中（若存在）运行。

无论发生异常与否，若有 finally 语句，以上 try-except-else 语句块运行的最后一步总是运行 finally 对应的语句块。

1. try-except 结构

这是最简单的异常处理结构，其语句如下：

```
try:
    需要处理的代码
except Exception as e:
    处理代码发生异常，在这里进行异常处理
```

先来看一下 1/0 会出现什么情况。

```
>>>1/0
Traceback (most recent call last):
    File "<ipython-input-11-05c9758a9c21>", line 1, in <module>
    1/0
ZeroDivisionError: division by zero                #报错
```

下面继续触发除以 0 的异常，然后捕捉并处理。

```
try:
    print(1 / 0)
except Exception as e:
    print(' 代码出现除 0 异常，这里进行处理！ ')
print(" 我还在运行 ")
```

运行结果如下：

```
代码出现除 0 异常，这里进行处理！
我还在运行
```

"except Exception as e:" 捕获错误并输出信息，程序捕获错误后，并没有 "死掉" 或者终止，还在继续运行后面的代码。这就是 try-except 语句的作用。

2. try-except-finally 结构

这种异常处理结构通常用于无论程序是否发生异常，对必须执行的操作继续运行，如关闭数据库资源、关闭打开的文件资源等，但必须执行的代码需要放在 finally 块中。

```
try:
    print(1 / 0)
except Exception as e:
    print(" 除 0 异常 ")
finally:
    print(" 必须执行 ")
print("-----------------")

try:
    print(" 这里没有异常 ")
except Exception as e:
    print(" 这句话不会输出 ")
finally:
    print(" 这里是必须执行的 ")
```

运行结果如下：

```
除 0 异常
必须执行
-----------------
```

这里没有异常
这里是必须执行的

3. try-except-else 结构

该结构的运行过程如下：程序进入 try 部分，当 try 部分发生异常则进入 except 部分，若不发生异常则进入 else 部分。

```
try:
    print(" 正常代码！")
except Exception as e:
    print(" 将不会输出这句话 ")
else:
    print(" 这句话将被输出 ")
print("-------------------")
```

运行结果如下：

```
正常代码！
这句话将被输出
-------------------
```

再看下面这段代码。

```
try:
    print(1 / 0)
except Exception as e:
    print(" 进入异常处理 ")
else:
    print(" 不会输出 ")
```

运行结果如下：

```
进入异常处理
```

4. try-except-else-finally 结构

这是 try-except-else 结构的升级版，在原有的基础上增加了必须要执行的部分，示例代码如下：

```
try:
    print(" 没有异常！")
except Exception as e:
    print(" 不会输出！")
else:
    print(" 进入 else")
finally:
    print(" 必须输出！")
```

```
print("--------------------")

try:
    print(1 / 0)
except Exception as e:
    print(" 引发异常！")
else:
    print(" 不会进入 else")
finally:
    print(" 必须输出！")
```

运行结果如下：

```
没有异常！
进入 else
必须输出！
--------------------
引发异常！
必须输出！
```

注意：
（1）在上面所示的完整语句中，try–except–else–finally 出现的顺序必须是 try → except x → except → else → finally，即所有的 except 必须在 else 和 finally 之前，else（如果存在）必须在 finally 之前，而 except x 又必须在 except 之前，否则会出现语法错误。
（2）对于上面所展示的 try-except 完整格式而言，else 和 finally 都是可选的，而不是必需的。但若存在 else，则必须在 finally 之前，finally（如果存在）必须在整个语句的最后位置。
（3）在上面的完整语句中，else 语句的存在必须以 except x 或者 except 语句为前提，如果没有 except 语句而使用 else 语句，就会引发语法错误，即有 else 语句则必有 except x 或者 except 语句。

1.4 函　数

与各种程序结构一样，函数也是一种程序结构，大多数程序语言都允许程序员定义并使用函数。顾名思义，这里的函数与数学函数的意义差不多。在之前的程序中，已经使用过 Python 自带的一些函数，如 print()、input()、range() 等。数学上定义一个函数的形式为：

$$f(x, y) = x^2 + y^2$$

1.4.1　基本函数结构

在 Python 中，定义一个函数是通过 def 关键字进行声明的，其结构如下：

```
def 函数名 ( 参数 ):
    函数体
    return 返回值
```

例如，对于上面的数学函数，利用 Python 语言定义一个函数 f(x,y)，语句如下：

```
def f(x, y):
    z = x**2 + y**2
    return z
```

函数定义后，其使用方式如下：

```
f(2,3)
```

程序完整的代码如下：

```
def f(x, y):
    z = x**2 + y**2
    return z

res = f(2, 3)
print(res)
```

运行结果如下：

```
13
```

1.4.2　参数结构

函数是可以传递参数的，当然也可以选择不传递参数。同样，函数可以有返回值，也可以没有返回值。为了方便介绍，将 Python 的传参方式归为 4 类，下面逐一进行介绍。

1. 传统的参数传递

传统的参数传递有无参数传递和固定参数传递两种。

```
def func0():
    print(" 这是无参传递 ")
```

调用 func0() 函数将打印出"这是无参传递"字符串。

```
def func1(x):
    print(" 传递的参数为：%s"%x)
```

调用 func1("hello")，将打印出"传递的参数为：hello"字符串。这里 func1(x) 函数中的

x 叫作形参，当形参 x 接收 hello 这个值时，会将 hello 这个参数（hello 为实参）传递给函数内部的 x。

对于传递多个参数，如传递 3 个参数，可以如下定义：

```
def func2(x, y, z):
    s = x + y + z
    return s
```

当运行 func2(1,3,5) 时，显示的结果为 9。

2. 默认参数

默认参数的机制减少了重复参数的多次输入。函数允许有默认参数，这是大多数程序语言都支持的。接下来将给出一个示例介绍这种传参机制。

```
def func(x, y=100, z="hello"):
    print(x, y, z)
func(0)

# 显示结果为
0 100 hello
```

func(0) 尽管只赋值了一个参数 0，但等价于 func(0,100, "hello")。因为在自定义函数时，已经赋值了 y=100，z="hello"，所以在执行 func(0) 时，其实是将 0 赋值给 x，而 y 和 z 使用默认的 y=100，z="hello"。若在执行 y 和 z 的值不等于 100 或 "hello" 时，则不能省略，按照实际赋值。如赋值 x=0，y=1，z="hello" 时，执行结果如下：

```
func(0, 1)

# 显示结果为
0 1 hello

func(0, 34, "world")
# 显示结果为
0 34 world

func(66, z="hello world")   #y 继续使用默认值 100
# 显示结果为
66 100 hello world

func(44, y=90, z="kkk")
# 显示结果为
44 90 kkk
```

从上面的代码中可以知道，y=100 和 z="hello" 都是默认参数，当不输入 y 和 z 的参数值时,函数默认使用 y=100 和 z="hello" 的值。但值得注意的是,给参数赋值时要注意参数的顺序,除非标明这个数值是赋给哪个参数的, 如 func(44, y=90, z="kkk"), 或者 func(y=90, z="kkk", x=44)。但是写成 func(y=90, z="kkk",44) 这样的形式就会报错,因为函数不知道这里的 44 是赋值给哪个参数的,所以如果不标明就必须按照"出场"顺序进行赋值。

3. 未知参数个数

对于某些函数,不知道传进来多少个参数,只知道对这些参数进行怎样的处理。Python 允许创造这样的函数,这就是未知个数的参数传递机制,只需要在参数前面加 * 就可以了。

例如,假设你身份证上的姓名叫赵钱孙,在家里有个小名叫毛毛,在中学阶段同学给你取了个外号叫猴子,高中阶段同学又送了个雅称赵学霸。现在要把这些绰号作为函数中的参数,绰号可能很多,大学阶段、工作后可能还有,所以这个绰号的数量不能确定,这时参数前面加 * 就解决了。

```python
def func(name,*args):
    print(name + " 有以下雅称: ")
    for i in args:
        print(i)

func(' 赵钱孙 ',' 猴子 ',' 毛毛 ',' 赵学霸 ')
```

运行结果如下:

```
赵钱孙  有以下雅称:
猴子
毛毛
赵学霸
```

4. 带键参数传递

所谓带键参数传递是指参数通过键值对的方式进行传递。带键参数的传递只需要在参数前面加上 ** 就可以了。

举个例子说明一下键值对,如张三是姓名,性别是男,年龄为 21 岁,这里的姓名、性别、年龄等类别以及它们的值张三、男、21 分别构成了一对,这样的类别与对应的值称为键值对。下例中的 aa=1, bb=2, cc=3 等也是键值对。

```python
def func(**k):
    print(type(k))
    for i in k:
        print(i, k [ i ])

func(aa=1, bb=2, cc=3)

print("---------")
```

```
func(x=1, y=2, z="hello")
```

运行结果如下：

```
<class 'dict'>
aa 1
bb 2
cc 3
---------
<class 'dict'>
x 1
y 2
z hello
```

可以看到，参数的类型为 dict（字典），将在 1.5.4 节介绍。

1.4.3 回调函数

回调函数又称函数回调，指的是将函数作为参数传递到另外的函数中执行。例如，将 A 函数作为参数传递到 B 函数，然后在 B 函数中执行 A 函数。这种做法的好处是在函数被定义之前就可以使用，或者对其他程序提供的 API（可看成函数）进行调用。回调函数的概念比较抽象，下面以示例进行说明。

```
def func(fun, args):
    fun(args)

def f1(x):
    print("这是 f1 函数：", x)

def f2(x):
    print("这是 f2 函数：", x)

func(f1, 1)
func(f2, "hello")
```

运行结果如下：

```
这是 f1 函数：1
这是 f2 函数：hello
```

上面的程序在 func() 函数中分别调用了 f1() 与 f2() 函数，可以看到，在 f1() 或 f2() 函数被定义之前，在 func() 函数中就对其进行了调用，这就是所谓的函数回调。

1.4.4　递归函数

递归函数是指函数在函数体中直接或间接地调用自身的现象。递归要有停止条件，否则函数将永远无法跳出递归，成了"死循环"。

下面用递归写一个经典的斐波那契数列。斐波那契数列的每一项等于它前两项的和，其公式为：

$$f(n) = \begin{cases} f(n-1) + f(n-2), & n > 2 \\ 1, & n \leqslant 2 \end{cases}$$

程序代码如下：

```python
def fib(n):
    if n <= 2:
        return 1
    else:
        return fib(n - 1) + fib(n - 2)

for i in range(1, 10):
    print("fib(%d)=%d" % (i, fib(i)))
```

运行结果如下：

```
fib(1)=1
fib(2)=1
fib(3)=2
fib(4)=3
fib(5)=5
fib(6)=8
fib(7)=13
fib(8)=21
fib(9)=34
```

 注意：递归结构消耗的内存往往较大，能用迭代解决的就尽量不用递归。

1.4.5　嵌套函数

嵌套函数是指在一个函数中调用另外的函数，这是函数式编程的重要结构，也是程序中最常用的一种结构。接下来利用函数的嵌套重写 1.3.3 节中的解方程程序，下面给出示例（文件名为 qt.py）。

```python
def args_input():
    # 定义输入函数
    try:
        A = float(input("输入A:"))
        B = float(input("输入B:"))
        C = float(input("输入C:"))
        return A, B, C
    except:                         # 输入出错则重新输入
        print("请输入正确的数值类型！")
        return args_input()         # 为了出错时能够重新输入


def get_delta(A, B, C):
    # 计算delta
    return B**2 - 4 * A * C


def solve():
    A, B, C = args_input()
    delta = get_delta(A, B, C)
    if delta < 0:
        print("该方程无解！")
    elif delta == 0:
        x = B / (-2 * A)
        print("x=", x)
    else:
        # 计算x1、x2
        x1 = (B + delta**0.5) / (-2 * A)
        x2 = (B - delta**0.5) / (-2 * A)
        print("x1=", x1)
        print("x2=", x2)


# 在当前程序下直接执行本程序
if __name__ == '__main__':
    solve()
```

运行结果如下：

```
输入A:2
输入B:a
请输入正确的数值类型!

输入A:2
输入B:5
输入C:1
```

```
x1= -2.2807764064044154
x2= -0.21922359359558485
```

说明："if __name__ == '__main__'"代码块的作用是当整个程序文件（qt.py）被调用时，在执行过程中不运行"if __name__ == '__main__'"及其下的代码，但是直接执行当前整个程序时，则都执行。其目的是方便调试代码。

1.4.6　闭包

所谓闭包，其实与回调函数有相通之处，回调函数是将函数作为参数传递，闭包则是将函数作为返回值返回。闭包可以延长变量的作用时间与作用域。看下面的例子。

```python
def say(word):
    def name(name):
        print(word, name)
    return name

hi = say(' 你好 ')
hi(' 小明 ')

bye = say(' 再见 ')
bye(' 小明 ')
```

运行结果如下：

```
你好　小明
再见　小明
```

通过下面的程序，可以更深刻地理解闭包的概念。

```python
def func():
    res = []
    def put(x):
        res.append(x)
    def get():
        return res
    return put, get
p, g = func()
p(1)
p(2)
print(" 当前 res 值: ", g())
p(3)
p(4)
print(" 当前 res 值: ", g())
```

运行结果如下：

```
当前 res 值：[1, 2]
当前 res 值：[1, 2, 3, 4]
```

可以看到，在函数中定义了一个变量 res，定义了两个函数 put() 和 get()，当在外部调用 put() 函数时，将改变 res 的值，调用 get() 函数将获取 res 的值。这看起来比较抽象，不过在面向对象编程出现之前，这是很重要的一种编程方式。

1.4.7　匿名函数 lambda

在 Python 中允许使用 lambda 关键字定义一个匿名函数。所谓匿名函数，是指调用一次或几次后就不需要的函数，属于"快餐"函数。

lambda 函数的格式为：

```
lambda 变量名：运算式
```

多个变量之间用逗号隔开，变量名和运算式之间用冒号隔开。

```python
# 求两数之和，定义函数 f(x,y)=x+y
f = lambda x, y: x + y            # x,y 是变量
print(f(2, 3))

# 或者这样求两数的平方和
print((lambda x, y: x**2 + y**2)(3, 4))
```

运行结果如下：

```
5
25
```

1.4.8　关键字 yield

yield 关键字可以将函数执行的中间结果返回，但不结束程序。听起来比较抽象，但是用起来很简单，下面的例子将模仿 range() 函数重写一个函数。

```python
def func(n):
    i = 0
    while i < n:
        yield i                  # 为什么不是 print(i)?
        i += 1

for i in func(10):
    print(i)
```

运行结果如下：

```
0
1
2
3
4
5
6
7
8
9
```

yield 关键字的作用就是把一个函数变成一个构造器，带有 yield 关键字的函数不再是一个普通函数，Python 解释器会将其视为一个构造器。上面的代码中，若把 yield i 改为 print(i)，就获取不到迭代的效果，即尽管它输出了，却不能被调用。再如下面斐波那契数列的例子。

斐波那契数列是一个非常简单的递归数列，除第一项和第二项外，其任意一项都可由前两项相加得到。用计算机程序输出斐波那契数列的前 N 项是一个非常简单的问题，许多初学者都可以轻易写出如下函数。

代码 1：简单输出斐波那契数列的前 N 项

```python
def fab(max):
    n, a, b = 0, 0, 1
    while n < max:
        print(b)
        a, b = b, a + b
        n = n + 1
```

执行 fab(5)，可以得到如下输出结果：

```
>>> fab(5)
 1
 1
 2
 3
 5
```

虽然结果没有问题，但有经验的开发者会指出，直接在 fab() 函数中使用 print() 函数打印数字会导致该函数的可复用性较差，因为 fab() 函数返回 None，其他函数无法获得该函数生成的数列。要提高 fab() 函数的可复用性，最好不要直接打印出数列，而是返回一个 list（列表）。以下是改写 fab() 函数后的第 2 个版本。

代码 2：输出斐波那契数列的前 N 项（第 2 版）

```python
def fab(max):
```

```
    n, a, b = 0, 0, 1
    L = []
    while n < max:
        L.append(b)
        a, b = b, a + b
        n = n + 1
    return L
```

可以使用如下方式打印出 fab() 函数返回的 list：

```
>>> for n in fab(5):
...     print(n)
 1
 1
 2
 3
 5
```

改写后的 fab() 函数通过返回 list 能满足可复用性的要求，但是更有经验的开发者会指出，该函数在运行中占用的内存会随着参数 max 的增大而增大。如果要控制内存占用，最好不要用 list 来保存中间结果，而是通过迭代对象进行迭代。

代码 3：使用 yield 关键字

```
def fab(max):
    n, a, b = 0, 0, 1
    while n < max:
        yield b
        # print(b)
        a, b = b, a + b
        n = n + 1
```

代码 3 的 fab() 函数和代码 1 相比，仅仅把 print (b) 改为 yield b，就在保持简洁性的同时获得了迭代的效果。

调用代码 3 的 fab() 函数和代码 2 的 fab() 函数，结果完全一致。

```
>>> for n in fab(5):
...     print(n)
 1
 1
 2
 3
 5
```

简单地讲，调用 fab(5) 不会输出具体结果，而是返回一个迭代对象。在执行 for 循环时，每次循环都会执行 fab() 函数内部的代码，执行到 "yield b" 时，fab() 函数就返回一个迭代值。

下次迭代时，代码从 yield b 的下一条语句继续执行，而函数的本地变量看起来和上次中断执行前是完全一样的，于是函数继续执行，直到再次遇到 yield 关键字。

1.5 数 据 类 型

在前面的程序中已经见过 Python 的几种数据类型了，但只用了其中极少的部分。本节将具体介绍 Python 中的列表（list）、元组（tuple）、集合（set）、字典（dict）等数据类型。

1.5.1 列表（list）

列表（list）是程序中常见的类型。Python 的列表功能相当强大，可以作为栈（先进后出表）、队列（先进先出表）等使用。

1. 列表的定义

列表只需要在中括号 [ ] 中添加列表的项（元素），以半角逗号隔开每个元素即可。例如：

```
s=[1,2,3,4,5]
```

获取列表中的元素只需要执行 list[index] 语句即可，index 表示索引号，也就是位置的顺序号标记，Python 中的索引号从 0 开始计数。例如，对上面的列表，可以用下面的方式取值。

```
>>> s=[1,2,3,4,5]
>>> s[0]
1
>>> s[2]
3
```

列表 [1,2,3,4,5] 共有 5 个元素：1、2、3、4、5，它们的位置顺序号分别为 0、1、2、3、4，即索引 index。所以 s[0] 就表示取 s 的第 1 个元素，s[1] 表示取 s 的第 2 个元素。索引号也可以用逆序或者倒序，用负数表示，–1 表示倒数第 1 个元素的位置，如 s[–1] 表示取 s 的最后一个元素，s[–2] 表示取 s 的倒数第 2 个元素。

```
>>> s[-1]              #倒序取值
5
>>> s[-2]
4
```

既然知道了列表中每个元素的位置，就可以按照 index 提取其中的某个元素，当然也可以提取其中的一段（区间）元素，如提取 s 中第 2 个到第 4 个元素 2、3、4，可以写成 s[1:4]。这里为什么不是 s[1:3] 呢？因为取索引号范围与 range() 函数一样，表示范围的都是左闭右开，也就是说右边的结束位置是取不到的。如果写成 s[1:3]，实际只能取到索引号为 1

和 2 的元素，1 和 2 的位置对应的元素值是 2 和 3，取不到 4。

```
>>> s[1:3]          #取子列表范围为 [1,3)
[2, 3]
>>> s[1:]           #结束位置省略表示取到最后，即 index 为 1 之后的都取
[2, 3, 4, 5]
>>> s[:-2]          #开始位置省略表示从 0 开始，即等价于 s[-5:-2]
[1, 2, 3]
```

索引的范围也可以按步长取，如 q=['a','b','c','d','e']，则 q[0:4:2] 的结果为 ['a', 'c']。当步长为 1 时可以省略，如 q[0:4:1] 等价于 q[0:4]，结果为 ['a', 'b', 'c', 'd']。索引位置与元素值的关系如图 1–11 所示。

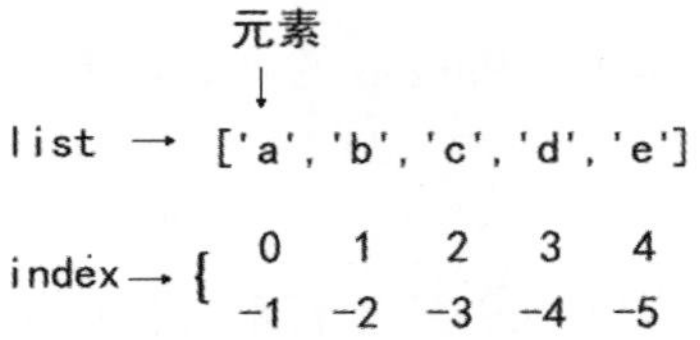

$$\text{元素}$$
$$\downarrow$$
$$\text{list} \rightarrow \text{['a', 'b', 'c', 'd', 'e']}$$

$$\text{index} \rightarrow \left\{ \begin{array}{ccccc} 0 & 1 & 2 & 3 & 4 \\ -1 & -2 & -3 & -4 & -5 \end{array} \right.$$

图 1–11　索引位置与元素值的关系

在 Python 中，字符串、列表、元组的索引的用法都相同，在后面的讲解中将会看到。

2. list 的常用函数

对于列表变量的操作主要有增、删、改、查，也就是对列表增加元素、删除元素、修改其中的元素值、提取其中的元素值，以及列表间的运算。list 的常用函数及其作用如表 1–4 所示。

表 1–4　list 的常用函数及其作用

函数名	作　用
list.append(x)	将元素 x 追加到列表 list 尾部
list.extend(L)	将列表 L 中的所有元素提取出来，追加到列表 list 尾部，形成新的列表 list
list.insert(i , x)	在 list 列表中 index 为 i 的位置插入 x 元素
list.remove(x)	将列表中第一个为 x 的元素移除，若不存在 x 元素，将引发一个异常
list.pop(i)	删除 index 为 i 的元素，并将删除的元素显示出来，若不指定 i，则默认删除最后一个元素
list.clear()	清空列表 list
list.index(x)	返回第一个 x 元素的位置，若不存在 x 则报错
list.count(x)	统计列表 list 中 x 元素的个数
list.reverse()	将列表反向排列
list.sort()	将列表从小到大排序，若需从大到小排序则为 list.sort(reverse=True)
list.copy()	返回列表的副本，与原 list 存储位置不同
len(list)	返回列表的长度，即所含元素的个数

示例代码如下：

```
>>> s = [1, 3, 2, 4, 6, 1, 2, 3]
>>> s
[1, 3, 2, 4, 6, 1, 2, 3]
>>> s.append(0)                    #给 s 增加一个元素 0
>>> s
[1, 3, 2, 4, 6, 1, 2, 3, 0]
>>> s.extend([1, 2, 3, 4])         #将 [1, 2, 3, 4] 列表中的元素全部追加到 s 中
>>> s
[1, 3, 2, 4, 6, 1, 2, 3, 0, 1, 2, 3, 4]
>>> s.insert(0, 100)               #在 s 的 index=0 的位置上插入元素 100
>>> s
[100, 1, 3, 2, 4, 6, 1, 2, 3, 0, 1, 2, 3, 4]
>>> s.remove(100)                  #把 s 中的第一个（从左到右）100 删除
>>> s
[1, 3, 2, 4, 6, 1, 2, 3, 0, 1, 2, 3, 4]
>>> print(s.pop(0))                #删除索引号为 0 的元素
1
>>> s
[3, 2, 4, 6, 1, 2, 3, 0, 1, 2, 3, 4]
>>> s.pop()                        #默认删除最后一个元素
4
>>> s
[3, 2, 4, 6, 1, 2, 3, 0, 1, 2, 3]
>>> s.index(3)                     #提取 s 的第一个元素（从左到右）为 3 的索引号
0
>>> s.count(1)                     #统计 s 中元素为 1 的个数
2
>>> s
[3, 2, 4, 6, 1, 2, 3, 0, 1, 2, 3]
>>> s.reverse()                    #将 s 中的所有元素逆序
>>> s
[3, 2, 1, 0, 3, 2, 1, 6, 4, 2, 3]
>>> s.sort()                       #对 s 中的所有元素进行排序，默认按升序排
>>> s
[0, 1, 1, 2, 2, 2, 3, 3, 3, 4, 6]
>>> s.sort(reverse=True)           #对 s 中的元素进行排序，reverse=True 为按降序排列
>>> s
[6, 4, 3, 3, 3, 2, 2, 2, 1, 1, 0]
>>> k = s.copy()
>>> k
[6, 4, 3, 3, 3, 2, 2, 2, 1, 1, 0]
>>> k.clear()
```

```
>>> k
[]
>>> s
[6, 4, 3, 3, 3, 2, 2, 2, 1, 1, 0]
>>> m=s
>>> m
[6, 4, 3, 3, 3, 2, 2, 2, 1, 1, 0]
>>>len(m)
11
>>> m.clear()
>>> m
[]
>>> s
[]
```

从上面的代码中可以知道，当把一个变量直接赋值给另外一个变量时，其实这两个变量存储的地址是同一个，当改变其中任何一个的值时，另外一个也会随之改变。所以要想复制一个变量，最好的办法是使用 copy() 方法或者切片的方法。

```
>>>yu=[1,2,3]
>>>bg=yu.copy()
>>>yu[1]=0
>>>yu
[1,0,3]
>>>bg
[1,2,3]
>>>bg0=yu[:]        # 提取 yu 列表中的所有元素赋值给 bg0，数据类型同 yu
>>>bg0
[1,0,3]
>>>yu[2]=0          # 将 yu 中索引为 2 的值修改为 0
>>>yu
[1,0,0]
>>>bg0
[1,0,3]
```

 注意： len() 函数也可以用于字符串、元组、字典、集合甚至数据框（dataframe），返回其所含的元素的个数（长度）。

1.5.2 元组（tuple）

元组跟列表很像，只不过元组使用小括号（），元组中的元素一旦确定就不可更改。下面两种方式都是定义一个元组。

```
>>> t=(1,2,3)
>>> t
(1, 2, 3)
>>> y=1,2,3
>>> y
(1, 2, 3)
```

在 Python 中，如果多个变量用半角逗号隔开，则默认将多个变量按元组的形式组织起来，因此在 Python 中交换两个变量的值可以这样写：

```
>>> x,y=1,2
>>> x
1
>>> y
2
>>> x,y=y,x
>>> x
2
>>> y
1
```

元组的 index 取值方式与列表相同。

元组中的常用函数如下。

- tuple.count(x)：计算 x 在元组中出现的次数。
- tuple.index(x)：提取从左到右的第一个 x 元素的位置。

示例代码如下：

```
>>> t=1,1,1,1,2,2,3,1,1,1
>>> t
(1, 1, 1, 1, 2, 2, 3, 1, 1, 1)
>>> t.count(1)
7
>>> t.index(2)
4
```

1.5.3　集合（set）

大多数程序语言都提供了集合这种数据类型，集合不能保存重复的数据，所以它具有过滤重复数据的功能。使用大括号 {} 定义一个集合，例如：

```
>>> s={1,2,3,4,1,2,3}        #创建一个集合
```

```
>>> s
{1, 2, 3, 4}
```

对于一个列表或者元组来说，也可以用 set() 函数去重。

```
>>> L=[1,1,1,2,2,2,3,3,3,4,4,5,6,2]
>>> T=1,1,1,2,2,2,3,3,3,4,4,5,6,2
>>> L
[1, 1, 1, 2, 2, 2, 3, 3, 3, 4, 4, 5, 6, 2]
>>> T
(1, 1, 1, 2, 2, 2, 3, 3, 3, 4, 4, 5, 6, 2)
>>> SL=set(L)              #将 L 转化为集合，其中重复元素将被舍弃
>>> SL
{1, 2, 3, 4, 5, 6}
>>> ST=set(T)             #将 T 转化为集合
>>> ST
{1, 2, 3, 4, 5, 6}
```

 注意： 集合中的元素位置是无序的，因此不能用 set[i] 这样的方式获取其中的元素。

集合的一些操作示例如下：

```
>>> s1=set("abcdefg")      #将字符串 "abcdefg" 转化为集合
>>> s2=set("defghijkl")
>>> s1
{'g', 'f', 'b', 'e', 'a', 'd', 'c'}
>>> s2
{'g', 'f', 'j', 'i', 'k', 'e', 'l', 'd', 'h'}
>>> s1-s2                  #集合的差，删除 s1 的 s2 的元素
{'c', 'a', 'b'}
>>> s2-s1
{'i', 'l', 'h', 'j', 'k'}
>>> s1|s2                  #集合的并，计算 s1 与 s2 的并集
{'f', 'b', 'j', 'k', 'e', 'a', 'g', 'i', 'l', 'd', 'c', 'h'}
>>> s1&s2                  #集合的交，计算 s1 与 s2 的交集
{'e', 'g', 'f', 'd'}
>>> s1^s2                  #取出 s1 与 s2 的并集，但不包括交集部分
{'j', 'i', 'k', 'b', 'l', 'a', 'h', 'c'}
>>> 'a' in s1             #判断 'a' 是否在 s1 中
True
>>> 'a' in s2
False
```

1.5.4 字典（dict）

字典又称键值对，1.4.2 节简单介绍过这种形式。字典中的键（key）和值（value）使用冒号隔开，每个键值对是字典的一个元素，元素与元素之间用逗号隔开。需要注意的是，字典中的键名不能重复。可以使用如下方式定义一个字典：

```
>>> d={1:10,2:20,"a":12,5:"hello"}              #定义一个字典
>>> d
{1: 10, 2: 20, 'a': 12, 5: 'hello'}
>>> d1=dict(a=1,b=2,c=3)                         #用 dict() 函数定义一个字典
>>> d1
{'c': 3, 'a': 1, 'b': 2}
>>> d2=dict([['a',12],[5,'a4'],['hel','rt']])    #可以将二元列表作为元素的列表转化为字典
>>> d2
{'a': 12, 5: 'a4', 'hel': 'rt'}
```

字典中的每一个元素（键值对）与集合一样，也是无序的。字典的取值方式如下：

```
>>> d={1:10,2:20,"a":12,5:"hello"}
>>> d
{1: 10, 2: 20, 'a': 12, 5: 'hello'}
>>> d[1]                          #因为字典无序，没有 index，所以取元素的值只能通过 key
10
>>> d['a']
12
>>> d[5]
'hello'
>>> d.get(5)
'hello'
>>> d.get('a')
12
```

字典的一些操作示例如下：

```
>>> d={1:10,2:20,"a":12,5:"hello"}
>>> d
{1: 10, 2: 20, 'a': 12, 5: 'hello'}
>>> dc=d.copy()                  #复制字典
>>> dc
{1: 10, 2: 20, 'a': 12, 5: 'hello'}
>>> dc.clear()                   #清除字典元素
>>> dc
{}
>>> d.items()                    #获取字典的项列表
```

```
dict_items([(1, 10), (2, 20), ('a', 12), (5, 'hello')])
>>> d.keys()                          #获取字典的所有键名 key 列表
dict_keys([1, 2, 'a', 5])
>>> d.values()                        #获取字典的所有键名对应的值 value 列表
dict_values([10, 20, 12, 'hello'])
>>> d.pop(1)                          #删除键名为 1 的项
10
>>> d
{2: 20, 'a': 12, 5: 'hello'}
```

两个字典的合并可以使用 upgrade() 方法。

```
>>> a = {"a":1, "b":1}
>>> b = {"b":2, "c":1}
>>> a.update(b)                       #将字典 b 中的项合并到字典 a 中
>>> a
{"a":1, "b":2, "c":1}
```

字典中键名 key 不能重复，所以在合并字典时，字典 b 中的 "b":2 项会将字典 a 中的 "b":1 项覆盖。

为字典添加一个元素可以直接赋值。例如，对字典 a 新增元素 "d': 'yubg'"，可以写成 a['d']='yubg'，但是若 a 中有键名为 'd' 的元素，则直接对该键值进行修改。

```
>>> a['d']='yubg'                     #将字典 a 添加一项 d，其对应的值为 yubg
>>> a
{'a': 1, 'b': 1, "c":1, 'd': 'yubg'}
```

当然，如果想修改字典中某一项的值，如将 yubg 修改为 2，可以直接对键名赋值。

```
>>> a['d']=2                          #将字典 a 中的 d 值修改为 2
>>> a
{'a': 1, 'b': 1, "c":1, 'd': 2}
```

1.5.5 集合与其他类型的操作

set 操作符或函数及其意义如表 1-5 所示。

表 1-5 set 操作符或函数及其意义

操作符或函数	意　义
x in S	如果 S 中包含 x 元素，则返回 True，否则返回 False
x not in S	如果 S 中不包含 x 元素，则返回 True，否则返回 False
len(S)	返回 S 的长度，即 S 所包含元素的个数

操作示例如下:

```
>>> L=[i for i in range(1,11)]      #行函数，直接生成列表
>>> S=set(L)                        #将列表转化成集合
>>> T=tuple(L)                      #将列表转化为元组
>>> D=dict(zip(L,L))                #将列表 L 及其本身压缩成二元元组序列，再转化成字典
>>> L
[1, 2, 3, 4, 5, 6, 7, 8, 9, 10]
>>> S
{1, 2, 3, 4, 5, 6, 7, 8, 9, 10}
>>> T
(1, 2, 3, 4, 5, 6, 7, 8, 9, 10)
>>> D
{1: 1, 2: 2, 3: 3, 4: 4, 5: 5, 6: 6, 7: 7, 8: 8, 9: 9, 10: 10}
>>> 3 in L,3 in S,3 in T,3 in D
(True, True, True, True)
>>> 3 not in L,3 not in S,3 not in T,3 not in D
(False, False, False, False)
>>> L+L                             #同 L.extend(L)
[1, 2, 3, 4, 5, 6, 7, 8, 9, 10, 1, 2, 3, 4, 5, 6, 7, 8, 9, 10]
>>> S+S                             # set 不能用 "+" 连接
Traceback (most recent call last):
    File "<pyshell#11>", line 1, in <module>
        S+S
TypeError: unsupported operand type(s) for +: 'set' and 'set'
>>> T + T                           #元组本身是不能被修改的，但是元组和元组之间可以进行运算
(1, 2, 3, 4, 5, 6, 7, 8, 9, 10, 1, 2, 3, 4, 5, 6, 7, 8, 9, 10)
>>> D + D                           # dict 不能用 "+" 连接，可以使用 D.upgrade(D)
Traceback (most recent call last):
    File "<pyshell#13>", line 1, in <module>
        D + D
TypeError: unsupported operand type(s) for +: 'dict' and 'dict'
>>> L * 3
[1, 2, 3, 4, 5, 6, 7, 8, 9, 10, 1, 2, 3, 4, 5, 6, 7, 8, 9, 10, 1, 2, 3, 4, 5, 6, 7, 8, 9, 10]
>>> S * 3                           # set 不能用 * 连接
Traceback (most recent call last):
    File "<pyshell#15>", line 1, in <module>
        S * 3
TypeError: unsupported operand type(s) for *: 'set' and 'int'
>>> T * 3
(1, 2, 3, 4, 5, 6, 7, 8, 9, 10, 1, 2, 3, 4, 5, 6, 7, 8, 9, 10, 1, 2, 3, 4, 5, 6, 7, 8, 9, 10)
>>> D * 3                           # dict 不能用 * 连接
Traceback (most recent call last):
```

```
    File "<pyshell#17>", line 1, in <module>
        D * 3
TypeError: unsupported operand type(s) for *: 'dict' and 'int'
>>> len(L),len(S),len(T),len(D)
(10, 10, 10, 10)
```

运行上面的代码可知，list、tuple 是可以使用"+"和"*"进行运算的，字符串也可以使用"+"和"*"进行运算，但是 set、dict 却不能使用"+"和"*"进行运算。

对于 list、tuple、set 三种数据类型，还有如下相同的操作函数可以使用。

```
>>> L=[1,2,3,4,5]
>>> T=1,2,3,4,5
>>> S={1,2,3,4,5}
>>> len(L),len(T),len(S)          #求长度
(5, 5, 5)
>>> min(L),min(T),min(S)          #求最小值
(1, 1, 1)
>>> max(L),max(T),max(S)          #求最大值
(5, 5, 5)
>>> sum(L),sum(T),sum(S)          #求和
(15, 15, 15)
>>> def add1(x):
        return x+1

>>> list(map(add1,S))             #将函数 add1 应用于 S 的每一项，最后将结果转化为 list
[2, 3, 4, 5, 6]
```

 注意： 创建一个集合可以使用大括号 { } 或者 set() 函数，但创建一个空集合必须用 set() 函数，而不能用 { }，因为 { } 创建的是一个空字典。

集合的其他方法如表 1-6 所示。

表 1-6 集合的其他方法

方 法	描 述
add()	为集合添加元素
clear()	移除集合中的所有元素
copy()	复制一个集合
difference()	返回多个集合的差集
difference_update()	移除集合中的元素，该元素在指定的集合也存在
discard()	删除集合中指定的元素
intersection()	返回集合的交集

方　法	描　述
intersection_update()	在原始集合上移除不重叠的元素
isdisjoint()	判断两个集合是否包含相同的元素，如果没有则返回 True，否则返回 False
issubset()	判断指定集合是否为该方法的参数集合的子集
issuperset()	判断该方法的参数集合是否为指定集合的子集
pop()	随机移除元素
remove()	移除指定元素
symmetric_difference()	返回两个集合中不重复的元素集合
symmetric_difference_update()	移除当前集合中与另外一个指定集合相同的元素，并将另外一个指定集合中不同的元素插入当前集合中
union()	返回两个集合的并集
update()	给集合添加元素

1.6 map()、filter()和reduce()函数

map() 和 filter() 函数属于内置函数，从 Python 3 开始，reduce() 函数移到 functools 模块中，使用时需要从 functools 模块导入。

1.6.1 map() 函数

map() 函数被称为遍历函数，其遍历序列时，对序列中每个元素进行操作，最终获取新的序列。

map() 函数的格式如下：

```
map(func,S)
```

其中，func 是功能函数，S 表示要应用的序列。例如，对列表 li 中的每个元素都增加 100，代码如下：

```
>>> li=[11, 22, 33]
>>> new_list = map(lambda a: a + 100, li) #定义对某个数增加100的函数并将其用于li上
>>> list(new_list)
[111, 122, 133]
>>>
>>> li = [11, 22, 33]
>>> sl = [1, 2, 3]
>>> new_list = map(lambda a, b: a + b, li, sl)
```

```
>>> list(new_list)
[12, 24, 36]
>>>
```

1.6.2　filter() 函数

filter() 函数被称为筛选函数，其对序列中的元素按条件进行筛选，以获取符合条件的序列。filter() 函数的格式如下：

```
filter(func,S)
```

其中，func 是功能函数，S 表示要筛选的序列。例如，对列表中的元素进行过滤，将大于 22 的元素筛选并提取出来，代码如下：

```
>>> li = [11, 22, 33]
>>> new_list = filter(lambda x: x > 22, li)
>>> list(new_list)
[33]
>>>
```

1.6.3　reduce() 函数

reduce() 函数被称为累计函数，其对序列内所有的元素进行累计操作。reduce() 函数的运算过程如图 1–12 所示。

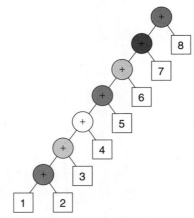

图 1–12　reduce() 函数的运算过程

由图 1–12 可知，对于某个序列，从中取第 1 个元素与第 2 个元素进行运算，将结果再与第 3 个元素进行运算，再次将新的结果与第 4 个元素进行运算，以此类推，直到所有的元素都互相运算完毕，这里的运算可以是加、减、乘、除，也可以是其他操作。

```
>>> from functools import reduce        # 从 functools 模块中导入 reduce() 函数
>>> li = [1, 2, 3, 4]
>>> reduce(lambda x, y: x+y, li)
10
>>>
# reduce 的第 1 个参数是有两个参数的函数，即函数必须要有两个参数
# reduce 的第 2 个参数是将要循环的序列
# reduce 的第 3 个参数是初始值
```

计算过程如下：

（1）计算前两个元素：lambda 1, 2，结果为 3。

（2）把结果和第 3 个元素计算：lambda 3,3，结果为 6。

（3）把结果和第 4 个元素计算：lambda 6, 4，结果为 10。

reduce() 函数还可以接收第 3 个可选参数，作为计算的初始值。如果把初始值设为 100，则计算结果如下：

```
>>> reduce(lambda arg1, arg2: arg1 + arg2, li, 100)
110
>>>
```

计算过程如下：

（1）计算初始值和第 1 个元素：100+1，结果为 101。

（2）把结果和第 2 个元素计算：101+2，结果为 103。

（3）把结果和第 3 个元素计算：103+3，结果为 106。

（4）把结果和第 4 个元素计算：106+4，结果为 110。

1.7　面向对象编程基础

1.7.1　类

面向对象编程（Object Oriented Programming，OOP）是一种程序设计思想。

面向对象的程序设计思想把计算机程序视为一组对象的集合，而每个对象都可以接收其他对象发过来的消息，并处理这些消息。计算机程序的执行就是一系列消息在各个对象之间传递。

在 Python 中，所有数据类型都可以视为对象，当然也可以自定义对象。自定义对象的数据类型就是面向对象中类（Class）的概念。

先以一个例子来简要说明面向过程和面向对象在程序执行流程上的不同之处。

例如，要处理学生通讯录，为了表示学生和电话号码之间的关系，面向过程的程序设计可以用一个字典表示。

```
std1 = { 'name': 'Yubg', 'tell': 66021 }
std2 = { 'name': 'Jerry', 'tell': 67890 }
```

查看电话号码可以通过函数实现，如打印电话号码：

```
def print_tell(std):
    print('%s: %s' % (std['name'], std['tell']))
```

如果采用的是面向对象的程序设计思想，首先思考的不是程序的执行流程，而是 Student 这种数据类型应该被视为一个对象，这个对象拥有 name 和 tell 这两个属性（Property）。如果要打印一个学生的电话号码，首先必须创建这个学生对应的对象，然后给对象发送一个 print_tell 消息，让对象自己把数据打印出来。

```
class Student(object):
    def __init__(self, name, tell):
        self.name = name
        self.tell = tell

    def print_tell(self):
        print('%s: %s' % (self.name, self.tell))
```

给对象发消息实际上就是调用与对象相对应的关联函数，称为对象的方法（Method）。面向对象的程序写出来如下：

```
big = Student('Bigben', 65290)
Ji = Student('Jim', 62741)
big.print_tell()
Ji.print_tell()
```

面向对象的程序设计思想是从自然界中发展来的，在自然界中，类 Class 和实例 Instance 的概念是很自然的。Class 是一种抽象概念，如定义 Student 类，是指学生这个概念，而实例 Instance 是一个个具体的 Student，如 Bigben 和 Jim 是两个具体的 Student。

所以，面向对象的程序设计思想是抽象出 Class，根据 Class 创建 Instance。面向对象的抽象程度比函数要高，因为一个 Class 既包含数据，又包含操作数据的方法。

1.7.2 类和实例

面向对象最重要的概念就是类和实例，必须牢记类是抽象的模板，如 Student 类，而实例是根据类创建出来的一个个具体的对象，每个对象都拥有相同的方法，但各自的数据可能不同。

仍以 Student 类为例，在 Python 中，类是通过 class 关键字定义的，例如：

```
class Student(object):
    pass
```

关键字 class 后面紧接的是类名，即 Student，类名通常是以大写英文字母开头的单词。

定义好了 Student 类，就可以根据 Student 类创建 Student 类的实例。创建实例是通过类名和 () 实现的，例如：

```
big = Student()
```

类可以自由地给一个实例变量绑定属性，如给实例 big 绑定一个 name 属性：

```
>>> big.name = 'Bigben'
>>> big.name
'Bigben'
```

由于类可以起到模板的作用，因此，可以在创建实例的时候，把一些认为必须绑定的属性强制填写进去。通过定义一个特殊的 __init__ 方法，在创建实例的时候，就可以把 name、tell 等属性绑定进去。

```
class Student(object):
    def __init__(self, name, tell):
        self.name = name
        self.tell = tell
```

 注意： 特殊方法 "__init__" 前后分别是双下划线！

__init__ 方法的第一个参数永远是 self，表示创建的实例本身，因此，在 __init__ 方法内部，可以把各种属性绑定到 self 中，因为 self 就指向创建的实例本身。

有了 __init__ 方法，在创建实例的时候，就不能传入空的参数了，必须传入与 __init__ 方法匹配的参数，但不需要传 self，Python 解释器自己会把实例变量传进去。

```
>>> big = Student('Bigben', 65290)
>>> big.name
'Bigben'
>>> big.tell
65290
```

和普通的函数相比，在类中定义的函数只有一点不同，就是第一个参数永远是实例变量 self，并且调用时不用传递该参数。除此之外，类的方法和普通函数没有什么太大的区别。所以，仍然可以使用默认参数、可变参数、关键字参数和命名关键字参数的方法来定义类。

1.7.3　数据封装

面向对象编程的一个重要特点就是数据封装。在上面的 Student 类中，每个实例都拥有各自的 name 和 tell 这些数据。可以通过函数来访问这些数据，如打印一个学生的电话号码，代码如下：

```
>>> def print_tell(std):
...     print('%s: %s' % (std.name, std.tell))
...
>>> print_tell(big)
Bigben: 65290
```

既然 Student 类的实例本身就拥有这些数据，要访问这些数据，就没有必要通过外面的函数去访问，可以直接在 Student 类的内部定义访问数据的函数，这样就把数据给封装起来了。这些封装数据的函数和 Student 类本身是关联起来的，称为类的方法。

```
class Student(object):
    def __init__(self, name, tell):
        self.name = name
        self.tell = tell

    def print_tell(self):
        print('%s: %s' % (self.name, self.tell))
```

要定义一个方法，除了第一个参数是 self 外，其他参数的定义和普通函数一样。要调用一个方法，只需要在实例变量上直接调用即可，除了 self 不用传递，其他参数正常传入。

```
>>> big.print_tell()
Bigben: 65290
```

这样一来，从外部看 Student 类，只需要知道创建实例需要给出 name 和 tell，而如何打印都是在 Student 类的内部定义的，这些数据和逻辑被封装起来了，调用起来很容易，而不必知道内部实现的细节。

1.7.4　私有变量与私有方法

类可以有公有变量与公有方法，也可以有私有变量与私有方法。对象可以从外部访问公有的部分，而私有的部分只有类的内部才可以访问。在普通变量名与方法名（普通的指公有变量及方法）前加两个"_"即成为私有变量与私有方法。

【例 1-4】类的私有变量与私有方法。

示例代码如下：

```
class PubAndPri:
```

```
        pub = " 这是公有变量 "
        __pri = " 这是私有变量 "

        def __init__(self):
            self.other = " 公有变量也可这样定义 "

        def out_pub(self):
            print(" 公有方法 ", self.pub, self.__pri)

        def __out_pri(self):
            print(" 私有方法 ", self.pub, self.__pri)

pp = PubAndPri()
pp.out_pub()                        # 访问公有方法
print(pp.pub, pp.other)             # 访问公有变量
try:
    pp.__out_pri()
except Exception as e:
    print(" 调用私有方法发生错误！ ")
try:
    print(pp._pri)
except Exception as e:
    print(" 访问私有变量发送错误！ ")
```

运行结果如下：

```
公有方法  这是公有变量  这是私有变量
这是公有变量  公有变量也可这样定义
调用私有方法发生错误！
访问私有变量发送错误！
```

1.8 实战案例：我的第一个程序（验证用户名和密码）

　　编写一个用户登录认证的程序，如用户名是 yubg，密码是 nilaicai，当用户分别输入用户名和密码进行认证时，如果输入正确，则提示登录成功，否则提示用户名或密码错误，并且要求重新输入。

```
#【用户名密码验证系统】
name = 'yubg'
password = 'nilaicai'
```

```
while True:
    nm=input('请输入用户名：')
    psw=input('请输入密码：')
    if nm== name and psw== password:
        pass  #取钱操作
        break
```

运行上述代码，输出结果如图 1–13 所示。

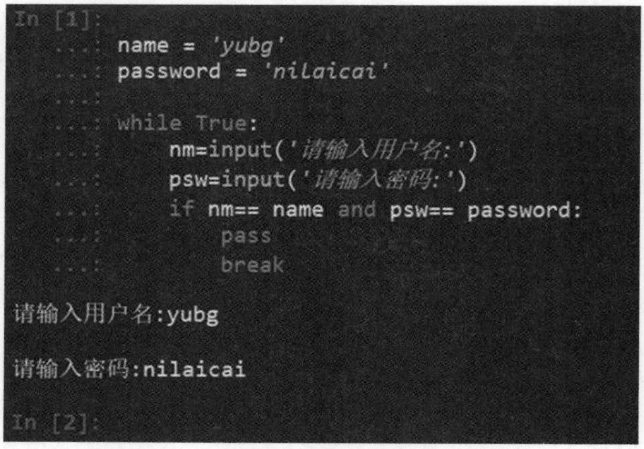

```
In [1]:
   ...: name = 'yubg'
   ...: password = 'nilaicai'
   ...:
   ...: while True:
   ...:     nm=input('请输入用户名:')
   ...:     psw=input('请输入密码:')
   ...:     if nm== name and psw== password:
   ...:         pass
   ...:         break

请输入用户名:yubg

请输入密码:nilaicai

In [2]:
```

图 1–13　输出结果

完善一下该代码。应限制输入的次数，以防止用户名和密码被别人猜中。并且登录后，只有在输入正确的退出命令 quit 时，才能退出该程序。

完整代码如下：

```
#【用户名密码验证系统】
#限制输入3次
name = 'hn'
password = '123'

i = 0
while i<3:
    nm=input('请输入用户名：')
    psw=input('请输入密码：')
    if nm== name and psw== password:
        pass  #占位语句：取钱操作
        cmd=input('请输入指令：')
        while cmd!='quit':
            cmd = input('请输入指令：')
        break
    i+=1
```

1.9 本章小结

本章知识点较多，重点是 str、list、tuple、dict、set，以及 for 循环遍历的方法和函数的编写。

（1）测试变量类型：type(变量)。

（2）转换变量类型：str(变量)，将变量转化为 str 类型。

int(变量)，将变量转化为 int 类型。

（3）查询已安装的模块或函数：help(modules)。

对于初学者而言，dir() 和 help() 这两个函数是最实用的。使用 dir() 函数可以查看指定模块或函数中所包含的所有成员或者指定对象类型所支持的操作，使用 help() 函数则返回指定模块或函数的说明文档。

```
>>> help(list)
Help on class list in module builtins:
 |  ...
 |  append(...)
 |    L.append(object)-> None -- append object to end
 |  pop(...)
 |    L.pop([index])->item--remove and return item at index (default last).
 |    Raises IndexError if list is empty or index is out of range.
 |  sort(...)
 |    L.sort(key=None, reverse=False) -> None -- stable sort *IN PLACE*
>>>
```

（4）查询相关命令的属性和方法：dir()。

例如，list 和 tuple 中是否都有 pop 方法呢？使用 dir() 函数查询一下就很清楚了。

```
>>> dir(list)
['__add__', '__class__', '__contains__', '__delattr__', '__delitem__', '__dir__',
'__doc__', '__eq__', '__format__', '__ge__', '__getattribute__', '__getitem__',
'__gt__', '__hash__', '__iadd__', '__imul__', '__init__', '__iter__', '__le__',
'__len__', '__lt__', '__mul__', '__ne__', '__new__', '__reduce__', '__reduce_ex__',
'__repr__', '__reversed__', '__rmul__', '__setattr__', '__setitem__', '__sizeof__',
'__str__', '__subclasshook__', 'append', 'clear', 'copy', 'count', 'extend',
'index', 'insert', 'pop', 'remove', 'reverse', 'sort']
>>>
```

从上面列表中能看出，list 中的删除有两个方法：pop 和 remove（pop 方法默认删除最后一个元素，remove 方法删除首次出现的指定元素）。

（5）查询两个变量存储地址是否一致，使用 id() 函数即可。

（6）查询字符的 ASCII 码（十进制）。

```
>>> ord('a')
97
>>>
```

反过来，有了十进制的整数如何找出对应的字符，请思考。

```
>>> chr(97)
'a'
>>>
```

（7）查找字符串的长度：len()。

（8）str() 函数通过索引能找出对应的元素，反过来，能否通过元素找出索引，请思考。

```
>>>s='python good'
>>>s[1]
'y'
>>>s.index('y')
1
>>>
```

（9）tuple、list、str 的相同点：每个元素都可以通过索引来读取，都可以使用 len() 函数测长度，都可以使用加法 "+" 和数乘 "*"（数乘表示将 tuple、list、str 重复数倍）；list 的 .append、.insert、.pop 和 list[n] 赋值等方法均不能用于 tuple 和 str。

（10）str.split() 是将字符串切分，并将切分结果保存在 list 中。

```
>>> s='I love python, and\nyou\t?hehe'    # 注意中间是中文的逗号
>>> print(s)
I love python, and
you ?hehe
>>> s.split(",")                          # 英文的逗号，没有被分割
['I love python, and\nyou\t?hehe']
>>> s.split(", ")                         # 中文的逗号，结果被分割
['I love python', 'and\nyou\t?hehe']
>>>
```

当分隔符省略时，会按所有的分隔符号分割，包括 \n（换行）和 \t（Tab 缩进）等。

```
>>> s.split()
['I', 'love', 'python, and', 'you', '?hehe']
>>>
```

（11）split 的逆运算：join()。

```
'sep'.join(list)                          # sep 指分隔符
```

（12）列表和元组之间可以相互转化：list(tuple)、tuple(list)。

元组与列表的区别如下：

- 元组的操作速度比列表快。
- 列表可以改变，元组不可变，所以可以将列表转化为元组，相当于"写保护"。
- 字典的 key 也要求不可变，所以元组可以作为字典的 key，但元素不能有重复。

（13）对字符串检测开头和结尾的语法如下：

```
string.endswith('str')
string.startswith('str')
```

例如：

```
>>> file = 'F:\\ data\\catering_dish_profit.xls'
>>> file.endswith('xls')                              # 判断 file 是否以 xls 结尾
True
>>>
>>> url = 'http://www.i-nuc.com'
>>> url.startswith('https')                           # 判断 url 是否以 https 开头
False
>>>
```

（14）正则 sub 方法。语句格式如下：

```
re.sub( 被替词 , 替换词 , 替换域 , flags=re.IGNORECASE)   # 查找与替换 , 忽略大小写
```

示例代码如下：

```
>>> import re                                          # 导入正则模块
>>> S='I love Python, do you love python?'
>>> re.sub('python','R',S)                             # 在 S 中用 R 替换 python
'I love Python, do you love R?'
>>> re.sub('python','R',S, flags=re.IGNORECASE)        # 替换时忽略大小写
'I love R, do you love R?'
>>> re.sub('python','R',S[0:15], flags=re.IGNORECASE)  # 忽略大小写
'I love R, '
>>>
```

（15）Python 中的命名规则。

Python 数据类型中变量的命名规则如下：

1）变量名可以由 a~z、A~Z、数字或下划线组成，首字母不能是数字和下划线。

2）对大小写敏感，即区分大小写。

3）变量名不能为 Python 中的保留字，如 and、continue、lambda、or 等。

其他的一些命名格式如下：

1）包名、模块名、局部变量名、函数名：全小写 + 下划线式驼峰，如 this_is_var。

2）全局变量：全大写 + 下划线式驼峰，如 GLOBAL_VAR。

3）类名：首字母大写式驼峰，如 ClassName()。

4）关于下划线：以单下划线开头，是弱内部使用标识，使用 from module import * 语句时，将不会导入该对象。以双下划线开头的变量名，主要用于类内部标识类私有，不能直接访问。双下划线开头且双下划线结尾的命名方法尽量不要使用，这是标识。

核心提示：避免使用下划线作为变量名的开头。在 Python 中使用下划线作为变量前缀和后缀时有特殊的含义。

1）_×××：不能用 'from module import *' 导入。

2）__×××：类中的私有变量名。

3）__×××__：系统定义名字。

下划线对解释器有特殊的意义，而且是内置标识符所使用的符号，不建议用下划线作为变量名的开头。

一般来讲，单下划线开始的变量名 _××× 被看作是"私有"的，在模块或类外不可以使用，即只有类对象和子类对象自己能访问到这些变量。以单下划线开头的（如 _foo）代表不能直接访问的类属性，需通过类提供的接口进行访问，也不能用"from ××× import *"语句导入。当变量是私有的时候，用 _××× 来表示变量是很好的习惯。

双下划线开始的是私有成员，意思是只有类对象自己能访问，连子类对象也不能访问这个数据。以双下划线开头的（如 __foo）代表类的私有成员。

以双下划线开头和结尾的变量名 __×××__ 对 Python 来说有特殊含义，对于普通的变量应当避免这种命名风格。以双下划线开头和结尾的（__foo__）代表 Python 中特殊方法专用的标识，如 __init__() 代表类的构造函数。

（16）关于 import。

先来看一个问题。

```
>>> a = [0.1, 0.1, 0.1, -0.3]
>>> sum(a)                        #计算列表中各元素的和
5.551115123125783e-17
>>>
```

结果怎么会是 5.551115123125783e–17 呢？为什么不是 0 ？

分析：浮点数的一个普遍问题是它们不能精确地表示十进制数，即使是最简单的数学运算也会产生小的误差。

解决方案：使用 math 模块。

```
from math import *

a = [0.1, 0.1, -0.2]
fsum(a)
```

得到的输出结果是 0。

这里 import 是怎么回事呢？原来 math 模块中有一个 fsum() 函数解决了这个数学运算产生的误差，所以在进行数学运算时可以引用 math 模块。当需要引用第三方库和模块时，可以使用 import 关键字来导入。

为了说明问题，这里举一个例子。有 A.py 和 B.py 两个 Python 文件，其中 A.py 中有一个加法 add() 函数，现在 B.py 文件要调用 A.py 中的 add() 函数来计算 2 和 3 的和。

为了使 A.py 文件中定义好的函数能够在 B.py 文件中使用，需要将 A.py 导入 B.py 文件中，导入命令就是 import，直接在后面跟上文件名 A 就可以，后缀 ".py" 可以直接省略。一般情况下，A.py 文件中定义的函数可能比较多，所以仅仅导入文件还不行，在使用时还要说清楚使用哪个函数，如要计算 2+3，使用时要说明调用 A.py 中的 add() 函数，故要写成 A.add(2,3)。于是下面的两行代码就解决了 2+3 的运算，图 1-14 是导入模块的示意图。

```
import A
A.add(2,3)
```

图 1-14　导入模块的示意图

有些时候 A.py 文件中可能有大量的函数，这里只需要其中的一个函数，如上面的 B.py 文件只需调用 add() 函数，这时可以使用下面的写法：

```
from A import add
add(2,3)
```

这种写法的第 1 行就说明了从文件 A 中导入其 add() 函数，所以第 2 行就直接使用 add() 函数了，不需要再说明 add() 函数来自 A，变成了省去 "A." 的写法。

当然，该问题开头部分 "from math import *" 的意思是从 math 中导入所有的函数。尽管这样一次就将所有的函数都导入了，方便了后面的使用，但是也带来了一些问题，如增加了不必要的内存开销，因为可能并不需要使用其中所有的函数，另外还带来了一个"坑"——函数的重名问题。

可用的函数千千万，不同的文件中可能存在函数的重名问题，假设在 B.py 文件中不仅要导入 A 文件，还要导入 C 文件或者更多文件，如果 C 文件中也有 add() 函数呢？如果都采用

"from math import *" 模式导入，就会引起不必要的冲突，所以在导入文件时最好少用这种全导入模式。

说明：这里用了 A.py 这个文件来说明如何导入文件，其实导入库、模块、函数、类都是使用同样的方法。有些时候库名、模块名很长，每次使用其中的一个函数时，写起来就很费劲。例如，数据可视化作图时会用到 matplotlib.pyplot 模块中的 plot() 函数，首先写导入命令 import matplotlib.pyplot；其次写调用 plot() 画图的语句 matplotlib.pyplot.plot()，每次都要写很长的 matplotlib.pyplot，这显然很不方便，所以为了减少按键盘的次数，便有了别名 as 的方法。将 matplotlib.pyplot 起个别名 plt，用 as 关键字进行说明，于是 import matplotlib.pyplot 就可以改写成 import matplotlib.pyplot as plt，故 matplotlib.pyplot.plot() 就可以写成 plt.plot()，这就方便多了。再如 NumPy 库常用的别名为 np，Pandas 库的别名为 pd。

✎ 读书笔记

第2章

NumPy 库

　　Python 用列表保存一组值，可以当作数组使用，列表的元素可以是任何对象，因此列表中保存的是对象的指针。为了保存一个简单的列表，如 [1,2,3]，需要 3 个指针和 3 个整数对象。对于数值运算来说，这种结构显然比较浪费内存和 CPU 的计算时间。NumPy 库的诞生弥补了这些不足。

　　NumPy 库是 Python 中科学计算的基础软件包，是 Python 中的一个线性代数库。对每个数据科学或机器学习的 Python 库而言，这都是一个非常重要的库，SciPy（Scientific Python）、Matplotlib（Plotting Library）、Scikit-learn 等库都在一定程度上依赖 NumPy 库。

　　NumPy 库的安装比较简单，在安装了 Anaconda 后，基本的 NumPy、Pandas 和 Matplotlib 库就都安装好了。可以通过在 Anaconda 选项下的 Anaconda Prompt 中执行命令 conda list 查看 Anaconda 安装的包，如图 2-1 所示。

　　如果列表中没有 NumPy 库，则可以直接继续执行安装命令 conda install numpy。

　　在用 Python 对 n 维数组和矩阵进行运算时，NumPy 库提供了大量的有用特征。NumPy 库的数组有两种形式：向量和矩阵。严格地讲，向量是一维数组，矩阵是多维数组。在某些情况下，矩阵可以只有一行或一列。

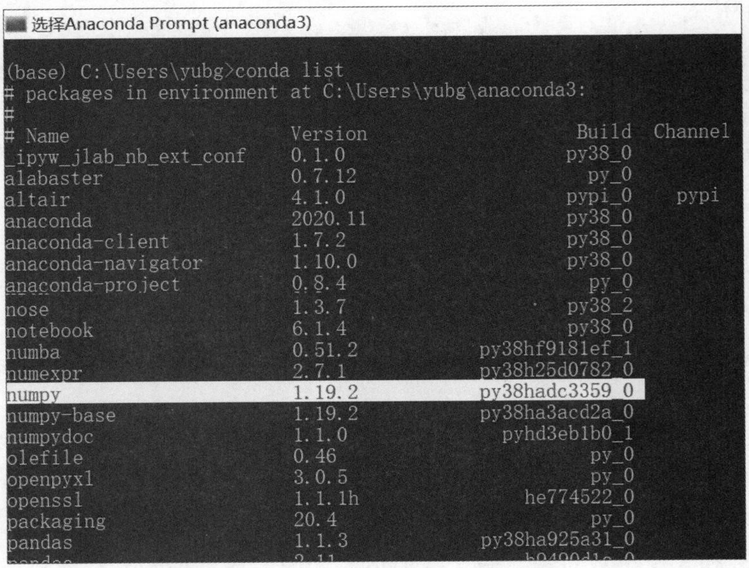

图 2-1　查看 Anaconda 安装的包

在导入 NumPy 库时，通过 as 关键字将 np 作为 NumPy 库的别名，导入方式如下：

```
import numpy as np
```

2.1　数组的创建

先以 Python 列表来创建 NumPy 数组。

```
In [1]: import numpy as np
   ...: my_list = [1, 2, 3, 4, 5]
   ...: my_np_list = np.array(my_list)
```

通过这个列表，已经简单地创建了一个名为 **my_np_list** 的 NumPy 数组，显示结果如下：

```
In [2]: my_np_list
Out[2]: array([1, 2, 3, 4, 5])
```

这样就将一个列表转换成了一维数组。要想得到二维数组，则需要创建一个以列表为元素的列表，如下所示。

```
In [3]: second_list = [[1,2,3], [5,4,1], [3,6,7]]
   ...: new_2d_arr = np.array(second_list)
   ...: new_2d_arr
Out[3]: array([[1, 2, 3],
```

```
              [5, 4, 1],
              [3, 6, 7]])
```

这样就成功创建了一个 3 行 3 列的二维数组。有时为了方便数据操作，需要将数组转化为列表，使用 tolist() 函数即可。

```
In [4]: c = np.array([[1, 2, 3, 4],[4, 5, 6, 7], [7, 8, 9, 10]])
   ...: c
Out[4]: array([[ 1, 2, 3, 4],
               [ 4, 5, 6, 7],
               [ 7, 8, 9, 10]])

In [5]: c.tolist()
Out[5]: [[1, 2, 3, 4], [4, 5, 6, 7], [7, 8, 9, 10]]
```

还可以通过给 array() 函数传递 Python 的序列对象来创建数组，如果传递的是多层嵌套序列，将创建多维数组，如下面的变量 c。

```
In [4]: a = np.array([1, 2, 3, 4])
   ...: b = np.array((5, 6, 7, 8))
   ...: c = np.array([[1, 2, 3, 4],[4, 5, 6, 7], [7, 8, 9, 10]])
   ...: b
Out[4]: array([5, 6, 7, 8])

In [5]: c
Out[5]: array([[ 1, 2, 3, 4],
               [ 4, 5, 6, 7],
               [ 7, 8, 9, 10]])

In [6]: c.dtype                    #查看变量 c 的数据类型
Out[6]: dtype('int32')
```

数组的大小可以通过其 shape 属性获得。

```
In [7]: a.shape                    #查看数组 a 的维度
Out[7]: (4,)

In [8]: c.shape
Out[8]: (3, 4)
```

数组 a 的 shape 属性只有一个元素 4，因此它是一维数组。而数组 c 的 shape 属性有两个元素，因此它是二维数组，如图 2-2 所示，其中第 0 轴的长度为 3，第 1 轴的长度为 4。

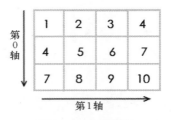

图 2-2　二维数组

还可以通过修改数组的 shape 属性，在保持数组元素的个数不变的情况下，改变数组每个轴的长度。下面的例子将数组 c 的 shape 属性改为 (4,3)，注意，从 (3,4) 改为 (4,3) 并不是对数组进行转置，而是改变每个轴的长度，数组元素在内存中的位置并没有改变。

```
In [9]: c.shape = 4,3
   ...: c
Out[9]: array([[ 1,  2,  3],
               [ 4,  4,  5],
               [ 6,  7,  7],
               [ 8,  9, 10]])
```

当某个轴的长度为 –1 时，相当于占位符，这个 –1 位置上将根据数组元素的个数自动计算此轴的长度。下面的代码将数组 c 的 shape 属性改为 (2,6)，但这里的 6 不需要人工计算，以 –1 替代，由计算机自动计算并填充。

```
In [10]: c.shape = 2,-1
    ...: c
Out[10]: array([[ 1,  2,  3,  4,  4,  5],
                [ 6,  7,  7,  8,  9, 10]])
```

使用数组的 reshape 方法，可以创建一个改变了尺寸的新数组，原数组的 shape 属性保持不变。

```
In [11]: d = a.reshape((2,2))
    ...: d
Out[11]: array([[1, 2],
                [3, 4]])

In [12]: a
Out[12]: array([1, 2, 3, 4])
```

使用 reshape 方法新生成的数组和原数组共用一个内存，不管改变哪个都会互相影响。所以数组 a 和 d 其实共享数据存储的内存区域，修改其中任意一个数组的元素都会同时修改另一个数组中的内容。

```
In [13]: a[1] = 100          # 将数组 a 的第一个元素改为 100
    ...: d                   # 注意数组 d 中的 2 也被改变了
```

```
Out[13]: array([[ 1, 100],
                [ 3, 4]])
```

数组的元素类型可以通过 dtype 属性获得。上面例子中的参数序列中的元素都是整数，因此所创建的数组的元素类型也是整数，并且是 32 位的长整型。可以通过 dtype 参数在创建数组时就指定元素类型。

```
In [14]: np.array([[1,2,3,4],[4,5,6,7], [7,8,9,10]], dtype=np.float)
Out[14]: array([[ 1., 2., 3., 4.],
                [ 4., 5., 6., 7.],
                [ 7., 8., 9., 10.]])

In [15]: np.array([[1,2,3,4],[4,5,6,7], [7,8,9,10]], dtype=np.complex)
Out[15]: array([[ 1.+0.j, 2.+0.j, 3.+0.j, 4.+0.j],
                [ 4.+0.j, 5.+0.j, 6.+0.j, 7.+0.j],
                [ 7.+0.j, 8.+0.j, 9.+0.j, 10.+0.j]])
```

当想知道一个数组包含多少个数据时，可以使用 size 方法查看。

```
In [16]: d=np.array([[ 1, 100],[ 3, 4]])
    ...: d.size
Out[16]: 4

In [31]: len(d)
Out[31]: 2
```

 注意：len 和 size 的区别为，len 是指元素的个数，而 size 是指数据的个数，也就是说一个元素中可以包含多个数据。

上面的例子都是先创建一个 Python 序列，然后通过 array() 函数将其转换为数组，这样做显然效率不高。NumPy 库中提供了很多专门用于创建数组的函数，每个函数都有一些关键字参数，具体用法请查看函数说明。

在 1.3.4 节中学习过 range() 函数，该函数通过指定的开始值、终止值和步长生成整数序列，但如果要生成一个小数序列呢？这就要用到 NumPy 库中的 arange() 函数。arange() 函数类似于 Python 内置的 range() 函数。使用 arange() 函数需要先导入 NumPy 库。例如，产生一个 0 ~ 1 的步长为 0.1 的序列：

```
In [16]: np.arange(0,1,0.1)
Out[16]: array([ 0. , 0.1, 0.2, 0.3, 0.4, 0.5, 0.6, 0.7, 0.8, 0.9])
```

linspace() 函数通过指定开始值、终止值和元素的个数来创建一维数组，可以通过 endpoint 关键字指定是否包括终止值，默认设置是包括终止值。

```
In [17]: np.linspace(0, 1, 12)
Out[17]: array([ 0. , 0.09090909, 0.18181818, 0.27272727, 0.36363636,0.45454545,
                 0.54545455, 0.63636364, 0.72727273, 0.81818182, 0.90909091, 1. ])
```

logspace() 函数和 linspace() 函数的功能类似，通过它可以创建等比数列。下面的代码产生一个包含 20 个元素的等比数列，元素的底数为 10，指数为 0~2（即元素为 1~100）。

```
In [18]: np.logspace(0, 2, 20)
Out[18]: array([ 1. , 1.27427499, 1.62377674, 2.06913808,
                 2.6366509 , 3.35981829, 4.2813324 , 5.45559478,
                 6.95192796, 8.8586679 , 11.28837892, 14.38449888,
                 18.32980711, 23.35721469, 29.76351442, 37.92690191,
                 48.32930239, 61.58482111, 78.47599704, 100. ])
```

还可以通过 zeros() 和 ones() 函数等创建多维数组。

```
In [19]: import numpy as np
    ...: my_zeros = np.zeros(5)

In [20]: my_zeros
Out[20]: array([ 0., 0., 0., 0., 0.])

In [21]: my_ones = np.ones(5)

In [22]: my_ones
Out[22]: array([ 1., 1., 1., 1., 1.])

In [23]: two_zeros = np.zeros((3,5))
    ...: two_zeros
Out[23]: array([[ 0., 0., 0., 0., 0.],
                [ 0., 0., 0., 0., 0.],
                [ 0., 0., 0., 0., 0.]])

In [24]: two_ones = np.ones((5,3))
    ...: two_ones
Out[24]: array([[ 1., 1., 1.],
                [ 1., 1., 1.],
                [ 1., 1., 1.],
                [ 1., 1., 1.],
                [ 1., 1., 1.]])
```

创建一个一维数组，并且把元素 3 重复 4 次，可以使用 repeat() 函数。

```
In [25]: np.repeat(3, 4)
Out[25]: array([3, 3, 3, 3])
```

还可以使用 np.full(shape, val) 函数创建多维数组，每个元素值均填充为 val。

```
In [26]: np.full((2,3),8)
Out[26]: array([[8, 8, 8],
                [8, 8, 8]])
```

在处理线性代数时，单位矩阵是非常有用的。单位矩阵是一个二维的方阵，即在这个矩阵中，列数与行数相等，它的对角线上的元素都是 1，其他元素均为 0。可以使用 eye() 函数创建单位矩阵。

```
In [27]: my_matrx = np.eye(6)          # 创建一个 6 阶的单位矩阵

In [28]: my_matrx
Out[28]: array([[ 1., 0., 0., 0., 0., 0.],
                [ 0., 1., 0., 0., 0., 0.],
                [ 0., 0., 1., 0., 0., 0.],
                [ 0., 0., 0., 1., 0., 0.],
                [ 0., 0., 0., 0., 1., 0.],
                [ 0., 0., 0., 0., 0., 1.]])
```

在处理数据时，有时会用到随机数组成的数组，随机数组成的数组可以使用 rand()、randn() 或 randint() 函数生成。

（1）np.random.rand() 可以生成一个在 0 ~ 1 中均匀分布的随机数组成的数组。例如，想要创建一个由 4 个对象组成的一维数组，且这 4 个对象均匀分布在 0 ~ 1，代码如下：

```
In [1]: import numpy as np
   ...: my_rand = np.random.rand(4)
   ...: my_rand
Out[1]: array([ 0.8038377, 0.82393353, 0.07511963, 0.28900456])
```

如果想要创建一个 5 行 4 列的二维数组，代码如下：

```
In [2]: my_rand = np.random.rand(5, 4)
   ...: my_rand
Out[2]: array([[ 0.23075524, 0.37075683, 0.02791661, 0.59149501],
               [ 0.19525257, 0.20225569, 0.03901862, 0.32141019],
               [ 0.59996611, 0.95734781, 0.15140956, 0.43600606],
               [ 0.42776634, 0.8688988 , 0.75872595, 0.36019754],
               [ 0.88073936, 0.51553821, 0.44954604, 0.93475329]])
```

（2）np.random.randn() 可以从以 0 为中心的标准正态分布或高斯分布中产生随机样本。生成 7 个随机数的代码如下：

```
In [3]: my_randn = np.random.randn(7)
   ...: my_randn
```

```
Out[3]: array([-0.69841501, -1.18251376, -0.26387785, -0.1519803,
                -1.12398459, -1.01932536, -0.09537881])
```

根据数据绘制图形，会得到一条正态分布曲线。

同样地，如需创建一个 3 行 5 列的二维数组，代码如下：

```
In [4]: np.random.randn(3,5)
Out[4]: array([[-0.66033972, -0.82280485, -0.08232885, 1.14664427, 0.01316381],
               [-0.55195999, -0.59205497, 0.93660669, 2.85397242, 0.61310109],
               [ 0.21420844, 0.04403698, 0.97300744, 0.87568263, -0.67880206]])
```

（3）np.random.randint() 在半闭半开区间 [low,high) 上生成离散均匀分布的整数值，若 high=None，则取值区间变为 [0,low)。

```
In [5]: np.random.randint(20)              # 在 [0,20) 上产生 1 个整数
Out[5]: 10

In [6]: np.random.randint(2, 20)           # 在 [2,20) 上产生 1 个整数
Out[6]: 10

In [7]: np.random.randint(2, 20, 7)        # 在 [2,20) 上产生 7 个整数
Out[7]: array([12, 16, 9, 17, 11, 14, 10])

In [8]: np.random.randint(10, high=None, size=(2,3)) # 在 [0,10) 上产生 2 行 3 列的整数数组
Out[8]: array([[7, 1, 3],
               [9, 9, 9]])
```

其他创建数组的方法如下。

- np.empty((m,n))：创建 m 行 n 列未初始化的二维数组。
- np.ones_like(a)：根据数组 a 的形状生成一个元素全为 1 的数组。
- np.zeros_like(a)：根据数组 a 的形状生成一个元素全为 0 的数组。
- np.full_like(a,val)：根据数组 a 的形状生成一个元素全为 val 的数组。
- np.empty((2,3),np.int)：只分配内存，不进行初始化。

关于各种创建数组方法的使用，可以通过 help() 函数进行查询。

```
In [9]: help(np.full_like)
Help on function full_like in module numpy.core.numeric:

full_like(a, fill_value, dtype=None, order='K', subok=True)
Return a full array with the same shape and type as a given array.
Parameters
----------
...
```

```
Examples
--------
>>> x = np.arange(6, dtype=np.int)
>>> np.full_like(x, 1)
array([1, 1, 1, 1, 1, 1])
>>> np.full_like(x, 0.1)
array([0, 0, 0, 0, 0, 0])
>>> np.full_like(x, 0.1, dtype=np.double)
array([ 0.1, 0.1, 0.1, 0.1, 0.1, 0.1])
>>> np.full_like(x, np.nan, dtype=np.double)
array([ nan, nan, nan, nan, nan, nan])
>>> y = np.arange(6, dtype=np.double)
>>> np.full_like(y, 0.1)
array([ 0.1, 0.1, 0.1, 0.1, 0.1, 0.1])
```

2.2 数组的操作

2.2.1 访问数组

对数组中的元素进行操作，首先是要能够索引元素，即查询访问。

1. 索引

每个维度对应一个索引值，用逗号分隔。

```
In [1]: import numpy as np
   ...: a = np.random.randint(2, 100, 24).reshape((3,8))
   ...: a
Out[1]: array([[72, 11, 2, 63, 84, 9, 57, 59],
               [85, 8, 7, 87, 81, 71, 46, 59],
               [56, 50, 44, 30, 71, 73, 15, 5]])

In [2]: a[2,6]                          #访问索引号为 [2, 6] 位置上的元素 15
Out[2]: 15

In [3]: b = a.reshape((2,3,4))          #将 a 改为三维数组
   ...: b
Out[3]: array([[[72, 11, 2, 63],
                [84, 9, 57, 59],
                [85, 8, 7, 87]],
```

```
        [[81, 71, 46, 59],
         [56, 50, 44, 30],
         [71, 73, 15, 5]]])

In [4]: b[1,2,3]              #访问索引号为 [1,2,3] 位置上的元素 5
Out[4]: 5
```

2. 多维数组的切片

每个维度对应一个切片值，用逗号分隔。

```
In [5]: b[:,1:,2]             #访问元素 57、7、44、15
Out[5]: array([[57, 7],
               [44, 15]])
```

访问数组元素的操作还可以如下所示：

```
In [1]: import numpy as np
   ...: c = np.array([[1, 2, 3, 4],[4, 5, 6, 7], [7, 8, 9, 10]])
   ...: c
Out[1]: array([[ 1, 2, 3, 4],
               [ 4, 5, 6, 7],
               [ 7, 8, 9, 10]])

In [2]: c[1][3]               #访问行索引为 1、列索引为 3 的元素
Out[2]: 7

In [3]: c[:,[1,3]]            #访问 c 的所有行的列索引为 1、3 的元素
Out[3]: array([[ 2, 4],
               [ 5, 7],
               [ 8, 10]])
```

更多的时候是访问符合条件的元素，如 c[x][y]，x 和 y 为条件。

```
In [4]: c[: , 2][c[: , 0] < 5]
Out[4]: array([3, 6])
```

说明如下。

- a [x] [y]：表示访问符合 x、y 条件的数组 a 中的元素。
- [:, 2]：表示取所有行的第 3 列（第 3 列的索引号为 2），[c[:, 0] < 5] 表示取第 1 列（第 1 列的索引号为 0）的值小于 5 所在的行（第 1、2 行），最终表示取第 1、2 行的第 3 列上的元素，得到结果 array([3, 6]) 这个子数组。

在访问数组时，经常用到查找符合条件元素的位置，这时可以使用 where() 函数。

```
In [5]: c
Out[5]: array([[ 1, 2, 3, 4],
```

```
              [ 4, 5, 6, 7],
              [ 7, 8, 9, 10]])

In [6]: np.where(c == 4)                    #查询数据为 4 的位置
Out[6]: (array([0, 1], dtype=int64), array([3, 0], dtype=int64))
```

这里需要注意的是，[0, 1] 和 [3, 0] 并不是找到的位置坐标，[0, 1] 表示查询结果的行坐标，即索引号为 0 和 1 的行；[3, 0] 表示结果的列坐标，即索引号为 3 和 0 的列。组合在一起即找到的位置：c[0,3] 和 c[1,0]（或者 c[0][3] 和 c[1][0]）。

2.2.2 数组元素的类型转换

当需要对数组中的数据进行数据类型转换时，常用 astype 方法。

1. 转换数据类型

如果将浮点数转换为整数，则小数部分会被截断。示例代码如下：

```
In [1]: import numpy as np
   ...: q = np.array([1.1, 2.2, 3.3, 4.4, 5.6221])
   ...: q
Out[1]: array([ 1.1 , 2.2 , 3.3 , 4.4 , 5.6221])

In [2]: q.dtype
Out[2]: dtype('float64')

In [3]: q.astype(int)
Out[3]: array([1, 2, 3, 4, 5])
```

2. 将字符串数组转换为数值型

示例代码如下：

```
In [4]: s = np.array(['1.2','2.3','3.2141'])
   ...: s
Out[4]: array(['1.2', '2.3', '3.2141'],
              dtype='<U6')

In [5]: s.astype(float)
Out[5]: array([ 1.2 , 2.3 , 3.2141])
```

此处给的是 float，而不是 np.float64。NumPy 很智能，会将 Python 类型映射到等价的 dtype 上。

2.2.3 数组的拼接

vstack() 和 hstack() 方法可以实现两个数组的拼接。拼接的方法有两种形式，一种是水平拼接，另一种是竖直叠加拼接。

- np.vstack((a,b))：将数组 a、b 竖直拼接（vertical）。
- np.hstack((a,b))：将数组 a、b 水平拼接（horizontal）。

示例代码如下：

```
In [1]: import numpy as np
   ...: a = np.full((2,3),1)
   ...: a
Out[1]: array([[1, 1, 1],
               [1, 1, 1]])

In [2]: b = np.full((2,3),2)
   ...: b
Out[2]:array([[2, 2, 2],
              [2, 2, 2]])

In [3]: np.vstack((a,b))
Out[3]: array([[1, 1, 1],
               [1, 1, 1],
               [2, 2, 2],
               [2, 2, 2]])

In [4]: np.hstack((a,b))
Out[4]: array([[1, 1, 1, 2, 2, 2],
               [1, 1, 1, 2, 2, 2]])
```

数组的拼接也可以使用 concatenate() 函数，axis 的值为 0 时等同于 vstack() 方法；axis 的值为 1 时等同于 hstack() 方法。

示例代码如下：

```
In [5]: np.concatenate((a,b),axis=0)
Out[5]: array([[1, 1, 1],
               [1, 1, 1],
               [2, 2, 2],
               [2, 2, 2]])

In [6]: np.concatenate((a,b),axis=1)
Out[6]: array([[1, 1, 1, 2, 2, 2],
               [1, 1, 1, 2, 2, 2]])
```

2.2.4 数组的切分

vsplit() 和 hsplit() 方法可以实现对数组的切分，返回值是一个列表。
- np.vsplit(a,v)：将数组 a 在水平方向切成 v 等份。
- np.hsplit(a,v)：将数组 a 在竖直方向切成 v 等份。

示例代码如下：

```
In [1]: import numpy as np
   ...: c = np.array([[1, 2, 3, 4],[4, 5, 6, 7], [7, 8, 9, 10]])
   ...: c
Out[1]: array([[ 1, 2, 3, 4],
               [ 4, 5, 6, 7],
               [ 7, 8, 9, 10]])

In [2]: np.vsplit(c,3)
Out[2]: [array([[1, 2, 3, 4]]), array([[4, 5, 6, 7]]), array([[ 7, 8, 9, 10]])]

In [3]: np.hsplit(c,2)
Out[3]: [array([[1, 2],
               [4, 5],
               [7, 8]]),
        array([[3, 4],
              [6, 7],
              [9, 10]])]
```

这里的参数 v 必须确保能够将数组 a 等分，否则会报错。

2.2.5 缺失值的检测

在进行数据处理前，一般都会对数据进行检测，查看是否有缺失值。对缺失值一般要做删除或者填补处理。

np.isnan() 函数用于检测是不是空值 nan，返回布尔值。示例代码如下：

```
In [1]: import numpy as np
   ...: c = np.array([[1, 2, 3, 4],[4, 5, 6, 7], [np.nan, 8, 9, 10]])
   ...: c
Out[1]: array([[ 1., 2., 3., 4.],
               [ 4., 5., 6., 7.],
               [ nan, 8., 9., 10.]])

In [2]: np.isnan(c)
Out[2]: array([[False, False, False, False],
```

```
        [False, False, False, False],
        [ True, False, False, False]], dtype=bool)
```

当检测出有缺失值时，可以对缺失值用 0 填补。nan_to_num 可用来将 nan 替换成 0。

```
In [3]: np.nan_to_num(c)
Out[3]: array([[ 1., 2., 3., 4.],
               [ 4., 5., 6., 7.],
               [ 0., 8., 9., 10.]])
```

2.2.6 删除数组的行或列

对数组的删除可以利用切片查找的方法，生成一个新的数组；或者先对数组利用 split()、vsplit()、hspilt() 方法进行分割，再取其切片 a=a[0] 赋值的方法；或者利用 np.delete() 函数。

np.delete() 函数的格式如下：

```
np.delete(arr, obj, axis=None)
```

示例代码如下：

```
In [1]: import numpy as np
   ...: a = np.array([[1,2],[3,4],[5,6]])
   ...: a
Out[1]:array([[1, 2],
              [3, 4],
              [5, 6]])

In [2]: np.delete(a,1,axis = 0)          #删除 a 的第 2 行，即索引为 1
Out[2]: array([[1, 2],
               [5, 6]])

In [3]: np.delete(a,(1,2),0)             #删除 a 的第 2、3 行
Out[3]: array([[1, 2]])

In [4]: np.delete(a,1,axis = 1)          #删除 a 的第 2 列
Out[4]: array([[1],
               [3],
               [5]])
```

要删除数组 a 的第 2 列，也可以采用 split() 方法。示例代码如下：

```
In [5]: a = np.split(a,2,axis = 1)       #与 np.hsplit(a,2) 的效果一样

In [6]: a[0]
```

```
Out[6]: array([[1],
               [3],
               [5]])
```

2.2.7 数组的复制

在进行数据处理前，为了保证数据的安全，一般都要对数据进行复制。在 Python 中复制数据时需要小心，很容易发生错误。

- c=a.view()：c 是对数组 a 的浅复制，两个数组不同，但数据共享。
- d=a.copy()：d 是对数组 a 的深复制，两个数组不同，数据不共享。

示例代码如下：

```
In [1]: import numpy as np
   ...: a = np.array([[1,2],[3,4],[5,6]])
   ...: a
Out[1]: array([[1, 2],
               [3, 4],
               [5, 6]])

In [2]: c = a.view()
   ...: c
Out[2]: array([[1, 2],
               [3, 4],
               [5, 6]])

In [3]: d = a.copy()
   ...: d
Out[3]: array([[1, 2],
               [3, 4],
               [5, 6]])

In [4]: id(a)                          #查看 a 的内存地址
Out[4]: 1235345516784

In [5]: id(c)
Out[5]: 1235345516944

In [6]: id(d)
Out[6]: 1235345517424

In [7]: a[1,0] = 0                      #将 a 中的数据 3 修改为 0
```

```
     ...: a
Out[7]: array([[1, 2],
               [0, 4],
               [5, 6]])

In [8]: c                              # c 中的数据被改变了
Out[8]: array([[1, 2],
               [0, 4],
               [5, 6]])

In [9]: d                              # d 中的数据没有变化
Out[9]: array([[1, 2],
               [3, 4],
               [5, 6]])

In [10]: c[1,0] = 3                    # 将 c 中的数据 0 修改为 3
     ...: c
Out[10]: array([[1, 2],
               [3, 4],
               [5, 6]])

In [11]: a                             # a 中的数据被修改了
Out[11]: array([[1, 2],
               [3, 4],
               [5, 6]])
```

 注意：若将 a 的值直接赋值给 b，则 b 和 a 同时指向同一个数组；若修改 a 或者 b 中的某个元素，则 a 和 b 都会改变；若希望 a 和 b 不关联且不被修改，则需要执行 b = a.copy()，为 b 单独生成一份复制数据。

2.2.8 数组的排序

在进行数据处理时，常常会对数据进行按行或列排序，或者需要引用排序后的索引等。

- np.sort(a,axis=1)：对数组 a 中的元素按行排序并生成一个新的数组。
- sort(axis=1)：因为 sort 方法作用在数组 a 上，数组 a 被改变。
- j=np.argsort(a)：数组 a 在元素排序后的索引位置。

示例代码如下：

```
In [21]: import numpy as np
     ...: a = np.array([[1,3],[4,2],[8,6]])
```

```
       ...: a
Out[21]: array([[1, 3],
                [4, 2],
                [8, 6]])

In [22]: np.sort(a,axis=1)              #对行排序
Out[22]: array([[1, 3],
                [2, 4],
                [6, 8]])

In [23]: a                             # a 没有改变
Out[23]: array([[1, 3],
                [4, 2],
                [8, 6]])

In [24]: np.sort(a,axis=0)              #对列排序
Out[24]: array([[1, 2],
                [4, 3],
                [8, 6]])

In [25]: a.sort()

In [26]: a                             # a 被改变了
Out[26]: array([[1, 3],
                [2, 4],
                [6, 8]])

In [30]: a = np.array([[1,3],[4,2],[8,6]])
       ...: a                          #还原 a 为原数据
Out[30]: array([[1, 3],
                [4, 2],
                [8, 6]])

In [31]: j = np.argsort(a)
       ...: j
Out[31]: array([[0, 1],
                [1, 0],
                [1, 0]], dtype=int64)
```

2.2.9 查找最大值

在进行数据分析的过程中，常常需要寻找数据的最大值、最小值，并返回最值的位置。

- np.argmax(a, axis=0)：查找每列的最大值的位置。
- np.argmin(a, axis=0)：查找每列的最小值的位置。
- a.max(axis=0)：查找每列的最大值。
- a.min(axis=0)：查找每列的最小值。

示例代码如下：

```
In [1]: import numpy as np
   ...: a = np.array([[1,3],[4,2],[8,6]])
   ...: a
Out[1]: array([[1, 3],
               [4, 2],
               [8, 6]])

In [2]: np.argmax(a,axis=0)            # 对列查找最大数据的位置
Out[2]: array([2, 2], dtype=int64)

In [3]: a.max()                        # 对所有数据进行查找
Out[3]: 8

In [4]: a.max(axis=0)                  # 对每列查找最大的数据
Out[4]: array([8, 6])
```

2.2.10 数据的读取与存储

1. np.save() 或 np.savez() 方法

保存一个数组到一个二进制文件中，可以使用 save() 或者 savez() 方法。NumPy 库为 ndarray 对象引入了一个简单的文件，即 npy 文件。npy 文件保存在磁盘文件中，用于存储重建 ndarray 所需的数据、图形、dtype 和其他信息，以便正确地获取数组，即使该文件在具有不同架构的另一台计算机上。

np.save() 方法的语法如下：

```
np.save(file, arr, allow_pickle=True, fix_imports=True)
```

参数说明如下。
- file：文件名 / 文件路径。
- arr：要存储的数组。
- allow_pickle：布尔值，允许使用 Python pickles 保存对象数组（可选参数，默认即可）。
- fix_imports：为了方便在 Python 2 中读取 Python 3 保存的数据（可选参数，默认即可）。
读取保存后的 npy 数据时，使用 np.load() 方法即可。
- np.load(file)：从 file（文件名 / 文件路径）文件中读取数据。

示例代码如下：

```
In [1]: import numpy as np
   ...: c = np.array([[1, 2, 3, 4],[4, 5, 6, 7], [np.nan, 8, 9, 10]])
   ...:
   ...: np.save('save_1.npy',c)

In [2]: f = np.load('save_1.npy')

In [3]: f
Out[3]: array([[ 1., 2., 3., 4.],
               [ 4., 5., 6., 7.],
               [ nan, 8., 9., 10.]])
```

np.savez() 方法同样是保存数组到一个二进制文件中，可以保存多个数组到同一个文件中，保存格式是 .npz，它其实就是多个 np.save() 方法保存的 npy 文件，再通过打包（未压缩）的方式把这些文件压缩成一个文件，解压 npz 文件就能看到多个 npy 文件。

np.savez() 方法的语法如下：

```
np.savez(file, *args, **kwds)
```

参数说明如下。

- file：文件名 / 文件路径。
- *args：要存储的数组，可以写多个，如果没有给数组指定 Key，NumPy 将默认以 'arr_0' 和 'arr_1' 的方式命名。
- kwds：可选参数，默认即可。

示例代码如下：

```
In [4]: import numpy as np
   ...: c = np.array([[1, 2, 3, 4],[4, 5, 6, 7], [np.nan, 8, 9, 10]])

In [5]: np.savez('save_2.npz',a,c)
   ...:
   ...: f = np.load('save_2.npz')

In [6]: f                          #这样是打不开数据的
Out[6]: <numpy.lib.npyio.NpzFile at 0x11fa0559cf8>

In [7]: f['arr_0']
Out[7]: array([[1, 3],
               [4, 2],
               [8, 6]])
```

```
In [8]: f['arr_1']
Out[8]: array([[ 1., 2., 3., 4.],
               [ 4., 5., 6., 7.],
               [ nan, 8., 9., 10.]])
```

为了便于访问数据，指定保存的数组的 Key 为 a 和 c。示例代码如下：

```
In [9]: np.savez('save_3.npz',a=a,c=c)

In [10]: f = np.load('save_3.npz')

In [11]: f['a']
Out[11]: array([[1, 3],
                [4, 2],
                [8, 6]])

In [12]: f['c']
Out[12]: array([[ 1., 2., 3., 4.],
                [ 4., 5., 6., 7.],
                [ nan, 8., 9., 10.]])
```

2. np.savetxt() 和 np.loadtxt() 方法

np.savetxt() 方法保存数组到文本文件中，以便直接打开来查看文件中的内容。其语法如下：

```
np.savetxt(fname, X, fmt='%.18e', delimiter=' ', newline='\n', header='', footer='',
    comments='#', encoding=None)
```

参数说明如下。

- fname：文件名 / 文件路径，如果文件后缀是 .gz，文件将被自动保存为 .gzip 格式，np.loadtxt 可以识别该格式。csv 格式的文件可以用此方式保存。
- X：要存储的一维数组或二维数组。
- fmt：控制数据存储的格式。
- delimiter：数据列之间的分隔符。
- newline：数据行之间的分隔符。
- header：文件头部写入的字符串。
- footer：文件底部写入的字符串。
- comments：文件头部或者尾部字符串的开头字符，默认是 '#'。
- encoding：使用默认参数。

读取该模式下的数据使用 np.loadtxt() 方法。其语法如下：

```
np.loadtxt(fname,dtype=<class 'float'>,comments='#',delimiter=None, converters=None)
```

参数说明如下。

- fname：文件名 / 文件路径，如果文件后缀是 .gz 或 .bz2，文件将被解压后载入。
- dtype：要读取的数据类型。
- comments：文件头部或者尾部字符串的开头字符，用于识别头部或尾部字符串。
- delimiter：划分读取数据值的字符串。
- converters：数据行之间的分隔符。

示例代码如下：

```
In [1]: import numpy as np
   ...: a = np.array([[1,3],[4,2],[8,6]])
   ...: c = np.array([[1, 2, 3, 4],[4, 5, 6, 7], [np.nan, 8, 9, 10]])

In [2]: np.savetxt('save_text.out',c)

In [3]: np.loadtxt('save_text.out')
Out[3]: array([[ 1., 2., 3., 4.],
               [ 4., 5., 6., 7.],
               [ nan, 8., 9., 10.]])

In [4]: d = c.reshape((2,3,2))

In [5]: np.savetxt('save_text.csv',d)
            Traceback (most recent call last):

            File "<ipython-input-108-2cad6843d204>", line 1, in <module>
            np.savetxt('save_text.csv',d)

            File "C:\Users\yubg\Anaconda3\lib\site-packages\numpy\lib\npyio.py",
            line 1258, in savetxt
            % (str(X.dtype), format))

            TypeError: Mismatch between array dtype ('float64') and format specifier
            ('%.18e %.18e %.18e')
```

说明：CSV 文件只能存储一维数组和二维数组。np.savetxt() 与 np.loadtxt() 方法只能存取一维数组和二维数组。

3. tofile() 和 fromfile() 方法

使用 tofile() 方法进行多维数组的存储。多维数组的存储格式如下：

```
a.tofile(fname, sep='', format='%s')
```

参数说明如下。

- fname：文件名 / 文件路径。
- sep：数据分割字符串，如果是空串，则写入文件为二进制。
- format：写入数据的格式。

使用 fromfile() 方法进行多维数组的读取。多维数组的读取格式如下：

```
np.fromfile(fname, dtype=np.float, count=-1, sep='')
```

参数说明如下。

- fname：文件名 / 文件路径。
- dtype：读取的数据类型。
- count：读入元素个数，−1 表示读入整个文件。
- sep：数据分割字符串，如果是空串，则写入文件为二进制。

示例代码如下：

```
In [1]: import numpy as np
   ...: c = np.array([[1, 2, 3, 4],[4, 5, 6, 7], [np.nan, 8, 9, 10]])

In [2]: d = c.reshape((2,3,2))

In [3]: d
Out[3]: array([[[ 1.,  2.],
                [ 3.,  4.],
                [ 4.,  5.]],

               [[ 6.,  7.],
                [ nan,  8.],
                [ 9., 10.]]])

In [4]: d.tofile('1.dat',sep=',', format='%s')

In [5]: np.fromfile('1.dat', dtype=np.float, count=-1, sep=',')
Out[5]: array([ 1.,  2.,  3.,  4.,  4.,  5.,  6.,  7., nan,  8.,  9., 10.])

In [6]: np.fromfile('1.dat', dtype=np.float, count=-1, sep=',').reshape((2,3,2))
Out[6]: array([[[ 1.,  2.],
                [ 3.,  4.],
                [ 4.,  5.]],

               [[ 6.,  7.],
                [ nan,  8.],
                [ 9., 10.]]])
```

保存多维数组时要注意，数组的维度会转化为一维。

2.2.11　其他操作

- d.flatten()：将数组 d 展开为一维数组。
- np.ravel(d)：展开一个可以解析的结构为一维数组。

2.3　数组的计算

关于 NumPy 库的计算函数较多，现将经常用到的函数罗列如下。

- np.abs(x) 或 np.fabs(x)：计算数组各元素的绝对值。
- np.sqrt(x)：计算数组各元素的平方根。
- np.square(x)：计算数组各元素的平方。
- np.power(x, a)：计算 x 的 a 次方。
- np.log(x)、np.log10(x)、np.log2(x)：分别表示数组各元素的自然对数、以 10 为底的对数、以 2 为底的对数。
- np.rint(x)：计算数组各元素的四舍五入值。
- np.modf(x)：将数组各元素的小数和整数部分以两个独立数组的形式返回。
- np.cos(x)、np.cosh(x)、np.sin(x)、np.sinh(x)、np.tan(x)、np.tanh(x)：计算数组各元素的普通型和双曲型三角函数。
- np.exp(x)：计算数组各元素的指数值。
- np.sign(x)：计算数组各元素的符号值，1（正值），0，–1（负值）。
- np.maximun(x,y) 或 np.fmax()：计算数组元素级的最大值。
- np.minimun(x,y) 或 np.fmin()：计算数组元素级的最小值。
- np.mod(x, y)：计算数组元素级的模运算。
- np.copysign(x, y)：将数组 y 中各元素值的符号赋值给数组 x 对应的元素。

示例代码如下：

```
In [1]: import numpy as np
   ...: c = np.array([[1, 2, 3, 4],[4, 5, 6, 7], [np.nan, 8, 9, 10]])

In [2]: np.power(c,4)
Out[2]: array([[ 1.00000000e+00, 1.60000000e+01, 8.10000000e+01, 2.56  000000e+02],
               [ 2.56000000e+02, 6.25000000e+02, 1.29600000e+03, 2.40  100000e+03],
               [ nan, 4.09600000e+03, 6.56100000e+03, 1.00  000000e+04]])
```

```
In [3]: np.sign(c)
__main__:1: RuntimeWarning: invalid value encountered in sign
Out[3]: array([[ 1., 1., 1., 1.],
               [ 1., 1., 1., 1.],
               [ nan, 1., 1., 1.]])
```

2.4 统 计 基 础

统计中常用的统计函数如表 2-1 所示。

表 2-1　常用的统计函数

函　　数	说　　明
sum()	计算数组中元素的和
mean()	计算数组中元素的均值
var()	计算数组中元素的方差。方差是元素与元素的平均数差的平方的平均数，var=mean(abs(x－ x.mean())**2)
std()	计算数组中元素的标准差。标准差（Standard Deviation）也称为标准偏差，在概率统计中常用作统计分布程度（Statistical Dispersion）上的测量。标准差是总体各单位标准值与其平均数离差平方的算术平均数的平方根，它反映组内个体间的离散程度
max()	计算数组中元素的最大值
min()	计算数组中元素的最小值
argmax()	返回数组中最大元素的索引
argmin()	返回数组中最小元素的索引
cumsum()	计算数组中所有元素的累计和
cumprod()	计算数组中所有元素的累计积

 注意： 每个统计函数都可以按行和列进行统计计算。当 axis=1 时，表示沿着横轴（行）计算；当 axis=0 时，表示沿着纵轴（列）计算。

示例代码如下：

```
In [1]: import numpy as np
   ...: c = np.array([[1, 2, 3, 4],[4, 5, 6, 7], [7, 8, 9, 10]])

In [2]: np.sum(c)
Out[2]: 66
```

```
In [3]: np.sum(c,axis=0)
Out[3]: array([12, 15, 18, 21])

In [4]: np.sum(c,axis=1)
Out[4]: array([10, 22, 34])

In [5]: np.cumsum(c)
Out[5]: array([ 1, 3, 6, 10, 14, 19, 25, 32, 39, 47, 56, 66], dtype=int32)

In [6]: np.cumsum(c,axis=0)
Out[6]: array([[ 1, 2, 3, 4],
               [ 5, 7, 9, 11],
               [12, 15, 18, 21]], dtype=int32)

In [7]: np.cumsum(c,axis=1)
Out[7]: array([[ 1, 3, 6, 10],
               [ 4, 9, 15, 22],
               [ 7, 15, 24, 34]], dtype=int32)
```

2.4.1　加权平均值函数

在统计中有时还会用到加权平均值函数 average()，调用格式如下：

```
average(a, axis=None, weights=None)
```

表示根据给定轴 axis 计算数组 a 相关元素的加权平均值。示例代码如下：

```
In [8]: np.average(c)
Out[8]: 5.5

In [9]: np.average(c,axis=0)
Out[9]: array([ 4., 5., 6., 7.])

In [10]: np.average(c,axis=1)
Out[10]: array([ 2.5, 5.5, 8.5])

In [11]: np.average(c,axis=1,weights=[1,0,2,1])
Out[11]: array([ 2.75, 5.75, 8.75])
```

说明：需要注意的是，给出了 weights=[1,0,2,1]，其中的 2.75 是如何计算出来的呢？其计算方式是 $(1×1+2×0+3×2+4×1)/(1+0+2+1)=2.75$。

2.4.2 梯度函数

梯度也就是斜率，反映的是各个数据的变化率。NumPy库中的梯度函数如下：

```
np.gradient(a)
```

表示计算数组a中元素的梯度，当a为多维数组时，返回每个维度的梯度。

梯度是连续值之间的变化率。如果xy坐标轴中连续的3个x坐标对应的y轴值为a,b,c，则b的梯度是$(c-a)/2$。示例代码如下：

```
In [27]: import numpy as np
    ...: c = np.array([[1, 0, 3, 4],[0, 5, 6, 7], [7, 8, 0, 10]])

In [28]: np.gradient(c)
Out[28]: [array([[-1. , 5. , 3. , 3. ],
                 [ 3. , 4. , -1.5, 3. ],
                 [ 7. , 3. , -6. , 3. ]]),
          array([[ -1. , 1. , 2. , 1. ],
                 [ 5. , 3. , 1. , 1. ],
                 [ 1. , -3.5, 1. , 10. ]])]
```

说明：结果中的4是如何计算出来的呢？其实是数据5的axis=0时的梯度，5的前后数据是0和8，(8-0)/2=4。

当数组为多维数组时，上侧表示的是最外层维度（axis=0）的梯度，下侧表示的是第2层维度（axis=1）的梯度。

2.4.3 去重函数

对于一维数组或者列表，unique()函数可以去除其中重复的元素，并按元素值由大到小返回一个新的无元素重复的元组或者列表。调用格式如下：

```
np.unique(a, return_index, return_inverse)
```

参数说明如下。

● a：表示数组。

● return_index：True表示同时返回原始数组中的下标。

● return_inverse：True表示返回用结果来重建原始数组的下标。

示例代码如下：

```
In [55]: import numpy as np
    ...: c = np.array([[1, 0, 3, 4],[0, 5, 6, 7], [7, 8, 0, 10]])

In [56]: w = c.flatten()
```

```
In [57]: w
Out[57]: array([ 1, 0, 3, 4, 0, 5, 6, 7, 7, 8, 0, 10])

In [58]: np.unique(w)
Out[58]: array([ 0, 1, 3, 4, 5, 6, 7, 8, 10])

In [59]: x, idx = np.unique(w, return_index=True)
   ...: x
Out[59]: array([ 0, 1, 3, 4, 5, 6, 7, 8, 10])

In [60]: idx
Out[60]: array([ 1, 0, 2, 3, 5, 6, 7, 9, 11], dtype=int64)

In [61]: x, ridx = np.unique(w, return_inverse=True)
   ...: ridx
Out[61]: array([1, 0, 2, 3, 0, 4, 5, 6, 6, 7, 0, 8], dtype=int64)
                      # 此数组表示用 x 的索引来重建原数据的索引

In [62]: x[ridx]
Out[62]: array([ 1, 0, 3, 4, 0, 5, 6, 7, 7, 8, 0, 10])

In [63]: all(x[ridx]==w)          # 原始数组 a 和 x[ridx] 完全相同
Out[63]: True
```

当数组是二维时，会自动返回一维的结果。示例代码如下：

```
In [68]: c = np.array([[1, 0, 3, 4],[0, 5, 6, 7], [7, 8, 0, 10]])

In [69]: c
Out[69]: array([[ 1, 0, 3, 4],
                [ 0, 5, 6, 7],
                [ 7, 8, 0, 10]])

In [70]: np.unique(c)
Out[70]: array([ 0, 1, 3, 4, 5, 6, 7, 8, 10])

In [71]: x, idx = np.unique(c, return_index=True)
   ...: x
Out[71]: array([ 0, 1, 3, 4, 5, 6, 7, 8, 10])

In [72]: idx
Out[72]: array([ 1, 0, 2, 3, 5, 6, 7, 9, 11], dtype=int64)
```

2.4.4　其他统计函数

- ptp(a)：计算数组 a 中元素最大值与最小值的差，即极差。
- median(a)：计算数组 a 中元素的中位数（中值）。

示例代码如下：

```
In [12]: np.ptp(c)
Out[12]: 9


In [13]: np.ptp(c,axis=0)
Out[13]: array([6, 6, 6, 6])
```

2.5　矩阵运算

NumPy 库中的 ndarray 对象重载了许多运算符，使用这些运算符可以完成矩阵间对应元素的运算。例如，加（＋）、减（－）运算都是对应位置上元素相加、减。矩阵的乘法运算比较特殊，如果使用乘号（＊），则是两个矩阵对应位置上的元素相乘，这与线性代数（以下简称线代）中介绍的矩阵乘法不一样，线代中的矩阵乘法要满足特定的条件，即第一个矩阵的列数等于第二个矩阵的行数。线代中的矩阵乘法在 NumPy 库中使用的函数为 np.dot()。

矩阵运算的常见函数如下。

- np.mat(b)：构建一个矩阵 b。
- np.dot(b、c)：求矩阵 b、c 的乘积。
- np.trace(b)：求矩阵 b 的迹。
- np.linalg.det(b)：求矩阵 b 的行列式值。
- np.linalg.matrix_rank(b)：求矩阵 b 的秩。
- nlg.inv(b)：求矩阵 b 的逆（import numpy.linalg as nlg）。
- u, v =np.linalg.eig(b)：一般情况的特征值分解，常用于实对称矩阵，u 为特征值。
- u, v =np.linalg.eigh(b)：更快且更稳定，但输出值的顺序和 eig() 函数相反，v 为特征向量。
- u, v = nlg.eig(a)：求特征值和特征向量（import numpy.linalg as nlg）。
- b.T：将矩阵 b 转置。

示例代码如下：

```
In [1]: import numpy as np
   ...: b = np.mat('1 2; 4 3')     #创建矩阵时元素之间用空格隔开, 行之间用 " ; " 隔开
   ...: b
Out[1]: matrix([[1, 2],
```

```
                   [4, 3]])
In [2]: a = np.array([[1,3],[4,2]])
   ...: c = np.mat(a)                        #将数组转化为矩阵
   ...: c
Out[2]: matrix([[1, 3],
                [4, 2]])

In [3]: d = np.dot(c,b)                      #对 c、b 矩阵做线代乘法
   ...: d
Out[3]:matrix([[13, 11],
               [12, 14]])

In [4]: d.T                                  #矩阵的转置
Out[4]: matrix([[13, 12],
                [11, 14]])

In [5]: np.trace(d)                          #求矩阵的迹
Out[5]: 27

In [6]: np.linalg.det(b)                     #求矩阵的行列式
Out[6]: -4.9999999999999991

In [7]: np.linalg.inv(b)                     #求矩阵的逆
Out[7]: matrix([[-0.6, 0.4],
                [ 0.8, -0.2]])

In [8]: np.linalg.matrix_rank(b)             #求矩阵的秩
Out[8]: 2

In [9]: u,v = np.linalg.eig(b)               #求特征值和特征向量
   ...: u
Out[9]: array([-1., 5.])

In [10]: v
Out[10]: matrix([[-0.70710678, -0.4472136 ],
                 [ 0.70710678, -0.89442719]])

In [11]: u1,v2 = np.linalg.eigh(b)           #特征值的顺序不同
    ...: u1
Out[11]: array([-2.12310563, 6.12310563])
```

```
In [12]: import numpy.linalg as nlg
    ...: w=np.mat('2 0 0;0 1 0;0 0 1')
    ...: u3, v3 = nlg.eig(w)
    ...: u3
Out[12]: array([ 2., 1., 1.])
```

另外，bmat() 函数也需要了解一下，它可以使用字符串和已定义的矩阵创建新矩阵，采用了分块矩阵的思想。示例代码如下：

```
In [13]: import numpy as np
         a = np.eye(2)
         a
Out[13]: array([[ 1.,  0.],
                [ 0.,  1.]])
In [14]: b = a * 2
         b
Out[14]: array([[ 2.,  0.],
                [ 0.,  2.]])

In [15]: np.bmat("a b;b a")           # 合并成新的矩阵
Out[15]: matrix([[ 1.,  0.,  2.,  0.],
                 [ 0.,  1.,  0.,  2.],
                 [ 2.,  0.,  1.,  0.],
                 [ 0.,  2.,  0.,  1.]])
```

在数据分析和深度学习相关的数据处理和运算中，线代模块是最常用的模块之一。结合 NumPy 库中提供的基本函数，可以对向量、矩阵进行一些基本的运算，如使用 np.linalg.solve() 函数计算线性方程组。

已知线性方程组 $AX=B$，求解 X。A、B 的取值如下：

$$A = \begin{pmatrix} 2 & 3 \\ 3 & 5 \end{pmatrix}, \quad B = (1, 1)^{\mathrm{T}}$$

示例代码如下：

```
In [16]: import numpy as np
    ...: A = np.mat('2 3;3 5')
    ...: B = np.mat('1 1').T
    ...: np.linalg.solve(A,B)
Out[16]: matrix([[ 2.],
                 [-1.]])
```

运行代码后的解为：2 和 −1。

2.6 实战案例：股票统计分析

已知股票交易数据中提供了 date（时间）、open（开盘价）、high（最高价）、low（最低价）、close（收盘价）、volume（成交量）6 个项目，如图 2-3 所示。

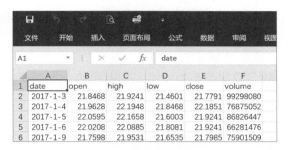

图 2-3　股票交易数据

通过本案例完成以下内容：

（1）利用数学和统计分析函数完成实际的统计分析。

（2）存储数据。

1. 读取数据

使用 np.loadtxt() 方法读取 CSV 文件，并查看数据格式。具体代码如下：

```
In [1]: import numpy as np
   ...: params = dict(fname = "stock_data_bac.csv",          #注意文件路径
   ...:                delimiter = ',',
   ...:                usecols = (4,5),
   ...:                skiprows=1,
   ...:                unpack = True)
   ...: closePrice,volume = np.loadtxt(**params)
   ...: print(closePrice)
   ...: print(volume)
[ 21.6685  22.0724 21.8128 21.8128 21.6877 22.0628 22.1878 22.0436
  22.1301  21.2068 21.7647 21.6685 21.7743 21.6973 22.0724 22.4764
  22.5437  22.4668 22.0724 21.7743 22.0147 21.8512 22.3994 22.2359
  22.0243  21.8031 22.2359 22.1975 22.5052 23.14   23.6401 23.6401
  #（为了节省页面，此处省略若干行……）
  30.03   30.05  30.07 30.02 30.08 30.35 30.77 30.58
  30.26   30.5   30.71 30.47 29.92 29.8  29.71 29.58 ]

[ 9.92980800e+07 7.68750520e+07 8.68264470e+07 6.62814760e+07
  7.59015090e+07 1.00977665e+08 9.23855510e+07 1.20474191e+08
  1.61930864e+08 1.52495923e+08 1.24366028e+08 7.59908360e+07
```

```
#（为了节省页面，此处省略若干行……）
5.61609700e+07 4.06341250e+07 3.52560500e+07 3.98820420e+07
5.85283510e+07 3.99033680e+07 4.41734690e+07 5.96499350e+07]
```

np.loadtxt() 方法需要传入如下 5 个参数。

- unpack：是否解包，数据类型为布尔型。
- skiprows：跳过前一行，默认值是 0。如果设置 skiprows=2，就会跳过前两行。
- fname：文件名（含路径）。
- delimiter：分隔符，数据类型为字符串。
- usecols：读取的列数，数据类型为元组，其中元素个数有多少个，则选出多少列。此处注意 A 列是第 0 列，B 列是第 1 列。

2. 数据分析

要想知道股票的基本信息，则需要计算成交量加权平均价格，计算股价近期最高价的最大值和最低价的最小值，计算股价近期最高价和最低价的最大值和最小值的差值（即极差），计算收盘价的中位数，计算收盘价的方差，以及计算股票收益率和年波动率及月波动率等。

（1）计算成交量加权平均价格。成交量加权平均价格（Volume Weighted Average Price，VWAP）是一个非常重要的经济学量，代表金融资产的"平均"价格。某个价格的成交量越大，该价格所占的权重就越大。VWAP 就是以成交量为权重计算出来的加权平均值。

```
In [2]: print(" 没有加权均值 :",np.average(closePrice))
   ...: print(" 含加权均值 :",np.average(closePrice,weights=volume))
没有加权均值：26.7865441948
含加权均值：26.406299509
```

从计算结果可以看出：

- 对于 numpy.average() 方法，是否加权重 weights，其结果会有区别。
- 如果 numpy.average() 方法没有 weights 参数，则其与 numpy.mean() 方法的效果相同。
- np.mean(closePrice)() 与 closePrice.mean() 的效果相同。

（2）计算最大值和最小值。计算股价最高价 high 的最大值和最低价 low 的最小值，使用 numpy.max(highPrice)、numpy.min(lowPrice) 或者 highPrice.max()、lowPrice.min() 方法均可。

最高价位于 Excel 表格中的第 2 列（其实是第 3 列，因为在 Python 中读取数据是从 0 开始计数的），最低价位于 Excel 中的第 3 列，所以 usecols=(2,3)。

```
In [3]: params = dict(fname = "stock_data_bac.csv",
   ...:               delimiter = ',',
   ...:               usecols = (2,3),
   ...:               skiprows=1,
   ...:               unpack = True)
   ...: highPrice,lowPrice = np.loadtxt(**params)
   ...: print("highPrice _max=",highPrice.max())
```

```
   ...: print("lowPrice _min=",lowPrice.min())
highPrice _max= 32.5751
lowPrice _min= 21.2765
```

（3）计算极差。计算股价最高价 high 的最大值与最低价 low 的最小值的差值，即极差，使用 np.ptp(highPrice)、np.ptp(lowPrice) 或 highPrice.ptp()、lowPrice.ptp() 方法均可。

```
In [4]: print("max - min of high price:", highPrice.ptp())
   ...: print("max - min of low price:", lowPrice.ptp())
max - min of high price: 10.7746
max - min of low price: 10.8945
```

（4）计算中位数。计算收盘价 close 的中位数可以使用 np.median(closePrice) 方法，但不能使用 closePrice.median() 方法。

```
In [5]: params = dict(fname = "stock_data_bac.csv",
   ...:                delimiter = ',',
   ...:                usecols = 4,
   ...:                skiprows=1 )
   ...: closeprice = np.loadtxt(**params)
   ...: print("median =",np.median(closePrice))
median = 27.23925
```

（5）计算方差。计算收盘价的方差使用 closePrice.var() 或 np.var(closePrice) 方法，效果相同。

```
In [5]: import numpy as np
   ...: params = dict(fname = "stock_data_bac.csv",
   ...:                delimiter = ',',
   ...:                usecols = 4,
   ...:                skiprows=1)
   ...: closePrice = np.loadtxt(**params)
   ...: print("variance =",np.var(closePrice))
   ...: print("variance =",closePrice.var())
variance = 10.2873645602
variance = 10.2873645602
```

（6）计算股票收益率、年波动率及月波动率。波动率在投资学中是对价格变动的一种度量，历史波动率可以根据历史价格的数据计算得出。在计算历史波动率时，需要先求出对数收益率。下面的代码中将求得对数收益率后赋值给 logReturns。年波动率和月波动率的计算方法如下：

$$年波动率 = \frac{对数收益率的标准差 \times \sqrt{252}}{对数收益率的均值}$$

$$月波动率 = \frac{对数收益率的标准差 \times \sqrt{12}}{对数收益率的均值}$$

通常，年交易日取 252 天，交易月取 12 个月。

```
In [6]:import numpy as np
   ...: params = dict(fname = "stock_data_bac.csv",
   ...:               delimiter = ',',
   ...:               usecols = 4,
   ...:               skiprows=1)
   ...: closePrice = np.loadtxt(**params)
   ...:
   ...: logReturns = np.diff(np.log(closePrice))
   ...: annual_volatility = logReturns.std()/logReturns.mean()*np.sqrt(252)
   ...: monthly_volatility = logReturns.std()/logReturns.mean()*np.sqrt(12)
   ...: print(" 年波动率 ",annual_volatility)
   ...: print(" 月波动率 ",monthly_volatility)
年波动率 434.117002549
月波动率 94.7320964117
```

np.diff() 函数的作用是每行的后一个值减去前一个值。

（7）股票统计分析。CSV 文件中的数据为给定时间范围内某股票的数据，现需要计算：

1）获取该时间范围内交易日星期一到星期五分别对应的平均收盘价。

2）平均收盘价最低、最高分别为星期几。

```
In [7]:import numpy as np
   ...: import datetime
   ...:
   ...: def dateStr2num(s):
   ...:     '''
   ...:     将日期转化为星期数字表示，0 表示星期一，1 表示星期二，以此类推
   ...:     '''
   ...:     s = s.decode("utf-8")
   ...:     return datetime.datetime.strptime(s, "%Y/%m/%d").weekday()
   ...:
   ...: params = dict(fname = "stock_data_bac.csv",
   ...:               delimiter = ',',
   ...:               usecols = (0,4),
   ...:               skiprows=1,
   ...:               converters = {0:dateStr2num},
   ...:               unpack = True)
   ...:
   ...: date, closePrice = np.loadtxt(**params)
   ...: average = []
   ...: for i in range(5):
   ...:     average.append(closePrice[date==i].mean())
```

```
    ...:        print(" 星期 %d 的平均收盘价为 :" %(i+1), average[i])      # 加 1 以匹配星期
    ...:
    ...:    print("\n 平均收盘价最低是星期 %d" %(np.argmin(average)+1))
    ...:    print(" 平均收盘价最高是星期 %d" %(np.argmax(average)+1))
星期 1 的平均收盘价为：26.7351606061
星期 2 的平均收盘价为：26.8320703704
星期 3 的平均收盘价为：26.7969944954
星期 4 的平均收盘价为：26.7781018349
星期 5 的平均收盘价为：26.7860972477

平均收盘价最低是星期 1
平均收盘价最高是星期 2
```

完整代码如下所示：

```
# -*- coding: utf-8 -*-
"""
Created on Sun Mar  7 22:30:05 2021

@author: yubg
"""
#1. 读取数据
import numpy as np
path = r"D:\yubg\2021 数据分析实战（第二版）\ 源数据 \ 第二章 \stock_data_bac.csv"
params = dict(fname = path, # 注意文件路径
              delimiter = ',',
              usecols = (4,5),
              skiprows=1,
              unpack = True)
closePrice,volume = np.loadtxt(**params)
print(closePrice)
print(volume)

#2. 数据分析
print(" 没有加权均值 :",np.average(closePrice))
print(" 含加权均值 :",np.average(closePrice,weights=volume))
params = dict(fname = path,
              delimiter = ',',
              usecols = (2,3),
              skiprows=1,
              unpack = True)
highPrice,lowPrice = np.loadtxt(**params)
print("highPrice_max=",highPrice.max())
```

```
print("lowPrice_min=",lowPrice.min())

print("max - min of high price:", highPrice.ptp())
print("max - min of low price:", lowPrice.ptp())

params = dict(fname = path,
              delimiter = ',',
              usecols = 4,
              skiprows=1 )
closeprice = np.loadtxt(**params)
print("median =",np.median(closePrice))

params = dict(fname = path,
              delimiter = ',',
              usecols = 4,
              skiprows=1)
closePrice = np.loadtxt(**params)
print("variance =",np.var(closePrice))
print("variance =",closePrice.var())


params = dict(fname = path,
              delimiter = ',',
              usecols = 4,
              skiprows=1)
closePrice = np.loadtxt(**params)

logReturns = np.diff(np.log(closePrice))
annual_volatility = logReturns.std()/logReturns.mean()*np.sqrt(252)
monthly_volatility = logReturns.std()/logReturns.mean()*np.sqrt(12)
print(" 年波动率 ",annual_volatility)
print(" 月波动率 ",monthly_volatility)

import datetime
def dateStr2num(s):
    '''
    将日期转化为星期数字表示，0 表示星期一，1 表示星期二，以此类推
    '''
    s = s.decode("utf-8")
    return datetime.datetime.strptime(s, "%Y/%m/%d").weekday()

params = dict(fname = path,
```

```
                delimiter = ',',
                usecols = (0,4),
                skiprows=1,
                converters = {0:dateStr2num},
                unpack = True)

date, closePrice = np.loadtxt(**params)
average = []
for i in range(5):
    average.append(closePrice[date==i].mean())
    print(" 星期 %d 的平均收盘价为 :" %(i+1), average[i])          # 加 1 以匹配星期

print("\n 平均收盘价最低是星期 %d" %(np.argmin(average)+1))
print(" 平均收盘价最高是星期 %d" %(np.argmax(average)+1))
```

2.7　本 章 小 结

　　本章主要学习了 NumPy 库，尤其是数组的拼接、缺失值的查找以及基本统计等函数的使用，这些操作的工作量在数据分析中占很大比重。如何快速地整理、查找数据是本章的重点。

✎ 读书笔记

第**3**章

Pandas 库

Pandas 库是 Python 中的一个数据分析包，最初由 AQR Capital Management 于 2008 年 4 月开发，并于 2009 年年底开源面市。Pandas 库最初被作为金融数据分析工具开发出来，因此，Pandas 库为分析时间序列提供了很好的支持。

Pandas 库中引入了两种新的数据结构—— Series 和 DataFrame，这两种数据结构都建立在 NumPy 库的基础之上。

- Series：一维数组系列，也称为序列，与 NumPy 库中的一维数组 array 类似。二者与 Python 基本的数据结构 List 列表也很相近。
- DataFrame：二维的表格型数据结构，也称为数据框。可以将 DataFrame 理解为 Series 的容器。

3.1 序 列

序列用于存储一行或一列的数据，以及与之相关的索引的集合。使用方法如下：

```
Series([ 数据 1, 数据 2,…], index=[ 索引 1, 索引 2,…])
```

示例代码如下：

```
In [1]:from pandas import Series
       X = Series(['a',2,' 螃蟹 '],index=[1,2,3])
In [2]:X
Out[2]:
1    a
2    2
3    螃蟹
```

```
dtype: object

In [3]:X[3]                          # 访问 index=3 的数据
Out[3]:' 螃蟹 '
```

一个序列中允许存放多种数据类型。可以通过位置或者索引访问数据，如 X[3]，返回 ' 螃蟹 '。

序列的索引（index）可以省略，索引号默认从 0 开始，也可以指定索引名。为了方便后面的使用和说明解释，此处定义可以省略的 index（也就是默认的索引）叫索引号，从 0 开始计数；赋值给定的 index，叫作索引名，有时也叫作行标签。

写入如下代码并看执行结果：

```
from pandas import Series
A=Series([1,2,3])                    # 定义序列的时候，数据类型不限
print(A)

# 输出如下
0    1                               # 第一列的 0 到 2 就是数据的 index，也就是位置，从 0 开始
1    2
2    3
dtype: int64

from pandas import Series
A=Series([1,2,3],index=[1,2,3])      # 可自定义索引，如索引名：1、2、3，A、B、C、D 等
print(A)

1    1
2    2
3    3
dtype: int64                         # dtype 指向数据类型，int64 是指 64 位整数

from pandas import Series
A=Series([1,2,3],index=['A','B','C'])
print(A)

A    1
B    2
C    3
dtype: int64
```

一般容易犯以下错误：

```
from pandas import Series
```

```
A=Series([1,2,3],index=[A,B,C])
print(A)

Traceback (most recent call last):
    File "<ipython-input-10-d5dd51933cbd>", line 3, in <module>
        A=Series([1,2,3],index=[A,B,C])
NameError: name 'B' is not defined
```

这里 A、B、C 都是字符串，不要忘记加引号。

访问序列值时，需要通过索引来访问，序列的索引和序列值是一一对应的关系，如表 3-1 所示。

表 3-1　序列的索引与序列值的对应关系

序列的索引（index）	序列值（values）
0	14
1	26
2	31

示例代码如下：

```
from pandas import Series
A=Series([14,26,31])
print(A)
    0    14
    1    26
    2    31
    dtype: int64

print(A[1])
    26                      # print(A[1]) 的输出

print(A[5])                 # 超出 index 的总长度会报错
    KeyError: 5             # print(A[5]) 时因为索引越界出错

from pandas import Series
A=Series([14,26,31],index=['first','second','third'])
print(A)
    first    14
    second   26
    third    31
    dtype: int64
```

```
print(A['second'])          # 如果设置了 index 参数（索引名），可通过参数来访问序列值
   26                       # print(A['second']) 的输出
```

执行下面的各行代码，并观察运行结果。

```
from pandas import Series

# 混合定义一个序列
x = Series(['a', True, 1], index=['first', 'second', 'third'])

# 根据索引访问
x[1]                        # 按索引号访问
x['second']                 # 按索引名访问

# 不能越界访问，会报错
x[3]

# 不能追加单个元素，但可以追加序列
x.append('2')

# 追加一个序列
n = Series(['2'])
x.append(n)

# 需要使用一个变量来承载变化，即 x.append(n) 返回的是一个新序列
x = x.append(n)

# 判断值是否存在，数字和逻辑型 (True/False) 是不需要加引号的
2 in x.values
'2' in x.values

# 切片
x[1:3]

# 定位获取，这个方法经常用于随机抽样
x[[0, 2, 1]]

# 根据 index 删除
x.drop(0)                   # 按索引号
x.drop('first')             # 按索引名

# 按照索引号找出对应的索引名
x.index[2]
```

```
# 根据位置（索引）删除，返回新的序列
x.drop(x.index[3])

# 根据值删除，显示值不等于 2 的序列，即删除 2，返回新序列
x[2!=x.values]

# 修改序列的值。将 True 值改为 b，先找到 True 的索引：x.index[True==x.values]
x[x.index[x.values==True]]='b'          # 注意显示结果，这里把值为 1 也当作 True 处理

# 通过值访问序列的 index
x.index[x.values=='a']

# 修改 series 中的 index，可以通过赋值更改，也可以通过 reindex() 方法
x.index=[0,1,2,3]

# 可将字典转化为 Series
s=Series({'a':1,'b':2,'c':3})
```

序列中的 sort_index(ascending=True) 方法可以对 index 进行排序操作。其中，ascending 参数用于控制升序或降序，默认为升序。也可以使用 reindex() 方法重新排序。

在序列上调用 reindex() 方法对数据进行重新排序，使它符合新的索引，如果索引的值不存在，就引入缺失数据值。示例代码如下：

```
In [1]:
    A=Series([4,2,3],index=['A','C','B'])
    A.sort_index(ascending=True)
Out[1]:
    A    4
    B    3
    C    2
    dtype: int64

In [2]:#reindex 重排序
    obj = Series([4.5, 7.2, -5.3, 3.6], index=['d', 'b', 'a', 'c'])
    obj
Out[2]:
    d    4.5
    b    7.2
    a   -5.3
    c    3.6
    dtype: float64
```

```
In [3]:obj2 = obj.reindex(['a', 'b', 'c', 'd', 'e'])
       obj2
Out[3]:
    a    -5.3
    b     7.2
    c     3.6
    d     4.5
    e     NaN
    dtype: float64

In [4]:obj.reindex(['a', 'b', 'c', 'd', 'e'], fill_value=0)
Out[4]:
    a    -5.3
    b     7.2
    c     3.6
    d     4.5
    e     0.0
    dtype: float64
```

Series 对象本质上是一个 NumPy 的数组（矩阵），因此 NumPy 的数组处理函数可以直接对 Series 进行处理。但是 Series 对象除了可以使用位置作为下标存取元素之外，还可以使用标签存取元素，这一点和字典相似。每个 Series 对象实际上都由 index 和 values 两个数组组成。

- index：从 NumPy 数组中继承的 index 对象，保存标签信息。
- values：保存值的 NumPy 数组。

使用 Series 对象需注意以下几点：

（1）Series 是一种类似于一维数组（数组 ndarray）的对象。

（2）Series 的数据类型没有限制（各种 NumPy 数据类型）。

（3）Series 有索引，把索引当作数据的标签（key）看待，类似于字典（只是类似，实质上是数组）。

（4）Series 同时具有数组和字典的功能，因此它也支持一些字典的方法。

3.2 数 据 框

数据框是用于存储多行和多列的数据集合，是序列的容器，类似于 Excel 的二维表格。对于数据框的操作无外乎增删改查，其中数据的行和列位置如图 3–1 所示。创建数据框的方式如下：

```
df=DataFrame(
        {'age':Series([26,29,24]),'name':Series(['Ken','Jerry','Ben'])},   #列名及其数据
        index=[0,1,2])                                                      #给定的索引
```

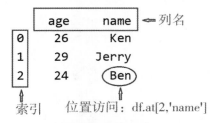

图 3-1　数据框的行和列的位置

【例 3-1】创建一个数据框。

```
from pandas import Series
from pandas import DataFrame
df=DataFrame({'age':Series([26,29,24]),'name':Series(['Ken','Jerry','Ben'])})
# 索引可以省略
print(df)

   age  name
0  26   Ken
1  29   Jerry
2  24   Ben
```

 注意：DataFrame 是驼峰写法。索引不指定时也可以省略！使用数据框时，要先从 Pandas 库中导入 DataFrame 包。

数据框中数据的访问方式如表 3-2 所示。

表 3-2　数据框中数据的访问方式

访问位置	方　法	备　注
访问列	变量名 [列名]	访问对应的列。如 df['name']
访问行	变量名 [n:m]	访问 n~m−1 行的数据。如 df[2:3]
访问块（行和列）	变量名 .iloc[n1:n2,m1:m2]	访问 n1~(n2−1) 行，m1~(m2−1) 列的数据。如 df.iloc[0:3,0:2]
访问位置	变量名 .at[行名 , 列名]	访问 (行名 , 列名) 位置的数据。如 df.at[1, 'name']

示例代码如下：

```
A=df['age']                    # 获取 age 列的值
print(A)
```

```
   0    26
   1    29
   2    24
   Name: age, dtype: int64

B=df[1:2]                    #获取索引号是第 1 行的值（其实是第 2 行，从 0 开始的）
print(B)
   age    name
   1   29  Jerry

C=df.iloc[0:2,0:2]           #获取第 0 行到第 2 行（不含）与第 0 列到第 2 列（不含）的块
print(C)
    age    name
  0   26    Ken
  1   29  Jerry

D=df.at[0,'name']            #获取第 0 行与 name 列的交叉值
print(D)
   Ken
```

 注意: 访问某一行时，不能仅用行的 index 来访问。例如，要访问 df 的 index=1 的行，不能写成 df[1]，要写成 df[1:2]。DataFrame 中的 index 可以是任意的，不像 Series 中会报错，但会显示为 Empty DataFrame，并列出 Columns: [列名]。

执行下面的代码并查看运行结果。

```
from pandas import DataFrame
df1 = DataFrame({'age': [21, 22, 23], 'name': ['KEN', 'John', 'JIMI']});

df2 = DataFrame(data={'age': [21, 22, 23], 'name': ['KEN', 'John', 'JIMI']},
             index=['first', 'second', 'third']);

#访问行
df1[1:100]                   #显示 index=1 及其以后的 99 行数据，不包括 index=100
df1[2:2]                     #显示空
df1[4:1]                     #显示空
df2["third":"third"]         #按索引名访问某一行
df2["first":"second"]        #按索引名访问多行

#访问列
df1['age']                   #按列名访问
df1[df1.columns[0:1]]        #按索引号访问
```

```python
#访问块
df1.iloc[0:1, 0:1]                    #按行、列索引号访问

#访问位置
df1.at[1, 'name']                     #这里的 1 是索引
df2.at['second', 'name']              #这里的 second 是索引名
df2.at[1, 'name']                     #如果这里用索引号就会报错。当有索引名时，不能用索引号

#修改列名
df1.columns=['age2', 'name2']

#修改行索引
df1.index = range(1,4)

#根据行索引进行删除
df1.drop(1, axis=0)                   # axis=0 表示行轴，可以省略

#根据列名进行删除
df1.drop('age2', axis=1)              # axis=1 表示列轴，不可省略

#第 2 种删除列的方法
del df1['age2']

#增加列
df1['newColumn'] = [2, 4, 6]

#增加行。这种方法的效率比较低
df2.loc[len(df2)] = [24, "Keno"] #.loc 后面会介绍
```

对数据框增加行的办法可以通过合并两个 DataFrame 来解决。例如：

```python
In [1] : df = DataFrame([[1, 2], [3, 4]], columns=list('AB'))
         df
Out[1]:
   A  B
0  1  2
1  3  4


In [2] : df2 = DataFrame([[5, 6], [7, 8]], columns=list('AB'))
         df2
Out[2]:
   A  B
```

```
0  5  6
1  7  8

#方法一，合并只是简单地"叠加"成新的数据框，不修改 index
In [3] : df.append(df2)          #仅把 df 和 df2 "叠"起来了，没有修改合并后 df2 的 index
Out[3]:
   A  B
0  1  2
1  3  4
0  5  6
1  7  8

#方法二，合并生成一个新的数据框，并产生新的 index
In [4] : df.append(df2, ignore_index=True)          #修改 index，对 df2 部分重新设置索引
Out[4]:
   A  B
0  1  2
1  3  4
2  5  6
3  7  8
```

3.3 数据的导入

数据的存在形式多样，有文件（如 CSV、Excel、txt）和数据库（如 MySQL、Access、SQL Server）等形式。在 Pandas 库中，常用的载入函数是 read_csv。此外，还有 read_excel 和 read_table，table 可以读取 txt 文件。若是与服务器相关的部署，还会用到 read_sql 函数，可以直接访问数据库，但它必须配合与 MySQL 相关的包。

3.3.1 导入 txt 文件

导入 txt 文件的语法格式如下：

```
read_table(file, names=[ 列名 1, 列名 2, ...], sep="",...)
```

参数说明如下。

- file：文件路径与文件名。
- names：列名，默认用文件中的第 1 行作为列名。
- sep：分隔符，默认为空。

【例 3-2】读取（导入）txt 文件。

假设 txt 文本文件的内容如图 3-2 所示。

学号	班级	姓名	性别	英语	体育	军训	数分	高代	解几	
rz - 记事本										
文件(F) 编辑(E) 格式(O) 查看(V) 帮助(H)										
学号	班级	姓名	性别	英语	体育	军训	数分	高代	解几	
2308024241	23080242	成龙	男	76	78	77	40	23	60	
2308024244	23080242	周怡	女	66	91	75	47	47	44	
2308024251	23080242	张波	男	85	81	75	45	45	60	
2308024249	23080242	朱浩	男	65	50	80	72	62	71	
2308024219	23080242	封印	女	73	88	92	61	47	46	
2308024201	23080242	迟培	男	60	50	89	71	76	71	
2308024347	23080243	李华	女	67	61	84	61	65	78	
2308024307	23080243	陈田	男	76	79	86	69	40	69	
2308024326	23080243	余皓	男	66	67	85	65	61	71	
2308024320	23080243	李嘉	女	62	作弊	90	60	67	77	
2308024342	23080243	李上初	男	76	90	84	60	66	60	
2308024310	23080243	郭寰	女	79	67	84	64	64	79	
2308024435	23080244	姜毅涛	男	77	71	缺考	61	73	76	
2308024432	23080244	赵宇	男	74	74	88	68	70	71	
2308024446	23080244	周路	男	76	80	77	61	74	80	
2308024421	23080244	林建祥	男	72	72	81	63	90	75	
2308024433	23080244	李大强	男	79	76	77	78	70	70	
2308024428	23080244	李侧通	男	64	96	91	69	60	77	
2308024402	23080244	王慧	女	73	74	93	70	71	75	
2308024422	23080244	李晓亮	男	85	60	85	72	72	83	
2308024201	23080242	迟培	男	60	50	89	71	76	71	

图 3-2　txt 文本文件的内容

导入数据首先需要引入相关的包，代码如下：

```
In [5]:from pandas import read_table
        df = read_table(r'C:\Users\yubg\OneDrive\2018book\rz.txt', sep=" ")
        df.head()    #查看 df 的前 5 项数据
Out[5]:
    学号 \t 班级 \t 姓名 \t 性别 \t 英语 \t 体育 \t 军训 \t 数分 \t 高代 \t 解几
0   2308024241\t23080242\t 成龙 \t 男 \t76\t78\t77\t40\t2...
1   2308024244\t23080242\t 周怡 \t 女 \t66\t91\t75\t47\t4...
2   2308024251\t23080242\t 张波 \t 男 \t85\t81\t75\t45\t4...
3   2308024249\t23080242\t 朱浩 \t 男 \t65\t50\t80\t72\t6...
4   2308024219\t23080242\t 封印 \t 女 \t73\t88\t92\t61\t4...
```

注意：
（1）txt 文本文件只有保存成 UTF-8 的编码格式才不会报错。

（2）查看数据框 df 的前 n 项数据使用 df.head(n)；查看后 m 项数据使用 df.tail(m)。
默认均是查看 5 项数据。

3.3.2　导入 CSV 文件

CSV（Comma-Separated Values，逗号分隔值，有时也称为字符分隔值，因为分隔字符也可以不是逗号）文件是以纯文本形式存储表格数据（数字和文本）。纯文本意味着该文件是一个字符序列，不含必须像二进制数字那样被解读的数据。CSV 文件由任意数目的记录组成，记录间以某种换行符分隔；每条记录由字段组成，字段间的分隔符是其他字符或字符串，最常见的是逗号或制表符。通常所有记录都有完全相同的字段序列，一般都是纯文本文件。CSV 格式常见于手机通讯录，可以使用 Excel 打开。

导入 CSV 文件的语法格式如下：

```
read_csv(file,names=[ 列名 1，列名 2，...],sep="",...)
```

参数说明如下。

- file：文件路径与文件名。
- names：列名，默认用文件中的第 1 行作为列名。
- sep：分隔符，默认为空，表示默认导入为一列。

【例 3-3】读取（导入）CSV 文件。

```
In [5]: from pandas import read_csv
        df = read_csv(r'C:\Users\yubg\OneDrive\2018book\rz.csv',sep=",")
        df
Out[5]:
```

	学号	班级	姓名	性别	英语	体育	军训	数分	高代	解几
0	2308024241	23080242	成龙	男	76	78	77	40	23	60
1	2308024244	23080242	周怡	女	66	91	75	47	47	44
2	2308024251	23080242	张波	男	85	81	75	45	45	60
3	2308024249	23080242	朱浩	男	65	50	80	72	62	71
4	2308024219	23080242	封印	女	73	88	92	61	47	46
5	2308024201	23080242	迟培	男	60	50	89	71	76	71
6	2308024347	23080243	李华	女	67	61	84	61	65	78
7	2308024307	23080243	陈田	男	76	79	86	69	40	69
8	2308024326	23080243	余皓	男	66	67	85	65	61	71
9	2308024320	23080243	李嘉	女	62	作弊	90	60	67	77
10	2308024342	23080243	李上初	男	76	90	84	60	66	60
11	2308024310	23080243	郭窦	女	79	67	84	64	64	79
12	2308024435	23080244	姜毅涛	男	77	71	缺考	61	73	76
13	2308024432	23080244	赵宇	男	74	74	88	68	70	71
14	2308024446	23080244	周路	女	76	80	77	61	74	80
15	2308024421	23080244	林建祥	男	72	72	81	63	90	75
16	2308024433	23080244	李大强	男	79	76	77	78	70	70
17	2308024428	23080244	李侧通	男	64	96	91	69	60	77
18	2308024402	23080244	王慧	女	73	74	93	70	71	75
19	2308024422	23080244	李晓亮	男	85	60	85	72	72	83
20	2308024201	23080242	迟培	男	60	50	89	71	76	71

使用 read_table 命令也能执行 CSV 文件的导入，结果与使用 read_csv 一致。

```
In [6]: from pandas import read_table
        df = read_table(r'C:\Users\yubg\OneDrive\2018book\rz.csv',sep=",")
        df
Out[6]:
```

	学号	班级	姓名	性别	英语	体育	军训	数分	高代	解几
0	2308024241	23080242	成龙	男	76	78	77	40	23	60
1	2308024244	23080242	周怡	女	66	91	75	47	47	44
2	2308024251	23080242	张波	男	85	81	75	45	45	60
3	2308024249	23080242	朱浩	男	65	50	80	72	62	71
4	2308024219	23080242	封印	女	73	88	92	61	47	46
5	2308024201	23080242	迟培	男	60	50	89	71	76	71
6	2308024347	23080243	李华	女	67	61	84	61	65	78
7	2308024307	23080243	陈田	男	76	79	86	69	40	69
8	2308024326	23080243	余皓	男	66	67	85	65	61	71
9	2308024320	23080243	李嘉	女	62	作弊	90	60	67	77
10	2308024342	23080243	李上初	男	76	90	84	60	66	60
11	2308024310	23080243	郭窦	女	79	67	84	64	64	79
12	2308024435	23080244	姜毅涛	男	77	71	缺考	61	73	76
13	2308024432	23080244	赵宇	男	74	74	88	68	70	71
14	2308024446	23080244	周路	女	76	80	77	61	74	80
15	2308024421	23080244	林建祥	男	72	72	81	63	90	75
16	2308024433	23080244	李大强	男	79	76	77	78	70	70
17	2308024428	23080244	李侧通	男	64	96	91	69	60	77
18	2308024402	23080244	王慧	女	73	74	93	70	71	75
19	2308024422	23080244	李晓亮	男	85	60	85	72	72	83
20	2308024201	23080242	迟培	男	60	50	89	71	76	71

3.3.3　导入 Excel 文件

导入 Excel 文件的语法格式如下：

```
read_excel(file, sheet_name,header=0)
```

参数说明如下。

- file：文件路径与文件名。
- sheet_name：sheet 的名称，如 sheet1。较早的版本为 sheetname。
- header：列名，默认为 0（只接收布尔型 0 和 1），用文件的第 1 行作为列名。

【例 3-4】读取（导入）Excel 文件。

```
In [7]: from pandas import read_excel
        df = read_excel(r'C:\Users\yubg\OneDrive\2018book\i_nuc.xls',sheet_name='Sheet3')
```

```
df
```
Out[7]:

	学号	班级	姓名	性别	英语	体育	军训	数分	高代	解几
0	2308024241	23080242	成龙	男	76	78	77	40	23	60
1	2308024244	23080242	周怡	女	66	91	75	47	47	44
2	2308024251	23080242	张波	男	85	81	75	45	45	60
3	2308024249	23080242	朱浩	男	65	50	80	72	62	71
4	2308024219	23080242	封印	女	73	88	92	61	47	46
5	2308024201	23080242	迟培	男	60	50	89	71	76	71
6	2308024347	23080243	李华	女	67	61	84	61	65	78
7	2308024307	23080243	陈田	男	76	79	86	69	40	69
8	2308024326	23080243	余皓	男	66	67	85	65	61	71
9	2308024320	23080243	李嘉	女	62	作弊	90	60	67	77
10	2308024342	23080243	李上初	男	76	90	84	60	66	60
11	2308024310	23080243	郭窦	女	79	67	84	64	64	79
12	2308024435	23080244	姜毅涛	男	77	71	缺考	61	73	76
13	2308024432	23080244	赵宇	男	74	74	88	68	70	71
14	2308024446	23080244	周路	女	76	80	77	61	74	80
15	2308024421	23080244	林建祥	男	72	72	81	63	90	75
16	2308024433	23080244	李大强	男	79	76	77	78	70	70
17	2308024428	23080244	李侧通	男	64	96	91	69	60	77
18	2308024402	23080244	王慧	女	73	74	93	70	71	75
19	2308024422	23080244	李晓亮	男	85	60	85	72	72	83
20	2308024201	23080242	迟培	男	60	50	89	71	76	71

注意: header 取 0 和 1 的差别为, 取 0 表示第 1 行作为表头显示, 取 1 表示丢弃第 1 行, 不作为表头显示。有时可以跳过首行或者读取多个表, 例如:
df = pd.read_excel(filefullpath, sheet_name=[0,2],skiprows=[0])
sheet_name 可以指定读取几个 sheet, sheet 的数目从 0 开始, 如果 sheet_name=[0,2], 则代表读取第 1 页和第 3 页的 sheet。skiprows=[0] 表示读取时跳过第 1 行。Excel 文件有两种格式的后缀名: xls 和 xlsx。read_excel 对这两种格式都能读取, 但比较敏感, 在读取时应注意后缀名。

3.4 数据的导出

3.4.1 导出 CSV 文件

导出数据为 CSV 文件的语法格式如下：

```
to_csv(file_path,sep= ", ", index=TRUE, header=TRUE)
```

参数说明如下。

- file_path：文件路径。
- sep：分隔符，默认为逗号。
- index：是否导出行序号，默认为 True，导出行序号。
- header：是否导出列名，默认为 True，导出列名。

【例 3-5】导出 CSV 文件。

```
In[8]:from pandas import DataFrame
      from pandas import Series
      df = DataFrame({'age':Series([26,85,64]),
                  'name':Series(['Ben','John','Jerry'])})
      df
Out[8]:
   age   name
0   26    Ben
1   85    John
2   64    Jerry

df.to_csv('e:\\01.csv')                   # 默认带上 index
df.to_csv('e:\\02.csv',index=False)        # 无 index
```

导出 CSV 文件的结果如图 3-3 所示。

	age	name		age	name
0	26	Ben		26	Ben
1	85	John		85	John
2	64	Jerry		64	Jerry

01.csv　默认带上index　　　02.csv　index=False，无index

图 3-3　导出 CSV 文件的结果（01.csv 和 02.csv）

3.4.2 导出 Excel 文件

导出数据为 Excel 文件的格式如下：

```
to_excel(file_path, index=TRUE,header=TRUE)
```

参数说明如下。

- file_path：文件路径。
- index：是否导出行序号，默认为 True，导出行序号。
- header：是否导出列名，默认为 True，导出列名。

【例 3-6】导出 Excel 文件。

```
from pandas import DataFrame
from pandas import Series
df = DataFrame(
    {'age':Series([26,85,64),
    'name':Series(['Ben','John','Jerry'])})
df.to_excel('e:\\01.xlsx')                    # 默认带上 index
df.to_excel('e:\\02.xlsx',index=False)        # 无 index
```

导出 Excel 文件的结果如图 3-4 所示。

	age	name
0	26	Ben
1	85	John
2	64	Jerry

01.xlsx　默认带上index

age	name
26	Ben
85	John
64	Jerry

02.xlsx　index=False

图 3-4　导出 Excel 文件的结果（01.xlsx 和 02.xlsx）

3.5 实战案例：身体质量数据处理

已知身体质量数据中，gender 列的"A"是"男"，"B"是"女"；blood type 列的"A"是 A 血型，"B"是 B 血型，"C"是 AB 血型，"D"是 O 血型，"E"是不确定。

要求完成以下操作：

（1）将 gender 列中的"A""B"用"男""女"替换。

（2）从 address 中删除频次少于 0.005 的地区。

（3）计算身体质量指数 BMI 并将其作为 data 的一列。

（4）把肥胖的数据提取出来。

身体质量指数 BMI 简称体质指数，是国际上常用的衡量人体胖瘦程度以及是否健康的一个标准。BMI 正常值为 20~25，超过 25 为超重，30 以上则属肥胖。计算公式为：

$$BMI = 体重 \div 身高^2$$

其中，体重的单位为 kg，身高的单位为 m。

1. 用男、女替换 gender 列中的 A、B

导入数据，并查看数据的前 5 行。

```python
import pandas as pd
path = r'D:\yubg\2021\身体质量数据处理.xlsx'
data = pd.read_excel(path)
data.head()
```

使用 map() 加字典的方法替换 gender 列中的 A、B。

```python
# 替换 gender 列中的性别 A、B 为男、女
dic = {'A':'男','B':'女'}
data['gender'] = data.gender.map(dic)
```

data.gender.map(dic) 生成的是一个 Series，用其替换原 gender 列。

2. 删除不需要的区域数据

对区域数据进行统计，计算区域占比，再对低于 0.005 的数据进行删除。

```python
# 计算数据中各地区的占比
data_address = data.address.value_counts(normalize = True)
# 参数 normalize=True 表示计算区域占比，参数 ascending = True 表示升序
data_address[data_address<0.005].index           # 输出占比少于 0.005 的地区名称
```

运行代码后，从其输出结果可以看到，通过条件筛选，'Malaysia' 和 'Inner Mongolia' 两个地区不符合要求，从原数据中删除这两个地区。

```python
# 删除占比少于 0.005 的地区
data1 = data[~(data.address == 'Malaysia')]
data2 = data1[~(data1.address == 'Inner Mongolia')]
```

符号"~"表示取反。

3. 计算 BMI

按照 BMI 计算公式，公式中身高的单位是 m，而数据中身高的单位是 cm，所以需要在公式中除以 100。

```python
# 计算身体质量指数列 BMI
bmi = data2.weight / (data2.height /100)
data2['bmi'] = bmi
print(data2)
```

4. 筛选"肥胖"数据

对 DataFrame 继续使用条件筛选。

```
# 筛选肥胖的数据
dt = data2[~(data2.bmi>=30)]
len(dt)
```

最后筛选出 221 条数据为"肥胖"。

完整代码如下：

```
import pandas as pd
path = r'D:\yubg\ 出版资料 \2021 书稿 \2021 数据分析实战（第二版）\ 身体质量数据处理 .xlsx'
data = pd.read_excel(path)
data

# 替换 gender 列中的性别 A、B 为男、女
dic = {'A':' 男 ','B':' 女 '}
data['gender'] = data.gender.map(dic)

# 计算数据中各地区的占比
data_address = data.address.value_counts(normalize = True)
# 参数 normalize=True 表示计数占比，参数 ascending = True 表示升序
data_address[data_address<0.005].index          # 输出占比少于 0.005 的地区名称

# 删除占比少于 0.005 的地区
data1 = data[~(data.address == 'Malaysia')]
data2 = data1[~(data1.address == 'Inner Mongolia')]

# 计算身体质量指数列 BMI
data2['bmi'] = data2.weight / (data2.height /100)
print(data2)

# 筛选"肥胖"的数据
dt = data2[~(data2.bmi>=30)]
len(dt)
```

3.6 本章小结

本章主要学习了 Pandas 库的两种数据结构——序列（Series）和数据框（DataFrame），主要介绍了 DataFrame 的增删改查操作。引入 Pandas 库的格式为：

```
import pandas as pd
```

1. 查看数据

（1）查看数据的头部和尾部：

```
df.head()
df.tail(3)
```

（2）显示索引、列和底层的 NumPy 数据：

```
df.index
df.columns
df.values
```

（3）describe() 函数，用于对数据的快速统计汇总：

```
df.describe()
```

（4）对数据的转置：

```
df.T
```

（5）按轴进行排序：

```
df.sort_index(axis=1, ascending=False)
```

（6）按值进行排序：

```
df.sort_values(by='B')
```

2. 选择

● 通过标签选择

（1）使用标签获取一个交叉的区域：

```
df.loc[dates[0]]
```

（2）通过标签在多个轴上进行选择：

```
df.loc[:,['A','B']]
```

（3）标签切片：

```
df.loc['20130102':'20130104',['A','B']]
```

（4）对于返回的对象进行维度缩减：

```
df.loc['20130102',['A','B']]
```

（5）获取一个标量：

```
df.loc[dates[0],'A']
```

（6）快速访问一个标量（与上一个方法等价）：

```
df.at[dates[0],'A']
```

● 通过位置选择

（1）通过传递数值进行位置选择（选择的是行）：

```
df.iloc[3]
```

（2）通过数值进行切片，与 NumPy 中的情况类似：

```
df.iloc[3:5,0:2]
```

（3）通过指定一个位置的列表，与 NumPy 中的情况类似：

```
df.iloc[[1,2,4],[0,2]]
```

（4）对行进行切片：

```
df.iloc[1:3,:]
```

（5）对列进行切片：

```
df.iloc[:,1:3]
```

（6）获取特定的值：

```
df.iloc[1,1]
```

● 布尔索引

（1）使用一个单独列的值来选择数据：

```
df[df.A > 0]
```

（2）使用 where 操作来选择数据：

```
np.where(df > 0)
```

（3）使用 isin() 方法来过滤数据：

```
df2 = df.copy()
df2['E'] = ['one', 'one','two','three','four','three']
df2[df2['E'].isin(['two','four'])]
```

● 设置

（1）通过标签设置新的值：

```
df.at[dates[0],'A'] = 0
```

（2）通过位置设置新的值：

```
df.iat[0,1] = 0
```

（3）通过一个 NumPy 数组设置一组新值：

```
df.loc[:,'D'] = np.array([5] * len(df))
```

第 4 章

数 据 处 理

对数据进行分析之前，需要对数据进行处理。本章主要介绍 Python 在数据处理方面的一些常用方法与技巧。

数据处理是一项复杂且烦琐的工作，也是整个数据分析过程中最重要的环节。数据处理一方面是为了提高数据的质量，另一方面是为了让数据更好地适应特定的数据分析工具。数据处理的主要内容包括数据清洗、数据抽取、数据变换和数据规约。

4.1 数 据 清 洗

在进行数据分析时，海量的原始数据中存在大量不完整、不一致、有异常的数据，严重影响数据分析的结果，所以进行数据清洗显得尤为重要。

数据清洗是数据价值链中最关键的步骤。垃圾数据，即使是通过最好的分析，也将产生错误的结果，并会误导业务本身。因此，在数据分析过程中，数据清洗占据了很大的工作量。

数据清洗就是处理缺失数据以及清除无意义的数据，如删除原始数据集中的无关数据、重复数据，平滑噪声数据，筛选与分析主题无关的数据，处理缺失值、异常值。

4.1.1 重复值的处理

Python 中的 Pandas 模块对重复数据进行去重的步骤如下。

（1）利用 DataFrame 中的 duplicated() 方法返回一个布尔型的 Series，显示是否有重复行，若没有重复行则显示为 False；若有重复行则从重复的第 2 行起，重复行均显示为 True。

（2）利用 DataFrame 中的 drop_duplicates() 方法返回一个移除了重复行的

DataFrame。

duplicated() 方法的语法格式如下：

```
duplicated(self, subset=None, keep='first')
```

参数说明如下。

- subset：用于识别重复的列标签或列标签序列，默认为所有列标签。
- keep='first'：除了第一次出现外，其余相同的被标记为重复。
- keep='last'：除了最后一次出现外，其余相同的被标记为重复。
- keep=False：所有相同的都被标记为重复。

如果 duplicated() 方法和 drop_duplicates() 方法中没有设置参数，则这两个方法默认判断全部列；如果在这两个方法中加入了指定的属性名（或者称为列名），如 frame.drop_duplicates(['state'])，则指定部分列（state 列）进行重复项的判断。

drop_duplicates() 方法的作用是把数据结构中行相同的数据去除（保留其中的一行）。

【例 4-1】数据去重。

```
In [1]:from pandas import DataFrame
        from pandas import Series
        df = DataFrame({'age':Series([26,85,64,85,85]),
                        'name':Series(['Ben','John','Jerry','John','John'])})
        df
Out[1]:
    age    name
0   26     Ben
1   85     John
2   64     Jerry
3   85     John
4   85     John

In [2]:df.duplicated()
Out[2]:
0    False
1    False
2    False
3    True
4    True
dtype: bool

In [3]:df.duplicated('name')
Out[3]:
0    False
```

```
1      False
2      False
3      True
4      True
dtype: bool

In [4]:df.drop_duplicates('age')
Out[4]:
   age   name
0  26    Ben
1  85    John
2  64    Jerry
```

上面代码的 df 中第 3 行和第 4 行的数据与前面有重复的相同行，去重后第 3 行和第 4 行均被删除。

4.1.2　缺失值的处理

从统计上说，缺失的数据可能会产生有偏估计，从而使样本数据不能很好地代表总体，而现实中绝大部分数据都包含缺失值，因此如何处理缺失值很重要。

一般来说，缺失值的处理包括两个步骤，即缺失数据的识别和缺失数据的处理。

1. 缺失数据的识别

Pandas 库使用浮点值 NaN 表示浮点数组和非浮点数组中的缺失数据，并使用 .isnull() 和 .notnull() 函数来判断缺失情况。

【例 4-2】缺失数据的识别。

```
In [1]:from pandas import DataFrame
       from pandas import read_excel
       df = read_excel(r'C:\Users\yubg\OneDrive\2018book\rz.xlsx',sheet_name='Sheet2')
       df
Out[1]:
   学号          姓名    英语    数分     高代     解几
0  2308024241  成龙    76    40.0   23.0   60
1  2308024244  周怡    66    47.0   47.0   44
2  2308024251  张波    85    NaN    45.0   60
3  2308024249  朱浩    65    72.0   62.0   71
4  2308024219  封印    73    61.0   47.0   46
5  2308024201  迟培    60    71.0   76.0   71
6  2308024347  李华    67    61.0   65.0   78
7  2308024307  陈田    76    69.0   NaN    69
```

```
8   2308024326   余皓    66      65.0  61.0    71
9   2308024219   封印    73      61.0  47.0    46

In [2]:df.isnull()
Out[2]:
     学号      姓名     英语      数分      高代      解几
0   False   False   False   False   False   False
1   False   False   False   False   False   False
2   False   False   False   True    False   False
3   False   False   False   False   False   False
4   False   False   False   False   False   False
5   False   False   False   False   False   False
6   False   False   False   False   False   False
7   False   False   False   False   True    False
8   False   False   False   False   False   False
9   False   False   False   False   False   False

In [3]:df.notnull()
Out[3]:
     学号     姓名     英语     数分      高代      解几
0   True   True   True   True    True    True
1   True   True   True   True    True    True
2   True   True   True   False   True    True
3   True   True   True   True    True    True
4   True   True   True   True    True    True
5   True   True   True   True    True    True
6   True   True   True   True    True    True
7   True   True   True   True    False   True
8   True   True   True   True    True    True
9   True   True   True   True    True    True
```

2. 缺失数据的处理

对于缺失数据的处理有数据补齐、删除对应行、不处理等方法。

（1）dropna()：去除数据结构中值为空的数据行。

【例 4-3】删除数据为空所对应的行。

```
In [4]:newDF=df.dropna()
       newDF
Out[4]:
     学号          姓名   英语   数分      高代      解几
0   2308024241   成龙   76    40.0    23.0    60
1   2308024244   周怡   66    47.0    47.0    44
```

```
3    2308024249    朱浩    65    72.0    62.0    71
4    2308024219    封印    73    61.0    47.0    46
5    2308024201    迟培    60    71.0    76.0    71
6    2308024347    李华    67    61.0    65.0    78
8    2308024326    余皓    66    65.0    61.0    71
9    2308024219    封印    73    61.0    47.0    46
```

可以看到，该例中的第 2、7 行有空值 NaN，已经被删除。可以指定参数 how='all'，表示只有行中的数据全部为空时才丢弃：df.dropna(how='all')。如果想以同样的方式按列丢弃，可以传入 axis=1，语句为 df.dropna(how='all',axis=1)。

（2）df.fillna()：用其他数值替代 NaN。

有时直接删除空数据会影响分析的结果，可以对空数据进行填补。

【例 4-4】使用数值或者任意字符替代缺失值。

```
In [5]:df.fillna('?')
Out[5]:
     学号          姓名    英语    数分    高代    解几
0    2308024241    成龙    76    40    23    60
1    2308024244    周怡    66    47    47    44
2    2308024251    张波    85    ?     45    60
3    2308024249    朱浩    65    72    62    71
4    2308024219    封印    73    61    47    46
5    2308024201    迟培    60    71    76    71
6    2308024347    李华    67    61    65    78
7    2308024307    陈田    76    69    ?     69
8    2308024326    余皓    66    65    61    71
9    2308024219    封印    73    61    47    46
```

该例中第 2、7 行有空值，用"?"替代了缺失值。

（3）df.fillna(method='pad')：用前一个数替代 NaN。

【例 4-5】用前一个数据替代缺失值。

```
In [6]:df.fillna(method='pad')
Out[6]:
     学号          姓名    英语    数分     高代     解几
0    2308024241    成龙    76    40.0    23.0    60
1    2308024244    周怡    66    47.0    47.0    44
2    2308024251    张波    85    47.0    45.0    60
3    2308024249    朱浩    65    72.0    62.0    71
4    2308024219    封印    73    61.0    47.0    46
5    2308024201    迟培    60    71.0    76.0    71
```

```
6   2308024347   李华  67    61.0    65.0    78
7   2308024307   陈田  76    69.0    65.0    69
8   2308024326   余皓  66    65.0    61.0    71
9   2308024219   封印  73    61.0    47.0    46
```

（4）df.fillna(method='bfill')：用后一个数据替代 NaN。

与 pad 相反，bfill 表示用后一个数据代替 NaN。可以用 limit 限制每列替代 NaN 的数目。

【例 4-6】用后一个数据替代 NaN。

```
In [7]:df.fillna(method='bfill')
Out[7]:
    学号         姓名  英语   数分    高代    解几
0   2308024241   成龙  76    40.0    23.0    60
1   2308024244   周怡  66    47.0    47.0    44
2   2308024251   张波  85    72.0    45.0    60
3   2308024249   朱浩  65    72.0    62.0    71
4   2308024219   封印  73    61.0    47.0    46
5   2308024201   迟培  60    71.0    76.0    71
6   2308024347   李华  67    61.0    65.0    78
7   2308024307   陈田  76    69.0    61.0    69
8   2308024326   余皓  66    65.0    61.0    71
9   2308024219   封印  73    61.0    47.0    46
```

（5）df.fillna(df.mean())：用平均数或者其他描述性统计量替代 NaN。

【例 4-7】使用均值填补数据。

```
In [8]:df.fillna(df.mean())
Out[8]:
    学号         姓名  英语   数分          高代          解几
0   2308024241   成龙  76    40.000000   23.000000   60
1   2308024244   周怡  66    47.000000   47.000000   44
2   2308024251   张波  85    60.777778   45.000000   60
3   2308024249   朱浩  65    72.000000   62.000000   71
4   2308024219   封印  73    61.000000   47.000000   46
5   2308024201   迟培  60    71.000000   76.000000   71
6   2308024347   李华  67    61.000000   65.000000   78
7   2308024307   陈田  76    69.000000   52.555556   69
8   2308024326   余皓  66    65.000000   61.000000   71
9   2308024219   封印  73    61.000000   47.000000   46
```

第 2 行的"数分"列有一个空值，9 个数的均值为 60.77777778，故以 60.777778 替代空值，第 7 行的"高代"列也一样。

（6）df.fillna(df.mean()[' 开始列名 ':' 终止列名 '])：起止连续的多列进行均值填充。

【例 4-8】为连续列均使用其各自列的均值来填补数据。

```
In [9]:df.fillna(df.mean())[' 数分 ':' 解几 '])
Out[9]:
          学号       姓名   英语      数分        高代      解几
0   2308024241   成龙    76    40.000000   23.000000   60
1   2308024244   周怡    66    47.000000   47.000000   44
2   2308024251   张波    85    60.777778   45.000000   60
3   2308024249   朱浩    65    72.000000   62.000000   71
4   2308024219   封印    73    61.000000   47.000000   46
5   2308024201   迟培    60    71.000000   76.000000   71
6   2308024347   李华    67    61.000000   65.000000   78
7   2308024307   陈田    76    69.000000   52.555556   69
8   2308024326   余皓    66    65.000000   61.000000   71
9   2308024219   封印    73    61.000000   47.000000   46
```

从"数分"列到"解几"列分别用本列均值替换空值。

（7）df.fillna({' 列名 1': 值 1,' 列名 2': 值 2})：可以传入一个字典，对不同的列填充不同的值。

【例 4-9】为不同的列填充不同的值来填补数据。

```
In [10]:df.fillna({' 数分 ':100,' 高代 ':0})
Out[10]:
      学号       姓名   英语     数分     高代     解几
0   2308024241   成龙    76    40.0   23.0   60
1   2308024244   周怡    66    47.0   47.0   44
2   2308024251   张波    85    100.0  45.0   60
3   2308024249   朱浩    65    72.0   62.0   71
4   2308024219   封印    73    61.0   47.0   46
5   2308024201   迟培    60    71.0   76.0   71
6   2308024347   李华    67    61.0   65.0   78
7   2308024307   陈田    76    69.0   0.0    69
8   2308024326   余皓    66    65.0   61.0   71
9   2308024219   封印    73    61.0   47.0   46
```

第 2 行的"数分"列填充值为 100，第 7 行的"高代"列填充值为 0。

（8）strip()：清除字符型数据左右（首尾）指定的字符，默认为空格，中间的字符不清除。

【例 4-10】删除字符串左右或首尾指定的字符。

```
In [11]:from pandas import DataFrame
```

```
        from pandas import Series
        df = DataFrame({'age':Series([26,85,64,85,85]),
                       'name':Series(['    Ben','John ','   Jerry','John  ','John'])})
        df
Out[11]:
    age       name
0   26        Ben
1   85        John
2   64        Jerry
3   85        John
4   85        John

In [12]:df['name'].str.strip()
Out[12]:
0       Ben
1       John
2       Jerry
3       John
4       John
Name: name, dtype: object
```

如果要删除右边的字符，则执行语句 df['name'].str.rstrip()；要删除左边的字符，则执行语句 df['name'].str.lstrip()；默认为删除空格，也可以带参数，如删除右边的 'n'。

```
In [13]:df['name'].str.rstrip('n')
Out[13]:
0       Be
1       John
2       Jerry
3       John
4       Joh
Name: name, dtype: object
```

4.2　数据抽取

4.2.1　字段抽取

字段抽取是指抽出某列上指定位置的数据，做成新的列，语法格式如下：

```
slice(start,stop)
```

参数说明如下。

- start：开始位置。
- stop：结束位置。

【例4-11】从数据中抽出某列。

手机号码一般为11位，如18603518513，前三位186为品牌（联通），中间四位0351表示地域（太原），后四位8513才是手机号码。下面对手机号码数据分别进行抽取。

```
In [1]:from pandas import DataFrame
        from pandas import read_excel
        df = read_excel(r'C:\Users\yubg\OneDrive\2018book\i_nuc.xls',sheet_name='Sheet4')
        df.head()           #展示数据表的前5行，显示后5行的语句为df.tail()
Out[1]:
    学号          电话              IP
0  2308024241   1.892225e+10    221.205.98.55
1  2308024244   1.352226e+10    183.184.226.205
2  2308024251   1.342226e+10    221.205.98.55
3  2308024249   1.882226e+10    222.31.51.200
4  2308024219   1.892225e+10    120.207.64.3

In [2]:df[' 电话 ']=df[' 电话 '].astype(str)   #astype() 转化类型
        df[' 电话 ']
Out[2]:
0      18922254812.0
1      13522255003.0
2      13422259938.0
3      18822256753.0
4      18922253721.0
5                nan
6      13822254373.0
7      13322252452.0
8      18922257681.0
9      13322252452.0
10     18922257681.0
11     19934210999.0
12     19934210911.0
13     19934210912.0
14     19934210913.0
15     19934210914.0
16     19934210915.0
17     19934210916.0
18     19934210917.0
```

```
19      19934210918.0
Name: 电话 , dtype: object

In [3]:bands = df[' 电话 '].str.slice(0,3)   # 抽取手机号码的前三位，以判断号码的品牌
        bands
Out[3]:
0       189
1       135
2       134
3       188
4       189
5       nan
6       138
7       133
8       189
9       133
10      189
11      199
12      199
13      199
14      199
15      199
16      199
17      199
18      199
19      199
Name: 电话 , dtype: object

In [4]:areas= df[' 电话 '].str.slice(3,7)   # 抽取手机号码的中间四位，以判断号码的地域
        areas
Out[4]:
0       2225
1       2225
2       2225
3       2225
4       2225
5
6       2225
7       2225
8       2225
9       2225
10      2225
```

```
11      3421
12      3421
13      3421
14      3421
15      3421
16      3421
17      3421
18      3421
19      3421
Name: 电话 , dtype: object

In [5]: tell= df[' 电话 '].str.slice(7,11)   #抽取手机号码的后四位
        tell
Out[5]:
0       4812
1       5003
2       9938
3       6753
4       3721
5
6       4373
7       2452
8       7681
9       2452
10      7681
11      0999
12      0911
13      0912
14      0913
15      0914
16      0915
17      0916
18      0917
19      0918
Name: 电话 , dtype: object
```

4.2.2 字段拆分

字段拆分是指按指定的 sep 字符拆分已有的字符串，语法格式如下：

```
split(sep,n,expand=False)
```

参数说明如下。

- sep：用于分隔字符串的分隔符。
- n：分隔后新增的列数。
- expand：是否展开为数据框，默认为 False。
- 返回值：若 expand 为 True，则返回 DataFrame；若 expand 为 False，则返回 Series。

【例 4-12】拆分字符串为指定的列数。

```
In [6]:from pandas import DataFrame
       from pandas import read_excel
       df = read_excel(r'C:\Users\yubg\OneDrive\2018book\i_nuc.xls',sheet_name='Sheet4')
       df
Out[6]:
        学号          电话              IP
0     2308024241   1.892225e+10      221.205.98.55
1     2308024244   1.352226e+10    183.184.226.205
2     2308024251   1.342226e+10      221.205.98.55
3     2308024249   1.882226e+10      222.31.51.200
4     2308024219   1.892225e+10        120.207.64.3
5     2308024201          NaN        222.31.51.200
6     2308024347   1.382225e+10      222.31.59.220
7     2308024307   1.332225e+10      221.205.98.55
8     2308024326   1.892226e+10     183.184.230.38
9     2308024320   1.332225e+10      221.205.98.55
10    2308024342   1.892226e+10     183.184.230.38
11    2308024310   1.993421e+10     183.184.230.39
12    2308024435   1.993421e+10     185.184.230.40
13    2308024432   1.993421e+10     183.154.230.41
14    2308024446   1.993421e+10     183.184.231.42
15    2308024421   1.993421e+10     183.154.230.43
16    2308024433   1.993421e+10     173.184.230.44
17    2308024428   1.993421e+10              NaN
18    2308024402   1.993421e+10      183.184.230.4
19    2308024422   1.993421e+10      153.144.230.7

In [7]: df['IP'].str.strip()    #IP 先转为 str，再删除首位空格
Out[7]:
0        221.205.98.55
1       183.184.226.205
2        221.205.98.55
3        222.31.51.200
```

```
4           120.207.64.3
5           222.31.51.200
6           222.31.59.220
7           221.205.98.55
8         183.184.230.38
9           221.205.98.55
10        183.184.230.38
11        183.184.230.39
12        185.184.230.40
13        183.154.230.41
14        183.184.231.42
15        183.154.230.43
16        173.184.230.44
17                   NaN
18         183.184.230.4
19         153.144.230.7
Name: IP, dtype: object
```

```
In [8]: newDF= df['IP'].str.split('.',1,True) #按第一个 "." 分成两列，1 表示新增的列数
        newDF
Out[8]:
            0              1
0         221       205.98.55
1         183      184.226.205
2         221       205.98.55
3         222        31.51.200
4         120         207.64.3
5         222        31.51.200
6         222        31.59.220
7         221       205.98.55
8         183        184.230.38
9         221       205.98.55
10        183        184.230.38
11        183        184.230.39
12        185        184.230.40
13        183        154.230.41
14        183        184.231.42
15        183        154.230.43
16        173        184.230.44
17        NaN            None
18        183         184.230.4
19        153         144.230.7
```

```
In [9]: newDF.columns = ['IP1','IP2-4']   #给第 1、2 列增加列名称
        newDF
Out[9]:
        IP1         IP2-4
0       221         205.98.55
1       183         184.226.205
2       221         205.98.55
3       222         31.51.200
4       120         207.64.3
5       222         31.51.200
6       222         31.59.220
7       221         205.98.55
8       183         184.230.38
9       221         205.98.55
10      183         184.230.38
11      183         184.230.39
12      185         184.230.40
13      183         154.230.41
14      183         184.231.42
15      183         154.230.43
16      173         184.230.44
17      NaN         None
18      183         184.230.4
19      153         144.230.7
```

4.2.3 重置索引

重置索引是指定某列为索引，以便于对其他数据进行操作，语法格式如下：

```
df.set_index(' 列名 ')
```

这项操作在 4.6.3 节还会详细讲解。

【例 4-13】对数据框进行重置索引。

```
In [10]: from pandas import DataFrame
         from pandas import Series
         df = DataFrame({'age':Series([26,85,64,85,85]),
                         'name':Series(['Ben','John','Jerry','John','John'])})
```

```
        df1=df.set_index('name')               # 以 name 列为新的索引
        df1
Out[10]:
        age
name
Ben     26
John    85
Jerry   64
John    85
John    85
```

4.2.4 记录抽取

记录抽取是指根据一定的条件，对数据进行提取。

```
dataframe[condition]
```

参数说明如下。

- condition：过滤条件。
- 返回值：DataFrame。

常用的 condition 类型如下。

- 比较运算：==、<、>、>=、<=、!=，如 df[df.comments>10000)]。
- 范围运算：between(left,right)，如 df[df.comments.between(1000,10000)]。
- 空置运算：pandas.isnull(column)，如 df[df.title.isnull()]。
- 字符匹配：str.contains(patten,na = False)，如 df[df.title.str.contains (' 电台 ',na=False)]。
- 位运算：&（与）、|（或）、~（取反），如 df [(df.comments>=1000)&(df.comments<=10000)] 与 df[df.comments.between(1000,10000)] 等价。

【例 4-14】按条件抽取数据。

```
In [11]: import pandas
         from pandas import read_excel
         df = read_excel(r'C:\Users\yubg\OneDrive\2018book\i_nuc.xls',sheet_name='Sheet4')
         df.head()
Out[11]:
        学号          电话                    IP
0   2308024241   1.892225e+10        221.205.98.55
1   2308024244   1.352226e+10       183.184.226.205
2   2308024251   1.342226e+10        221.205.98.55
3   2308024249   1.882226e+10        222.31.51.200
```

```
4    2308024219    1.892225e+10         120.207.64.3
```

In [12]: df[df.电话 ==13322252452]
Out[12]:

```
       学号          电话          IP
7    2308024307    1.332225e+10    221.205.98.55
9    2308024320    1.332225e+10    221.205.98.55
```

In [13]: df[df.电话 >13500000000]
Out[13]:

```
        学号          电话               IP
0     2308024241    1.892225e+10    221.205.98.55
1     2308024244    1.352226e+10    183.184.226.205
3     2308024249    1.882226e+10    222.31.51.200
4     2308024219    1.892225e+10    120.207.64.3
6     2308024347    1.382225e+10    222.31.59.220
8     2308024326    1.892226e+10    183.184.230.38
10    2308024342    1.892226e+10    183.184.230.38
11    2308024310    1.993421e+10    183.184.230.39
12    2308024435    1.993421e+10    185.184.230.40
13    2308024432    1.993421e+10    183.154.230.41
14    2308024446    1.993421e+10    183.184.231.42
15    2308024421    1.993421e+10    183.154.230.43
16    2308024433    1.993421e+10    173.184.230.44
17    2308024428    1.993421e+10          NaN
18    2308024402    1.993421e+10    183.184.230.4
19    2308024422    1.993421e+10    153.144.230.7
```

In [14]: df[df.电话 .between(13400000000,13999999999)]
Out[14]:

```
       学号          电话               IP
1    2308024244    1.352226e+10    183.184.226.205
2    2308024251    1.342226e+10    221.205.98.55
6    2308024347    1.382225e+10    222.31.59.220
```

In [15]: df[df.IP.isnull()]
Out[15]:

```
       学号          电话       IP
17   2308024428    1.993421e+10    NaN
```

```
In [16]: df[df.IP.str.contains('222.',na=False)]
Out[16]:
       学号          电话              IP
3  2308024249   1.882226e+10    222.31.51.200
5  2308024201          NaN      222.31.51.200
6  2308024347   1.382225e+10    222.31.59.220
```

4.2.5　随机抽样

随机抽样是指随机从数据中按照一定的行数或者比例抽取数据。

随机抽样函数的语法格式如下：

```
numpy.random.randint(start,end,num)
```

参数说明如下。

- start：范围的开始值。
- end：范围的结束值。
- num：抽样个数。
- 返回值：行的索引值序列。

【例 4-15】随机抽取数据。

```
In [1]: from pandas import read_excel
        df = read_excel(r'C:\Users\yubg\OneDrive\2018book\i_nuc.xls',sheet_name='Sheet4')
        df.head()

Out[1]:
       学号          电话              IP
0  2308024241   1.892225e+10      221.205.98.55
1  2308024244   1.352226e+10    183.184.226.205
2  2308024251   1.342226e+10      221.205.98.55
3  2308024249   1.882226e+10      222.31.51.200
4  2308024219   1.892225e+10       120.207.64.3

In [2]:r = numpy.random.randint(0,10,3)
        r
Out[2]: array([3, 4, 9])

In [3]:df.loc[r,:]                    #抽取 r 行数据，也可以直接写成 df.loc[r]
Out[3]:
       学号          电话              IP
3  2308024249   1.882226e+10      222.31.51.200
```

```
4   2308024219   1.892225e+10        120.207.64.3
9   2308024320   1.332225e+10        221.205.98.55
```

按照指定条件抽取数据有如下几种方式。

1. 使用索引名（标签）选取数据：df.loc[行标签 , 列标签]

示例代码如下：

```
In [4]: df=df.set_index(' 学号 ')              # 更改 "学号" 列为新的索引
        df.head()
Out[4]:
            电话                  IP
  学号
2308024241  1.892225e+10        221.205.98.55
2308024244  1.352226e+10    183.184.226.205
2308024251  1.342226e+10        221.205.98.55
2308024249  1.882226e+10        222.31.51.200
2308024219  1.892225e+10        120.207.64.3


In [5]: df.loc[2308024241:2308024201]     # 选取 a 到 b 行的数据 : df.loc['a':'b']
Out[5]:
  学号          电话                  IP
2308024241  1.892225e+10        221.205.98.55
2308024244  1.352226e+10    183.184.226.205
2308024251  1.342226e+10        221.205.98.55
2308024249  1.882226e+10        222.31.51.200
2308024219  1.892225e+10        120.207.64.3
2308024201            NaN        222.31.51.200


In [6]: df.loc[:,' 电话 '].head()           # 选取 "电话" 列的数据
Out[6]:
  学号
2308024241      1.892225e+10
2308024244      1.352226e+10
2308024251      1.342226e+10
2308024249      1.882226e+10
2308024219      1.892225e+10
Name: 电话 , dtype: float64
```

df.loc 的第一个参数是行标签，第二个参数为列标签（可选参数，默认为所有列标签），两个参数既可以是列表，也可以是单个字符，如果两个参数都为列表，则返回的是 DataFrame，否则返回的是 Series。示例代码如下：

```
In [7]: import pandas as pd
```

```
        df = pd.DataFrame({'a': [1, 2, 3], 'b': ['a', 'b', 'c'],'c': ["A","B","C"]})
        df
Out[7]:
   a  b  c
0  1  a  A
1  2  b  B
2  3  c  C


In [8]: df.loc[1]          #抽取 index=1 的行，但返回的是 Series，而不是 DataFrame
Out[8]:
a    2
b    b
c    B
Name: 1, dtype: object


In [9]: df.loc[[1,2]]      #抽取 index=1 和 2 的两行
Out[9]:
   a  b  c
1  2  b  B
2  3  c  C
```

注意：当同时抽取多行时，行的索引必须是列表的形式，而不能简单地用逗号分隔，如 df.loc[1,2]，会提示出错。

2. 使用索引号选取数据：df.iloc[行索引号 , 列索引号]

【例 4-16】使用索引号抽取数据。

```
In [1]: from pandas import read_excel
        df = read_excel(r'C:\Users\yubg\OneDrive\2018book\i_nuc.xls',sheet_name='Sheet4')
        df=df.set_index(' 学号 ')
        df.head()
Out[1]:
                电话              IP
   学号
2308024241  1.892225e+10      221.205.98.55
2308024244  1.352226e+10    183.184.226.205
2308024251  1.342226e+10      221.205.98.55
2308024249  1.882226e+10      222.31.51.200
2308024219  1.892225e+10       120.207.64.3


In [2]: df.iloc[1,0]          #选取第 2 行第 1 列的值，返回的为单个值
```

```
Out[2]: 13522255003.0

In [3]: df.iloc[[0,2],:]          #选取第 1 行和第 3 行的数据
Out[3]:
                  电话                  IP
    学号
2308024241   1.892225e+10      221.205.98.55
2308024251   1.342226e+10      221.205.98.55

In [4]: df.iloc[0:2,:]          #选取第 1 行到第 3 行 ( 不包含第 3 行 ) 的数据
Out[4]:
                  电话                  IP
    学号
2308024241   1.892225e+10       221.205.98.55
2308024244   1.352226e+10      183.184.226.205

In [5]: df.iloc[:,1]          #选取所有记录的第 2 列的值，返回值为一个 Series
Out[5]:
    学号
2308024241          221.205.98.55
2308024244        183.184.226.205
2308024251          221.205.98.55
2308024249          222.31.51.200
2308024219           120.207.64.3
2308024201          222.31.51.200
2308024347          222.31.59.220
2308024307          221.205.98.55
2308024326         183.184.230.38
2308024320          221.205.98.55
2308024342         183.184.230.38
2308024310         183.184.230.39
2308024435         185.184.230.40
2308024432         183.154.230.41
2308024446         183.184.231.42
2308024421         183.154.230.43
2308024433         173.184.230.44
2308024428                    NaN
2308024402          183.184.230.4
2308024422          153.144.230.7
Name: IP, dtype: object

In [6]: df.iloc[1,:]          #选取第 2 行数据，返回值为一个 Series
Out[6]:
```

```
电话      1.35223e+10
IP        183.184.226.205
Name: 2308024244, dtype: object
```

说明：loc 为 location 的缩写，iloc 为 integer & location 的缩写。iloc 为整型索引（只能是索引号）；loc 为字符串索引（索引名）。

3. 通过逻辑指针进行数据切片：df[逻辑条件]

【例 4-17】逻辑条件切片。

```
In [1]: from pandas import read_excel
        df = read_excel(r'C:\Users\yubg\OneDrive\2018book\i_nuc.xls',sheet_name='Sheet4')
        df.head()
Out[1]:
      学号            电话              IP
0   2308024241   1.892225e+10      221.205.98.55
1   2308024244   1.352226e+10    183.184.226.205
2   2308024251   1.342226e+10      221.205.98.55
3   2308024249   1.882226e+10      222.31.51.200
4   2308024219   1.892225e+10       120.207.64.3

In [2]:df[df.电话 >= 18822256753]                    #单个逻辑条件
Out[2]:
      学号            电话              IP
0   2308024241   1.892225e+10      221.205.98.55
3   2308024249   1.882226e+10      222.31.51.200
4   2308024219   1.892225e+10       120.207.64.3
8   2308024326   1.892226e+10     183.184.230.38
10  2308024342   1.892226e+10     183.184.230.38
11  2308024310   1.993421e+10     183.184.230.39
12  2308024435   1.993421e+10     185.184.230.40
13  2308024432   1.993421e+10     183.154.230.41
14  2308024446   1.993421e+10     183.184.231.42
15  2308024421   1.993421e+10     183.154.230.43
16  2308024433   1.993421e+10     173.184.230.44
17  2308024428   1.993421e+10               NaN
18  2308024402   1.993421e+10      183.184.230.4
19  2308024422   1.993421e+10      153.144.230.7

In [3]:df[(df.电话 >=13422259938 )&(df.电话 < 13822254373)]
Out[3]:
      学号            电话              IP
1   2308024244   1.352226e+10    183.184.226.205
```

```
2  2308024251  1.342226e+10      221.205.98.55
```

这种方式获取的数据切片都是 DataFrame。

4.2.6 字典数据

将字典数据抽取为 DataFrame，有三种方式。

1. 字典的 key 和 value 各作为一列

示例代码如下：

```
In [1]:import pandas
       from pandas import DataFrame

       d1={'a':'[1,2,3]','b':'[0,1,2]'}
       a1=pandas.DataFrame.from_dict(d1, orient='index')
       # 将字典转为 DataFrame，且 key 列作为 index
       a1.index.name = 'key'              # 将 index 的列名改成 'key'
       b1=a1.reset_index()                # 重新增加 index，并将原 index 作为 'key' 列
       b1.columns=['key','value']         # 对列重新命名为 'key' 和 'value'
       b1
Out[1]:
  key    value
0   b   [0,1,2]
1   a   [1,2,3]
```

2. 字典的每个元素作为一列（同长）

示例代码如下：

```
In [2]:d2={'a':[1,2,3],'b':[4,5,6]}     # 字典的 value 必须长度相等
       a2= DataFrame(d2)
       a2
Out[2]:
   a  b
0  1  4
1  2  5
2  3  6
```

3. 字典的每个元素作为一列（不同长）

示例代码如下：

```
In [3]:d = {'one' : pandas.Series([1, 2, 3]),'two' : pandas.Series([1, 2, 3, 4])}
       # 字典的 value 长度可以不相等
       df = pandas.DataFrame(d)
       df
```

```
Out[3]:
   one  two
0  1.0    1
1  2.0    2
2  3.0    3
3  NaN    4
```

也可以进行如下处理:

```
In [4]:import pandas
       from pandas import Series
       import numpy as np
       from pandas import DataFrame

       d = dict( A = np.array([1,2]), B = np.array([1,2,3,4]) )
       DataFrame(dict([(k,Series(v)) for k,v in d.items()]))

Out[4]:
     A  B
0  1.0  1
1  2.0  2
2  NaN  3
3  NaN  4
```

还可以进行如下处理:

```
In [5]:import numpy as np
       import pandas as pd

       my_dict = dict( A = np.array([1,2]), B = np.array([1,2,3,4]) )
       df = pd.DataFrame.from_dict(my_dict, orient='index').T
       df
Out[5]:
     A    B
0  1.0  1.0
1  2.0  2.0
2  NaN  3.0
3  NaN  4.0
```

4.3 插 入 记 录

Pandas 库中并没有通过直接指定索引来插入行的方法,所以要自行设置。示例代码如下:

```
In [1]: import pandas as pd
        df = pd.DataFrame({'a': [1, 2, 3], 'b': ['a', 'b', 'c'],'c': ["A","B","C"]})
        df
Out[1]:
   a  b  c
0  1  a  A
1  2  b  B
2  3  c  C


In [2]:line = pd.DataFrame({df.columns[0]:"--", df.columns[1]:"--", df.columns[2]:"--"},
                           index=[1])
        #抽取 df 的 index=1 的行，并将此行第 1 列 columns[0] 赋值为 "--"，
        #第 2、3 列同样赋值为 "--"
        line
Out[2]:
    a   b   c
1  --  --  --


In [3]:df0 = pd.concat([df.loc[:0],line,df.loc[1:]])
       df0
Out[3]:
    a   b   c
0   1   a   A
1  --  --  --
1   2   b   B
2   3   c   C
```

这里 df.loc[:0] 不能写成 df.loc[0]，因为 df.loc[0] 表示抽取 index=0 的行，返回的是 Series，而不是 DataFrame。df0 的索引没有重新给出新的索引，需要对索引进行重新设定。

方法一：先利用 reset_index() 函数给出新的索引，但是原索引将作为新增加的 "index" 列；再利用 drop() 函数删除新增的 "index" 列。

此方法虽然有点烦琐，但是有时候确实有输出原索引的需求。

示例代码如下：

```
In [4]: df1=df0.reset_index()   #重新给出索引，后面详细解释
        df1
Out[4]:
   index  a  b  c
0      0  1  a  A
1      1  --  --  --
2      2  2  b  B
3      3  3  c  C
```

```
In [5]: df2=df1.drop('index', axis=1)  #删除 "index" 列
        df2
Out[5]:
    a   b   c
0   1   a   A
1   --  --  --
2   2   b   B
3   3   c   C
```

方法二：直接对 reset_index() 函数添加 drop=True 参数，即删除原索引并给出新的索引。
示例代码如下：

```
In [6]: df2=pd.concat([df.loc[:0],line,df.loc[1:]]).reset_index(drop=True)
        df2
Out[6]:
    a   b   c
0   1   a   A
1   --  --  --
2   2   b   B
3   3   c   C
```

方法三：先找出 df0 的索引长度，lenth=len(df0.index)；再利用整数序列函数生成索引，range(lenth)；然后把生成的索引赋值给 df0.index。
示例代码如下：

```
In [7]: df0.index=range(len(df0.index))
        df0
Out[7]:
    a   b   c
0   1   a   A
1   --  --  --
2   2   b   B
3   3   c   C
```

4.4 修 改 记 录

修改数据经常发生，如数据中有些需要整体替换、有些需要个别修改等。

4.4.1 整体替换

整列、整行替换很容易做到，如 df[' 平时成绩 ']= score_2，score_2 是用于填充的数据列（可

以是列表或者 Series ），在此不赘述。

4.4.2 单值替换

这里假设整个 df 数据框中可能各列都有"NaN"，现在需要把它替换成"0"以便于计算，类似于 Word 软件中的"查找和替换"功能。

可以使用 replace() 函数进行单值替换，其语法格式如下。

```
df.replace('B', 'A')    #用 A 替换 B，也可以用 df.replace({'B': 'A'})
```

【例 4-18】替换。

```
In [1]: from pandas import read_excel
        df = pd.read_excel(r'C:\Users\yubg\i_nuc.xls',sheet_name='Sheet3')
        df.head()
Out[1]:
```

	学号	班级	姓名	性别	英语	体育	军训	数分	高代	解几
0	2308024241	23080242	成龙	男	76	78	77	40	23	60
1	2308024244	23080242	周怡	女	66	91	75	47	47	44
2	2308024251	23080242	张波	男	85	81	75	45	45	60
3	2308024249	23080242	朱浩	男	65	50	80	72	62	71
4	2308024219	23080242	封印	女	73	88	92	61	47	46

```
In [2]: df.replace(' 作弊 ',0)    #用 0 替换 "作弊"
Out[2]:
```

	学号	班级	姓名	性别	英语	体育	军训	数分	高代	解几
0	2308024241	23080242	成龙	男	76	78	77	40	23	60
1	2308024244	23080242	周怡	女	66	91	75	47	47	44
2	2308024251	23080242	张波	男	85	81	75	45	45	60
3	2308024249	23080242	朱浩	男	65	50	80	72	62	71
4	2308024219	23080242	封印	女	73	88	92	61	47	46
5	2308024201	23080242	迟培	男	60	50	89	71	76	71
6	2308024347	23080243	李华	女	67	61	84	61	65	78
7	2308024307	23080243	陈田	男	76	79	86	69	40	69
8	2308024326	23080243	余皓	男	66	67	85	65	61	71
9	2308024320	23080243	李嘉	女	62	0	90	60	67	77
10	2308024342	23080243	李上初	男	76	90	84	60	66	60
11	2308024310	23080243	郭窦	女	79	67	84	64	64	79
12	2308024435	23080244	姜毅涛	男	77	71	缺考	61	73	76
13	2308024432	23080244	赵宇	男	74	74	88	68	70	71
14	2308024446	23080244	周路	女	76	80	77	61	74	80
15	2308024421	23080244	林建祥	男	72	72	81	63	90	75

16	2308024433	23080244		李大强	男	79	76	77	78	70	70
17	2308024428	23080244		李侧通	男	64	96	91	69	60	77
18	2308024402	23080244		王慧	女	73	74	93	70	71	75
19	2308024422	23080244		晓亮	男	85	60	85	72	72	83
20	2308024201	23080242		迟培	男	60	50	89	71	76	71

4.4.3 单列值替换

可以对指定列进行单列值替换，其语法格式如下：

```
df.replace({' 体育 ':' 作弊 '},0)            #用0替换"体育"列中的"作弊"
df.replace({' 体育 ':' 作弊 ',' 军训 ':' 缺考 '},0)
#用0替换"体育"列中的"作弊"以及"军训"列中的"缺考"
```

示例代码如下：

```
In [3]: df.replace({' 体育 ':' 作弊 '},0)        #用0替换"体育"列中的"作弊"
Out[3]:
```

	学号	班级	姓名	性别	英语	体育	军训	数分	高代	解几
0	2308024241	23080242	成龙	男	76	78	77	40	23	60
1	2308024244	23080242	周怡	女	66	91	75	47	47	44
2	2308024251	23080242	张波	男	85	81	75	45	45	60
3	2308024249	23080242	朱浩	男	65	50	80	72	62	71
4	2308024219	23080242	封印	女	73	88	92	61	47	46
5	2308024201	23080242	迟培	男	60	50	89	71	76	71
6	2308024347	23080243	李华	女	67	61	84	61	65	78
7	2308024307	23080243	陈田	男	76	79	86	69	40	69
8	2308024326	23080243	余皓	男	66	67	85	65	61	71
9	2308024320	23080243	李嘉	女	62	0	90	60	67	77
10	2308024342	23080243	李上初	男	76	90	84	60	66	60
11	2308024310	23080243	郭窦	女	79	67	84	64	64	79
12	2308024435	23080244	姜毅涛	男	77	71	缺考	61	73	76
13	2308024432	23080244	赵宇	男	74	74	88	68	70	71
14	2308024446	23080244	周路	女	76	80	77	61	74	80
15	2308024421	23080244	林建祥	男	72	72	81	63	90	75
16	2308024433	23080244	李大强	男	79	76	77	78	70	70
17	2308024428	23080244	李侧通	男	64	96	91	69	60	77
18	2308024402	23080244	王慧	女	73	74	93	70	71	75
19	2308024422	23080244	李晓亮	男	85	60	85	72	72	83
20	2308024201	23080242	迟培	男	60	50	89	71	76	71

4.4.4 多值替换

多值替换的语法格式如下:

```
df.replace([' 成龙 ',' 周怡 '],[' 陈龙 ',' 周毅 '])   #用"陈龙"替换"成龙",用"周毅"替换"周怡"
```

还可以用如下两种方式,效果一样:

```
df.replace({' 成龙 ':' 陈龙 ',' 周怡 ':' 周毅 '})
df.replace({' 成龙 ',' 周怡 '},{' 陈龙 ',' 周毅 '})
```

示例代码如下:

```
In [4]: df.replace({' 成龙 ':' 陈龙 ',' 周怡 ':' 周毅 '})
            #用"陈龙"替换"成龙",用"周毅"替换"周怡"
Out[4]:
```

	学号	班级	姓名	性别	英语	体育	军训	数分	高代	解几
0	2308024241	23080242	陈龙	男	76	78	77	40	23	60
1	2308024244	23080242	周毅	女	66	91	75	47	47	44
2	2308024251	23080242	张波	男	85	81	75	45	45	60
3	2308024249	23080242	朱浩	男	65	50	80	72	62	71
4	2308024219	23080242	封印	女	73	88	92	61	47	46
5	2308024201	23080242	迟培	男	60	50	89	71	76	71
6	2308024347	23080243	李华	女	67	61	84	61	65	78
7	2308024307	23080243	陈田	男	76	79	86	69	40	69
8	2308024326	23080243	余皓	男	66	67	85	65	61	71
9	2308024320	23080243	李嘉	女	62	作弊	90	60	67	77
10	2308024342	23080243	李上初	男	76	90	84	60	66	60
11	2308024310	23080243	郭窦	女	79	67	84	64	64	79
12	2308024435	23080244	姜毅涛	男	77	71	缺考	61	73	76
13	2308024432	23080244	赵宇	男	74	74	88	68	70	71
14	2308024446	23080244	周路	女	76	80	77	61	74	80
15	2308024421	23080244	林建祥	男	72	72	81	63	90	75
16	2308024433	23080244	李大强	男	79	76	77	78	70	70
17	2308024428	23080244	李侧通	男	64	96	91	69	60	77
18	2308024402	23080244	王慧	女	73	74	93	70	71	75
19	2308024422	23080244	李晓亮	男	85	60	85	72	72	83
20	2308024201	23080242	迟培	男	60	50	89	71	76	71

4.5 交换行或列

可以直接使用 df.reindex() 方法交换两行或两列,也可以自定义。reindex() 方法的用法在

4.6.2 节将详细讲解。

【例 4-19】交换行或列。

```
In [1]: import pandas as pd
        df = pd.DataFrame({'a': [1, 2, 3], 'b': ['a', 'b', 'c'],'c': ["A","B","C"]})
        df
Out[1]:
   a  b  c
0  1  a  A
1  2  b  B
2  3  c  C


In [2]: hang=[0,2,1]
        df.reindex(hang)           #交换行
Out[2]:
   a  b  c
0  1  a  A
2  3  c  C
1  2  b  B


In [3]:lie=['a','c','b']
        df.reindex(columns=lie)    #交换列
Out[3]:
   a  c  b
0  1  A  a
1  2  B  b
2  3  C  c
```

下面自定义交换行或列的方法，代码如下：

```
In [4]: df.loc[[0,2],:]=df.loc[[2,0],:].values          #交换 0、2 两行
        df
Out[4]:
   a  b  c
0  3  c  C
1  2  b  B
2  1  a  A


In [5]: df.loc[:,['b','a']] = df.loc[:,['a', 'b']].values    #交换两列
        df
Out[5]:
   a  b  c
```

```
0   c   3   C
1   b   2   B
2   a   1   A


In [6]: name=list(df.columns)              # 提取列名并做成列表
        i=name.index("a")                  # 提取 a 的 index
        j=name.index("b")                  # 提取 b 的 index
        name[i],name[j]=name[j],name[i]    # 交换 a、b 的位置

        df.columns=name                    # 将 a、b 交换位置后的 list 作为 df 的列名
        df
Out[6]:
    b   a   c
0   c   3   C
1   b   2   B
2   a   1   A
```

有了交换两列的方法之后，插入列就方便了。例如，要在 b、c 两列之间插入 d 列，方法如下：

（1）增加列，df0['d']=' 新增的值 '。

（2）交换 b、d 两列的值。

（3）交换 b、d 两列的列名。

示例代码如下：

```
In [11]: df0['d']=range(len(df0.index))
         df0
Out[11]:
    b    a    c    d
0   a    1    A    0
1   c    3    C    1
2   b    2    B    2
3   --   --   --   3


In [12]: df0.loc[:,['b','d']]=df0.loc[:,['d','b']].values
         df0
Out[12]:
    b   a    c    d
0   0   1    A    a
1   1   3    C    c
2   2   2    B    b
3   3   --   --   --


In [13]: Lie=list(df0.columns)
```

```
        i=Lie.index("b")
        j=Lie.index("d")
        Lie[i],Lie[j]=Lie[j],Lie[i]

        df0.columns=Lie
        df0
Out[13]:
    d    a    c    b
0   0    1    A    a
1   1    3    C    c
2   2    2    B    b
3   3    --   --   --
```

4.6 排 名 索 引

4.6.1 sort_index() 重新排序

Series 对象的 sort_index(ascending=True) 方法可以对 index 进行排序操作，ascending 参数用于控制升序（ascending=True）或降序（ascending=False），默认为升序。

【例 4-20】对索引重新排序。

```
In [1]:from pandas import DataFrame
        df0={'Ohio':[0,6,3],'Texas':[7,4,1],'California':[2,8,5]}
        df=DataFrame(df0,index=['a','d','c'])
        df
Out[1]:
    California  Ohio  Texas
a           2     0      7
c           8     6      4
d           5     3      1

n [2]: df.sort_index()  #默认按 index 升序排序，降序为:df.sort_index(ascending=False)
Out[2]:
    California  Ohio  Texas
a           2     0      7
c           5     3      1
d           8     6      4
```

```
In [3]:df.sort_index(axis=1)
Out[3]:
   California  Ohio  Texas
a          2     0      7
c          8     6      4
d          5     3      1
```

排名（Series.rank(method='average', ascending=True)）的作用与排序的不同之处在于，它会把对象的 values 替换成名次（1～n），对于平级项，可以通过方法的 method 参数处理，method 参数有 4 个可选项：average、min、max、first。示例代码如下：

```
In [1]: from pandas import Series
        ser=Series([3,2,0,3],index=list('abcd'))
        ser
Out[18]:
a    3
b    2
c    0
d    3
dtype: int64

In [2]:ser.rank()
Out[2]:
a    3.5
b    2.0
c    1.0
d    3.5
dtype: float64

In [3]:ser.rank(method='min')
Out[3]:
a    3.0
b    2.0
c    1.0
d    3.0
dtype: float64

In [4]:ser.rank(method='max')
Out[4]:
a    4.0
b    2.0
c    1.0
d    4.0
```

```
dtype: float64

In [5]:ser.rank(method='first')
Out[5]:
a    3.0
b    2.0
c    1.0
d    4.0
dtype: float64
```

 注意： 在 ser[0] 和 ser[3] 这对平级项上，不同的 method 参数表现出不同的名次。DataFrame 的 .rank(axis=0, method='average', ascending=True) 方法多了 axis 参数，可以选择按行或列分别进行排名，暂时没有针对全部元素的排名方法。

4.6.2 reindex() 重新索引

Series 对象的重新索引通过其 reindex(index=None,**kwargs) 方法实现。**kwargs 中常用的参数有两个：method=None 和 fill_value=np.NaN。

【例 4-21】重新索引。

```
In [1]: from pandas import Series
        ser = Series([4.5,7.2,-5.3,3.6],index=['d','b','a','c'])
        A = ['a','b','c','d','e']
        ser.reindex(A)
Out[1]:
a    -5.3
b     7.2
c     3.6
d     4.5
e     NaN
dtype: float64

In [2]: ser = ser.reindex(A,fill_value=0)
        ser
Out[2]:
a    -5.3
b     7.2
c     3.6
d     4.5
e     0.0
```

```
dtype: float64

In [3]: ser.reindex(A,method='ffill')
Out[3]:
a    -5.3
b     7.2
c     3.6
d     4.5
e     0.0
dtype: float64

In [4]: ser.reindex(A,fill_value=0,method='ffill')
Out[4]:
a    -5.3
b     7.2
c     3.6
d     4.5
e     0.0
dtype: float64
```

reindex() 方法会返回一个新对象，其 index 严格遵循给出的参数，method:{'backfill', 'bfill', 'pad', 'ffill', None} 参数用于指定插值（填充）方式，当没有给出参数时，默认使用 fill_value 填充，值为 NaN（ffill = pad，bfill = back fill，分别表示在插值时向前还是向后取值）。

- pad/ffill：用前一个非缺失值填充该缺失值。
- backfill/bfill：用下一个非缺失值填充该缺失值。
- None：指定一个值替换缺失值。

在 DataFrame 中，reindex() 更多的不是修改 DataFrame 对象的索引，而只是修改索引的顺序，如果需要修改的索引不存在，就会使用默认的 None 代替此行，并且不会修改原数组。如果要修改原数组，则需要使用赋值语句。示例代码如下：

```
>>> import numpy as np
>>> import pandas as pd
>>> df= pd.DataFrame(np.arange(9).reshape((3,3)),index=['a','d','c'],columns=['c1','c2','c3'])
>>> df
   c1  c2  c3
a   0   1   2
d   3   4   5
c   6   7   8

# 按照给定的索引重新排序（索引）
>>>df_na=df.reindex(index=['a', 'c', 'b', 'd'])
```

```
>>>df_na
     c1    c2    c3
a   0.0   1.0   2.0
c   6.0   7.0   8.0
b   NaN   NaN   NaN
d   3.0   4.0   5.0
```

```
# 对原来没有的新产生的索引行按给定的 method 方式赋值
>>>df_na.fillna(method='ffill',axis=0)
     c1    c2    c3
a   0.0   1.0   2.0
c   6.0   7.0   8.0
b   6.0   7.0   8.0
d   3.0   4.0   5.0
```

```
# 对列按照给定列名索引重新排序（索引）
>>>states = ['c1', 'b2', 'c3']
>>>df1=df.reindex(columns=states)
>>>df1
     c1   b2   c3
a    0   NaN   2
d    3   NaN   5
c    6   NaN   8
```

```
# 对原来没有的新产生的列名按给定的 method 方式赋值
>>>df1.fillna(method='ffill',axis=1)
     c1     b2    c3
a   0.0    0.0   2.0
d   3.0    3.0   5.0
c   6.0    6.0   8.0
```

```
# 也可以对列按照给定列名索引重新排序（索引）并为新产生的列名赋值
>>>df2=df.reindex(columns=states,fill_value=1)
>>>df2
     c1   b2   c3
a    0    1    2
d    3    1    5
c    6    1    8
```

4.6.3 set_index() 索引重置

前面介绍重置索引时已介绍过 set_index() 方法，set_index() 方法可以对 DataFrame 对象重新设置某列为索引，语法格式如下：

```
DataFrame.set_index(keys,
                    drop=True,
                    append=False,
                    inplace=False)
```

append 为 True 时，保留原索引并添加新索引；drop 为 False 时，保留用作索引的列；inplace 为 True 时，在原数据集上进行修改。

DataFrame 通过 set_index() 方法不仅可以设置单索引，而且可以设置复合索引，打造层次化索引。

【例 4-22】设置复合索引。

```
In [1]: import pandas as pd
        df = pd.DataFrame({'a': [1, 2, 3], 'b': ['a', 'b', 'c'],'c': ["A","B","C"]})
        df
Out[1]:
    a  b  c
0   1  a  A
1   2  b  B
2   3  c  C


In [2]:df.set_index(['b','c'],
        drop=False,          # 保留 b、c 两列
        append=True,         # 保留原来的索引
        inplace=False)       # 保留原 df，即不在原 df 上修改，而是生成新的数据框
Out[2]:
        a  b  c
  b c
0 a A   1  a  A
1 b B   2  b  B
2 c C   3  c  C
```

 注意：默认情况下，设置成索引的列会从 DataFrame 中移除，设置 drop=False 则可以将其保留。

4.6.4 reset_index() 索引还原

reset_index() 方法可以还原索引，重新变为默认的整型索引，即 reset_index( ) 方法是

set_index( ) 方法的"逆运算",语法格式如下:

```
df.reset_index(level=None, drop=False, inplace=False, col_level=0, col_fill=")
```

参数 level 控制了具体要还原哪个等级的索引。

【例 4-23】还原索引。

```
In [1]: import pandas as pd
        df = pd.DataFrame({'a': [1, 2, 3], 'b': ['a', 'b', 'c'],'c': ["A","B","C"]})
        df1=df.set_index(['b','c'],drop=False, append=True, inplace=False)
        df1
Out[1]:
      a  b  c
  b c
0 a A  1  a  A
1 b B  2  b  B
2 c C  3  c  C

In [2]:df1.reset_index(level='b', drop=True, inplace=False, col_level=0)
Out[2]:
    a  b  c
  c
0 A  1  a  A
1 B  2  b  B
2 C  3  c  C
```

4.7 数 据 合 并

4.7.1 记录合并

记录合并是指将两个结构相同的数据框合并成一个数据框,也就是在一个数据框中追加另一个数据框的数据记录。语法格式如下:

```
concat([DataFrame1, DataFrame2,…])
```

参数说明如下。

- DataFrame1:数据框。
- 返回值:DataFrame。

【例 4-24】合并两个数据框中的记录。

```
In [1]: from pandas import read_excel
        df1 = read_excel(r'C:\Users\yubg\OneDrive\2018book\i_nuc.xls',sheet_name='Sheet3')
        df1.head()
Out[1]:
       学号          班级        姓名    性别    英语   体育   军训   数分   高代   解几
0    2308024241   23080242    成龙    男     76   78   77   40   23   60
1    2308024244   23080242    周怡    女     66   91   75   47   47   44
2    2308024251   23080242    张波    男     85   81   75   45   45   60
3    2308024249   23080242    朱浩    男     65   50   80   72   62   71
4    2308024219   23080242    封印    女     73   88   92   61   47   46

In [2]: df2 = read_excel(r'C:\Users\yubg\OneDrive\2018book\i_nuc.xls',
                sheet_name='Sheet5')
        df2
Out[2]:
       学号          班级        姓名    性别    英语   体育   军训   数分   高代   解几
0    2308024501   23080245    李同    男     64   96   91   69   60   77
1    2308024502   23080245    王致意   女     73   74   93   70   71   75
2    2308024503   23080245    李同维   男     85   60   85   72   72   83
3    2308024504   23080245    池莉    男     60   50   89   71   76   71

In [3]: df=pandas.concat([df1,df2])
        df
Out[3]:
       学号          班级        姓名    性别    英语   体育   军训   数分   高代   解几
0    2308024241   23080242    成龙    男     76   78   77    40   23   60
1    2308024244   23080242    周怡    女     66   91   75    47   47   44
2    2308024251   23080242    张波    男     85   81   75    45   45   60
3    2308024249   23080242    朱浩    男     65   50   80    72   62   71
4    2308024219   23080242    封印    女     73   88   92    61   47   46
5    2308024201   23080242    迟培    男     60   50   89    71   76   71
6    2308024347   23080243    李华    女     67   61   84    61   65   78
7    2308024307   23080243    陈田    男     76   79   86    69   40   69
8    2308024326   23080243    余皓    男     66   67   85    65   61   71
9    2308024320   23080243    李嘉    女     62   作弊  90    60   67   77
10   2308024342   23080243    李上初  男     76   90   84    60   66   60
11   2308024310   23080243    郭窦    女     79   67   84    64   64   79
12   2308024435   23080244    姜毅涛  男     77   71   缺考   61   73   76
13   2308024432   23080244    赵宇    男     74   74   88    68   70   71
14   2308024446   23080244    周路    女     76   80   77    61   74   80
```

15	2308024421	23080244	林建祥	男	72	72	81	63	90	75
16	2308024433	23080244	李大强	男	79	76	77	78	70	70
17	2308024428	23080244	李侧通	男	64	96	91	69	60	77
18	2308024402	23080244	王慧	女	73	74	93	70	71	75
19	2308024422	23080244	李晓亮	男	85	60	85	72	72	83
20	2308024201	23080242	迟培	男	60	50	89	71	76	71
0	2308024501	23080245	李同	男	64	96	91	69	60	77
1	2308024502	23080245	王致意	女	73	74	93	70	71	75
2	2308024503	23080245	李同维	男	85	60	85	72	72	83
3	2308024504	23080245	池莉	男	60	50	89	71	76	71

可以看到，两个数据框的数据记录都合并到了一起，实现了数据记录的追加，但是记录的索引并没有顺延，仍然保持着原有的状态。前面讲过合并两个数据框的 append() 方法，这里再复习一下。代码如下：

```
df.append(df2, ignore_index=True)    #把 df2 追加到 df 上，index 直接顺延
```

concat() 方法与 append() 方法一样，加一个 ignore_index=True 参数即可实现 index 顺延。

```
pandas.concat([df1,df2] ,ignore_index=True)
```

4.7.2 字段合并

字段合并是指将同一个数据框中的不同列进行合并，形成新的列。语法格式如下：

```
X = x1+x2+…
```

参数说明如下。

- x1：数据列 1。
- x2：数据列 2。
- 返回值：Series。合并的两个序列，要求序列的长度应一致。

【例 4-25】多个字段合并成一个新的字段。

```
In [1]: from pandas import DataFrame
        df = DataFrame({'band':[189,135,134,133],
                 'area':['0351','0352','0354','0341'],
                 'num':[2190,8513,8080,7890]})
        df
Out[1]:
   area  band   num
0  0351   189  2190
1  0352   135  8513
2  0354   134  8080
```

```
3    0341   133   7890

In [2]: df = df.astype(str)
        tel=df['band']+df['area']+df['num']
        tel
Out[2]:
0    18903512190
1    13503528513
2    13403548080
3    13303417890
dtype: object

In [3]:df['tel']=tel
       df
Out[3]:
    area band   num        tel
0   0351  189   2190   18903512190
1   0352  135   8513   13503528513
2   0354  134   8080   13403548080
3   0341  133   7890   13303417890
```

4.7.3 字段匹配

字段匹配是指不同结构的数据框（两个或以上的数据框），按照一定的条件进行匹配后合并，即追加列，类似于 Excel 中的 VLOOKUP 函数。例如，有两个数据表，第 1 个表中有"学号""姓名"字段，第 2 个表中有"学号""手机号"字段，现需要整理一份数据表，包含"学号""姓名""手机号"字段，此时则需要用到 merge() 函数。语法格式如下：

```
merge(x,y,left_on,right_on)
```

参数说明如下。
- x：第 1 个数据框。
- y：第 2 个数据框。
- left_on：第 1 个数据框中用于匹配的列。
- right_on：第 2 个数据框中用于匹配的列。
- 返回值：DataFrame。

【例 4-26】按指定的唯一字段匹配并增加列。

```
In [1]: import pandas as pd
        from pandas import read_excel
```

```
        df1= pd.read_excel(r' C:\Users\yubg\OneDrive\2018book\i_nuc.xls',
                    sheet_name ='Sheet3')
        df1.head()
Out[1]:
      学号           班级         姓名   性别   英语   体育   军训   数分   高代   解几
0   2308024241   23080242    成龙   男    76   78   77   40   23   60
1   2308024244   23080242    周怡   女    66   91   75   47   47   44
2   2308024251   23080242    张波   男    85   81   75   45   45   60
3   2308024249   23080242    朱浩   男    65   50   80   72   62   71
4   2308024219   23080242    封印   女    73   88   92   61   47   46


In [2]:df2= pd.read_excel(r' C:\Users\yubg\OneDrive\2018book\i_nuc.xls',
                    sheet_name ='Sheet4')
        df2.head()
Out[2]:
      学号           电话                    IP
0   2308024241   1.892225e+10        221.205.98.55
1   2308024244   1.352226e+10      183.184.226.205
2   2308024251   1.342226e+10        221.205.98.55
3   2308024249   1.882226e+10        222.31.51.200
4   2308024219   1.892225e+10         120.207.64.3


In [3]:df=pd.merge(df1,df2,left_on=' 学号 ',right_on=' 学号 ')
        df.head()
Out[3]:
      学号           班级         姓名   性别   英语   体育   军训   数分   高代   解几   电话 \
0   2308024241   23080242    成龙   男    76   78   77   40   23   60   1.892225e+10
1   2308024244   23080242    周怡   女    66   91   75   47   47   44   1.352226e+10
2   2308024251   23080242    张波   男    85   81   75   45   45   60   1.342226e+10
3   2308024249   23080242    朱浩   男    65   50   80   72   62   71   1.882226e+10
4   2308024219   23080242    封印   女    73   88   92   61   47   46   1.892225e+10
5   2308024201   23080242    迟培   男    60   50   89   71   76   71   NaN
6   2308024201   23080242    迟培   男    60   50   89   71   76   71   NaN


                IP
0        221.205.98.55
1      183.184.226.205
2        221.205.98.55
3        222.31.51.200
4         120.207.64.3
5        222.31.51.200
6        222.31.51.200
```

这里匹配了有相同序号的行，对于重复的记录也进行了匹配。但假如第 1 个数据框 df1 中有"学号 =2308024200"，第 2 个数据框 df2 中没有"学号 =2308024200"，在结果中则不会出现"学号 =2308024200"的记录。

merge() 函数还有以下参数。

- how：连接方式，包括 inner（默认，取交集）、outer（取并集）、left（左侧 DataFrame 取全部）、right（右侧 DataFrame 取全部）。
- on：用于连接的列名，必须同时存在于左、右两个 DataFrame 对象中，如果未指定，则以 left 和 right 列名的交集作为连接键。如果左、右侧 DataFrame 的连接键的列名不一致，但取值有重叠，就用例 4–26 中的方法，使用 left_on、right_on 来指定左、右连接键（列名）。

示例代码如下：

```
In [1]: import pandas as pd
        df1 = pd.DataFrame({'key':['b','b','a','c','a','a','b'],'data1': range(7)})
        df1
Out[1]:
   data1 key
0      0   b
1      1   b
2      2   a
3      3   c
4      4   a
5      5   a
6      6   b
In [2]: df2 = pd.DataFrame({'key':['a','b','d'],'data2':range(3)})
        df2
Out[2]:
   data2 key
0      0   a
1      1   b
2      2   d

In [3]: df1.merge(df2,on = 'key',how = 'right')
        #右连接，右侧 DataFrame 取全部，左侧 DataFrame 取部分
Out[3]:
   data1 key  data2
0    0.0   b      1
1    1.0   b      1
2    6.0   b      1
3    2.0   a      0
```

```
4    4.0    a       0
5    5.0    a       0
6    NaN    d       2

In [4]: df1.merge(df2,on = 'key',how = 'outer')    #外连接，取并集，并用 NaN 填充
Out[4]:
     data1 key  data2
0    0.0   b    1.0
1    1.0   b    1.0
2    6.0   b    1.0
3    2.0   a    0.0
4    4.0   a    0.0
5    5.0   a    0.0
6    3.0   c    NaN
7    NaN   d    2.0
```

4.8 数 据 计 算

4.8.1 简单计算

通过对各字段进行加、减、乘、除四则算术运算，可以将运算得到的结果作为新的字段，如图 4-1 所示。

学号	姓名	高代	解几
2308024241	成龙	23	60
2308024244	周怡	47	44
2308024251	张波	45	60
2308024249	朱浩	62	71
2308024219	封印	47	46

学号	姓名	高代	解几	高代+解几
2308024241	成龙	23	60	83
2308024244	周怡	47	44	91
2308024251	张波	45	60	105
2308024249	朱浩	62	71	133
2308024219	封印	47	46	93

图 4-1　字段之间的运算结果作为新的字段

【例 4-27】数据框的计算。

```
In [1]:from pandas import read_excel
        df = read_excel(r'c:\Users\yubg\OneDrive\2018book\i_nuc.xls',sheet_name='Sheet3')
        df.head()
Out[1]:
     学号          班级       姓名  性别  英语  体育  军训  数分  高代  解几
0    2308024241  23080242  成龙  男   76  78  77  40  23  60
1    2308024244  23080242  周怡  女   66  91  75  47  47  44
```

2	2308024251	23080242	张波	男	85	81	75	45	45	60
3	2308024249	23080242	朱浩	男	65	50	80	72	62	71
4	2308024219	23080242	封印	女	73	88	92	61	47	46

```
In [2]:jj=df[' 解几 '].astype(int)          # 将 df 中的 "解几" 转化为 int 类型
       gd=df[' 高代 '].astype(int)

       df[' 高代 + 解几 ']=jj+gd            # 在 df 中新增 "高代 + 解几" 列，值为 jj+gd
       df.head()
Out[2]:
```

	学号	班级	姓名	性别	英语	体育	军训	数分	高代	解几	高代 + 解几
0	2308024241	23080242	成龙	男	76	78	77	40	23	60	83
1	2308024244	23080242	周怡	女	66	91	75	47	47	44	91
2	2308024251	23080242	张波	男	85	81	75	45	45	60	105
3	2308024249	23080242	朱浩	男	65	50	80	72	62	71	133
4	2308024219	23080242	封印	女	73	88	92	61	47	46	93

4.8.2 数据标准化

数据标准化（归一化）处理是数据挖掘中的一项基础工作。不同的评价指标往往具有不同的量纲和量纲单位，这种情况会影响数据分析的结果。为了消除指标之间的量纲影响，需要进行数据标准化处理，以实现数据指标之间的可比性。原始数据经过数据标准化处理后，各指标处于同一数量级，适合进行综合对比评价。

首先回答一个问题：为什么要将数据标准化？

这是因为不同变量常常具有不同的单位和不同的变异程度。不同的单位常使系数的实践解释产生困难。例如，第 1 个变量的单位是 kg，第 2 个变量的单位是 cm，在计算绝对距离时将出现两个问题：一个问题是第 1 个变量观察值之差的绝对值（单位是 kg）与第 2 个变量观察值之差的绝对值（单位是 cm），两者之间无法进行运算；另一个问题是不同变量自身具有较大的变异时，不同变量所占的比重大不相同。例如，第 1 个变量的数值在 2%~4% 区间，而第 2 个变量的数值在 1000~5000 区间。为了消除量纲影响和变量自身变异大小与数值大小的影响，需要将数据标准化。

数据标准化常用的两种方法如下：

（1）Min–Max 标准化（Min–Max normalization），又称为离差标准化，是对原始数据的线性转化，其转化公式为：

$$X*=(x-min)/(max-min)$$

其中，max 表示样本最大值；min 表示样本最小值。

当有新数据加入时，需要重新进行数据标准化。

【例4-28】数据标准化。

```
In [1]: from pandas import read_excel
        df = read_excel(r' C:\Users\yubg\OneDrive\2018book\i_nuc.xls',sheet_name='Sheet3')
        df.head()
Out[1]:
        学号          班级        姓名  性别  英语  体育  军训  数分  高代  解几
0  2308024241  23080242  成龙  男   76   78   77   40   23   60
1  2308024244  23080242  周怡  女   66   91   75   47   47   44
2  2308024251  23080242  张波  男   85   81   75   45   45   60
3  2308024249  23080242  朱浩  男   65   50   80   72   62   71
4  2308024219  23080242  封印  女   73   88   92   61   47   46

In [2]:scale= (df. 数分 .astype(int)-df. 数分 .astype(int).min())/(
            df. 数分 .astype(int).max()-df. 数分 .astype(int).min())
       scale.head()
Out[2]:
0    0.000000
1    0.184211
2    0.131579
3    0.842105
4    0.552632
Name: 数分 , dtype: float64
```

（2）Z-score 标准化。这种方法对原始数据的均值（mean）和标准差（standard deviation）进行数据的标准化。经过处理的数据符合标准正态分布，即均值为0，标准差为1，转化公式为：

$$X^*=(x-\mu)/\sigma$$

其中，μ 为所有样本数据的均值；σ 为所有样本数据的标准差。

Z-score 标准化将数据按其属性（按列进行）减去其均值，并除以其标准差，得到的结果是对每个属性（每列）来说，所有数据都聚集在0附近，标准差为1。

使用 sklearn.preprocessing.scale() 函数，可以直接对给定的数据进行标准化。示例代码如下：

```
In [3]: from sklearn import preprocessing
        import numpy as np

        df1=df[' 数分 ']
        df_scaled = preprocessing.scale(df1)
        df_scaled
Out[3]:
        array([-2.50457384, -1.75012229, -1.96567988,  0.94434751, -0.2412192 ,
                0.83656872, -0.2412192 ,  0.62101114,  0.18989597, -0.34899799,
```

```
               -0.34899799,  0.08211717, -0.2412192 ,  0.51323234, -0.2412192 ,
               -0.02566162,  1.59102027,  0.62101114,  0.72878993,  0.94434751,
               0.83656872])
```

也可以使用 sklearn.preprocessing.StandardScaler 类对数据进行标准化，使用该类的好处在于，可以保存训练集中的参数（均值、标准差），直接使用其对象转换测试集数据。示例代码如下：

```
In [4]:X = np.array([[ 1., -1.,  2.],[ 2.,  0.,  0.],[ 0.,  1., -1.]])
       X
Out[4]:
    array([[ 1., -1.,  2.],
           [ 2.,  0.,  0.],
           [ 0.,  1., -1.]])

In [5]:scaler = preprocessing.StandardScaler().fit(X)
       scaler
Out[5]: StandardScaler(copy=True, with_mean=True, with_std=True)

In [6]:scaler.mean_                #均值
Out[6]: array([ 1.        , 0.        , 0.33333333])

In [7]:scaler.scale_              #标准差
Out[7]: array([ 0.81649658, 0.81649658, 1.24721913])

In [8]:scaler.var_               #方差
Out[8]: array([ 0.66666667, 0.66666667, 1.55555556])

In [9]:scaler.transform(X)
Out[9]:
    array([[ 0.        , -1.22474487,  1.33630621],
           [ 1.22474487,  0.        , -0.26726124],
           [-1.22474487,  1.22474487, -1.06904497]])

In [10]:# 可以直接使用训练集对测试集数据进行转换
        scaler.transform([[-1.,  1.,  0.]])
Out[10]: array([[-2.44948974,  1.22474487, -0.26726124]])
```

4.9　数 据 分 组

数据分组是指根据数据分析对象的特征，按照一定的数据指标把数据划分为不同的区间进行研究，以揭示其内在联系和规律性。简单来说就是新增一列，将原来的数据按照其性质归入新的类别中。语法格式如下：

```
cut(series,bins,right=True,labels=NULL)
```

参数说明如下。

- series：需要分组的数据。
- bins：分组依据的数据。
- right：分组的时候右边是否闭合。
- labels：分组的自定义标签，也可以不自定义。

现有数据如图 4-2（a）所示，对数据进行分组，分组结果如图 4-2（b）所示。

学号	解几
2308024241	60
2308024244	44
2308024251	60
2308024249	71
2308024219	46

学号	解几	类别
2308024241	60	及格
2308024244	44	不及格
2308024251	60	及格
2308024249	71	良好
2308024219	46	不及格

（a）现有数据   （b）分组结果

图 4-2　数据分组

【例 4-29】数据分组。

```
In [1]: from pandas import read_excel
        import pandas as pd
        df = pd.read_excel(r'C:\Users\yubg\OneDrive\2018book\rz.xlsx')
        df.head()                    # 查看前 5 行数据
Out[1]:
        学号          班级        姓名   性别   英语   体育   军训   数分   高代   解几
0   2308024241   23080242   成龙   男    76    78    77    40    23    60
1   2308024244   23080242   周怡   女    66    91    75    47    47    44
2   2308024251   23080242   张波   男    85    81    75    45    45    60
3   2308024249   23080242   朱浩   男    65    50    80    72    62    71
4   2308024219   23080242   封印   女    73    88    92    61    47    46


In [2]: df.shape                    # 查看数据 df 的"形状"
Out[2]: (21, 10)                    # df 共有 21 行 10 列


In [3]: bins=[min(df. 解几 )-1,60,70,80,max(df. 解几 )+1]
        lab=[" 不及格 "," 及格 "," 良好 "," 优秀 "]
        demo=pd.cut(df. 解几 ,bins,right=False,labels=lab)
        demo.head()                 # 仅显示前 5 行数据
Out[3]:
```

```
0      及格
1      不及格
2      及格
3      良好
4      不及格
Name: 解几 , dtype: category
Categories (4, object): [ 不及格 < 及格 < 良好 < 优秀 ]

In [4]:df['demo']=demo
        df.head()
Out[4]:
    学号          班级          姓名  性别  英语  体育  军训  数分  高代  解几  demo
0  2308024241  23080242    成龙   男   76  78  77  40  23  60  及格
1  2308024244  23080242    周怡   女   66  91  75  47  47  44  不及格
2  2308024251  23080242    张波   男   85  81  75  45  45  60  及格
3  2308024249  23080242    朱浩   男   65  50  80  72  62  71  良好
4  2308024219  23080242    封印   女   73  88  92  61  47  46  不及格
```

分组依据 bins 中最大值的取法，需要注意，max(df. 解几)+1 中要有一个值大于其前一个数，否则会提示出错。例如，假设本例中最大的分值为 84，若设置 bins=[min(df. 解几)-1,60,70,80,90, max(df. 解几)+1]，貌似"不及格""及格""中等""良好""优秀"都齐了，但是会报错，因为最后一项"max(df. 解几)+1"的值等于 84+1，也就是 85，比前一项 90 小，这不符合单调递增原则。这种情况下最好先把最大值和最小值求出来再进行分段。

4.10 日 期 处 理

4.10.1 日期转换

日期转换是指将字符型的日期数据转换为日期型的数据的过程。语法格式如下：

```
to_datetime(dateString,format)
```

format（格式）的取值如下。

- %Y：年份。
- %m：月份。
- %d：日期。
- %H：小时。
- %M：分钟。
- %S：秒。

【例 4-30】利用 to_datetime(df. 注册时间 ,format='%Y/%m/%d') 语句完成日期转换。

```
In [1]:from pandas import read_csv
       from pandas import to_datetime
       df = read_csv('e://rz3.csv',sep=',',encoding='utf8')
       df
Out[1]:
    num  price  year  month      date
0   123    159  2016      1  2016/6/1
1   124    753  2016      2  2016/6/2
2   125    456  2016      3  2016/6/3
3   126    852  2016      4  2016/6/4
4   127    210  2016      5  2016/6/5
5   115    299  2016      6  2016/6/6
6   102    699  2016      7  2016/6/7
7   201    599  2016      8  2016/6/8
8   154    199  2016      9  2016/6/9
9   142    899  2016     10  2016/6/10

In [2]:df_dt = to_datetime(df.date,format="%Y/%m/%d")
       df_dt
Out[2]:
0    2016-06-01
1    2016-06-02
2    2016-06-03
3    2016-06-04
4    2016-06-05
5    2016-06-06
6    2016-06-07
7    2016-06-08
8    2016-06-09
9    2016-06-10
Name: date, dtype: datetime64[ns]
```

 注意: CSV 文件的编码格式必须是 utf8 格式，否则会报错。另外，CSV 文件中 date 的格式是文本（字符串）格式。

4.10.2　日期格式化

日期格式化是指将日期型的数据按照给定的格式转化为字符型的数据。语法格式如下：

```
apply(lambda x: 处理逻辑 )
datetime.strftime(x,format)
```

【例 4-31】日期型数据转化为字符型数据。

使用的语句格式为：

```
df_dt = to_datetime(df. 注册时间 , format='%Y/%m/%d')
df_dt _str = df_dt.apply(df. 注册时间 , format='%Y/%m/%d')
```

示例代码如下：

```
In [1]:from pandas import read_csv
       from pandas import to_datetime
       from datetime import datetime

       df = read_csv('e://rz3.csv',sep=',',encoding='utf8')
       df_dt = to_datetime(df.date,format="%Y/%m/%d")

       df_dt_str=df_dt.apply(lambda x: datetime.strftime(x,"%Y/%m/%d"))
       df_dt_str
Out[1]:
0    2016/06/01
1    2016/06/02
2    2016/06/03
3    2016/06/04
4    2016/06/05
5    2016/06/06
6    2016/06/07
7    2016/06/08
8    2016/06/09
9    2016/06/10
Name: date, dtype: object
```

当希望将函数 f 应用到 DataFrame 对象的行或列时，可以使用 .apply(f, axis=0, args=(),
**kwds) 方法，axis=0 时表示按列运算，axis=1 时表示按行运算。示例代码如下：

```
In [1]: from pandas import DataFrame
       df=DataFrame({'ohio':[1,3,6],'texas':[1,4,5],'california':[2,5,8]},index=['a','c','d'])
       df
Out[1]:
   california  ohio  texas
a          2     1      1
c          5     3      4
d          8     6      5
```

```
In [2]: f = lambda x:x.max()-x.min()
        df.apply(f)                           #默认按列运算，同 df.apply(f,axis=0)
Out[2]:
california      6
ohio           5
texas          4
dtype: int64


In [3]: df.apply(f,axis=1)                    #按行运算
Out[3]:
a      1
c      2
d      3
dtype: int64
```

4.10.3 日期抽取

日期抽取是指从日期格式中抽取出需要的部分属性。语法格式如下：

```
Data_dt.dt.property
```

property（属性）的取值如下。

- second：1~60，从 1 秒开始到 60 秒。
- minute：1~60，从 1 分开始到 60 分。
- hour：1~24，从 1 小时开始到 24 小时。
- day：1~31，表示一个月中的第几天，从 1 开始到 31。
- month：1~12，从 1 月开始到 12 月。
- year：年份。
- weekday：1~7，表示一周中的第几天，从 1 开始到 7。

【例 4-32】对日期进行抽取。

```
In [1]: from pandas import read_csv;
        from pandas import to_datetime;
        df = read_csv('e://rz3.csv',sep=',',encoding='utf8')
        df
Out[1]:
   num  price  year  month      date
0  123    159  2016      1  2016/6/1
1  124    753  2016      2  2016/6/2
2  125    456  2016      3  2016/6/3
```

```
3   126    852   2016      4    2016/6/4
4   127    210   2016      5    2016/6/5
5   115    299   2016      6    2016/6/6
6   102    699   2016      7    2016/6/7
7   201    599   2016      8    2016/6/8
8   154    199   2016      9    2016/6/9
9   142    899   2016     10    2016/6/10
```

```
In [2]: df_dt =to_datetime(df.date,format='%Y/%m/%d')
        df_dt
Out[2]:
0    2016-06-01
1    2016-06-02
2    2016-06-03
3    2016-06-04
4    2016-06-05
5    2016-06-06
6    2016-06-07
7    2016-06-08
8    2016-06-09
9    2016-06-10
Name: date, dtype: datetime64[ns]
```

```
In [3]: df_dt.dt.year
Out[3]:
0    2016
1    2016
2    2016
3    2016
4    2016
5    2016
6    2016
7    2016
8    2016
9    2016
Name: date, dtype: int64
```

```
In [4]: df_dt.dt.day
Out[4]:
0    1
1    2
2    3
```

```
3      4
4      5
5      6
6      7
7      8
8      9
9     10
Name: date, dtype: int64
```

对月、星期、时、秒等也可以进行提取，所用语句如下：

```
df_dt.dt.month
df_dt.dt.weekday
df_dt.dt.hour
df_dt.dt.second
```

4.11 实战案例：数据处理

有人说一个分析项目 80% 的工作量都是在清洗数据，这听起来有些匪夷所思，但在实际工作中确实如此。数据清洗的目的有两个，第一是通过清洗让数据可用；第二是让数据变得更适合后续的分析工作。无论是线下人工填写的手工表，还是线上通过工具收集的数据，又或者是系统中导出的数据，很多数据源都会或多或少地存在一些问题，如数据中的重复值、异常值、空值以及多余的空格等问题。下面就以一个具体的案例讲解数据处理的过程。

现有学习成绩表，如表 4-1 所示，要求处理如下两种情况。

（1）向数据表中添加两列：各科成绩总分（score）和每位同学的整体情况（类别），类别按照 [df.score.min()-1,400,450,df.score.max()+1] 分为一般、较好、优秀 3 种情况。

（2）"军训"这门课程的成绩与其他科目的成绩差异较大，并且给分较为随意。为了避免评定奖学金时的不公平，请将各科成绩标准化，再汇总，并标出一般、较好、优秀 3 种类别。

表 4-1　学习成绩表

学　号	姓　名	性　别	英　语	体　育	军　训	数　分	高　代	解　几
2308024241	成龙	男	76	78	77	40	23	60
2308024244	周怡	女	66	91	75	47	47	44
2308024251	张波	男	85	81	75	45	45	60
2308024249	朱浩	男	65	50	80	72	62	71

学　号	姓　名	性　别	英　语	体　育	军　训	数　分	高　代	解　几
2308024219	封印	女	73	88	92	61	47	46
2308024201	迟培	男	60	50	89	71	76	71
2308024347	李华	女	67	61	84	61	65	78
2308024307	陈田	男	76	79	86	69	40	69
2308024326	余皓	男	66	67	85	65	61	71
2308024320	李嘉	女	62	作弊	90	60	67	77
2308024342	李上初	男	76	90	84	60	66	60
2308024310	郭窦	女	79	67	84	64	64	79
2308024435	姜毅涛	男	77	71	缺考	61	73	76
2308024432	赵宇	男	74	74	88	68	70	71
2308024446	周路	女	76	80		61	74	80
2308024421	林建祥	男	72	72	81	63	90	75
2308024433	李大强	男	79	76	77	78	70	70
2308024428	李侧通	男	64	96	91	69	60	77
2308024402	王慧	女	73	74	93	70	71	75
2308024422	李晓亮	男	85	60	85	72	72	83
2308024201	迟培	男	60	50	89	71	76	71

数据处理的过程如下。

（1）导入数据。导入数据，并查看数据的"形状"。

```
In [1]: import pandas as pd
        df = pd.read_excel(r'C:\Users\yubg\OneDrive\2018book\rz.xlsx')
        df.shape                #查看数据的"形状"（21 行 10 列）
Out[1]: (21, 10)
```

（2）对数据进行查重。

```
In [2]: df.duplicated().tail()    #第二次及其以后出现的数据均显示为重复，这里取后 5 行
Out[2]:
16    False
17    False
18    False
19    False
20     True
```

```
dtype: bool

In [3]: df[df.duplicated()]                          #显示重复的行
Out[3]:
        学号          班级      姓名  性别  英语  体育  军训  数分  高代  解几
20  2308024201  23080242  迟培  男   60   50   89   71   76   71
In [4]: df1 = df.drop_duplicates()                   #删除重复数据行
        df1.shape                                    #查看数据的"形状"
Out[4]: (20, 10)                                     #少了一行
```

（3）查看为空的数据，并以 0 填充。由于 isnull() 筛选空值后返回的是逻辑真假矩阵，如果数据庞大，就很难发现空数据的位置，所以先要显示缺失值的位置，再进行填充。

```
In [5]: df.isnull().tail()   #查看空值，返回的是逻辑真假数据矩阵，为了显示方便取后 5 行
Out[5]:
      学号     班级    姓名    性别    英语    体育    军训    数分    高代    解几
16  False  False  False  False  False  False  False  False  False  False
17  False  False  False  False  False  False  False  False  False  False
18  False  False  False  False  False  False  False  False  False  False
19  False  False  False  False  False  False  False  False  False  False
20  False  False  False  False  False  False  False  False  False  False

In [6]: df1.isnull().any()                           #判断哪些列存在缺失值
Out[6]:
学号      False
班级      False
姓名      False
性别      False
英语      False
体育      False
军训      True
数分      False
高代      False
解几      False
dtype: bool

In [7]:df1[df1.isnull().values==True]     #显示存在缺失值的行
Out[7]:
        学号          班级      姓名  性别  英语  体育   军训  数分  高代  解几
14  2308024446  23080244  周路  女   76   80   NaN  61   74   80

In [8]:df2 = df1.fillna(0)                            #将空数据填充为 0
       df2.tail(8)                                    #查看后 8 行数据
```

```
Out[8]:
        学号          班级        姓名    性别    英语    体育    军训    数分    高代    解几
12   2308024435   23080244   姜毅涛    男     77     71    缺考     61     73     76
13   2308024432   23080244   赵宇     男     74     74     88     68     70     71
14   2308024446   23080244   周路     女     76     80      0     61     74     80
15   2308024421   23080244   林建祥    男     72     72     81     63     90     75
16   2308024433   23080244   李大强    男     79     76     77     78     70     70
17   2308024428   23080244   李侧通    男     64     96     91     69     60     77
18   2308024402   23080244   王慧     女     73     74     93     70     71     75
19   2308024422   23080244   李晓亮    男     85     60     85     72     72     83
```

（4）处理数据中的空格。空格会影响后续数据的统计和计算。去除空格的方法有三种，第一种是去除数据两边的空格；第二种是单独去除左边的空格；第三种是单独去除右边的空格。

```
In [9]: df0 = df2.copy()     # 为了数据安全，复制一份再操作
        df0[' 解几 '] = df2[' 解几 '].astype(str).map(str.strip)
        # 仅删除左边的空格用 lstrip，仅删除右边的空格用 rstrip，其他列可以进行同样的操作
```

（5）查看列的数据类型。查看数据框各列中的数据类型是不是 int，若不是则需要处理。对于有不一致数据类型的列，显示列名，以进一步对此列数据进行处理。

```
In [10]: for i in list(df0.columns):
             if df0[i].dtype=='O':    # 若某列全部是 int 则显示该列为 int 类型，否则为 object
                 print(i)      # 结果显示 "姓名" "性别" "体育" "军训" "解几" 5 列数据不是 int 类型
Qut [10]:
姓名
性别
体育
军训
解几
```

"姓名" "性别" "体育" "军训" "解几" 5 列数据不是 int 类型，分析其原因：

1）"解几"列不是 int 类型，是因为在之前处理空格时进行了格式转换，将其转换为 str 类型，所以只需要将 "解几" 列整体转换为 int 类型即可。

2）"姓名"和"性别"两列都是 str 类型，后续不参加运算，所以无须转化，不需要处理。

3）查看"体育"和"军训"两列数据的格式，发现数据不是 int 类型，用 df[' 体育 ']、df[' 军训 '] 查看数据，发现其中包含"作弊"和"缺考"项，所以需要把这两项数据用 0 替换。

```
In [11]: df0[' 解几 '].dtype                    # 查看 "解几" 列的数据类型：object
Out[11]: dtype('int32')

In [12]: df0[' 解几 ']= df2[' 解几 '].astype(int) # "解几" 列转换成 int 类型
```

```
       df0[' 解几 '].dtype              #查看"解几"列的数据类型: int
Out[12]: dtype('int32')
```

（6）以 0 填充非 int 型数据。以"体育"列为例，将"体育"列中的值进行遍历，若不是 int 类型就替换为 0，并显示其行号。

```
In [13]: ty=list(df0.体育 )                #将"体育"列中的数据转换成列表
         j=0
         for i in ty:
             if type(i) != int:            #判断"体育"列中的数据是否均为 int 类型
                 print(' 第 '+str(ty.index(i))+' 行有非 int 数据: ',i) #打印非 int 值及其行号
                 ty[j]=0                    #用 0 替换该非 int 类型的值
             j =j+1
```

第 9 行有非 int 数据：作弊

```
In [14]: ty   #查看 index=9 的行数据"作弊"是否替换成了 0
Out[14]: [78, 91, 81, 50, 88, 50, 61, 79, 67, 0, 90, 67, 71, 74, 80, 72, 76, 96, 74, 60]
```

```
In [15]:df0[' 体育 '] = ty                 #再将替换过的 list 放回原 df0 列中
```

```
In [16]: jx=list(df0.军训 )                #对"军训"列使用与"体育"列同样的方法处理
         k=0
         for i in jx:
             if type(i) != int:            #判断"军训"列中的数据是否均为 int 类型
                 print(' 第 '+str(jx.index(i))+' 行有非 int 数据: ',i) #打印非 int 值及其行号
                 jx[k]=0                    #用 0 替换该非 int 类型的值
             k =k+1
         df0[' 军训 '] = jx                 #再将替换过的 list 放回原 df0 列中
         df0
```

第 12 行有非 int 数据：缺考
Out[16]:

	学号	班级	姓名	性别	英语	体育	军训	数分	高代	解几
0	2308024241	23080242	成龙	男	76	78	77	40	23	60
1	2308024244	23080242	周怡	女	66	91	75	47	47	44
2	2308024251	23080242	张波	男	85	81	75	45	45	60
3	2308024249	23080242	朱浩	男	65	50	80	72	62	71
4	2308024219	23080242	封印	女	73	88	92	61	47	46
5	2308024201	23080242	迟培	男	60	50	89	71	76	71
6	2308024347	23080243	李华	女	67	61	84	61	65	78
7	2308024307	23080243	陈田	男	76	79	86	69	40	69
8	2308024326	23080243	余皓	男	66	67	85	65	61	71

9	2308024320	23080243	李嘉	女	62	0	90	60	67	77
10	2308024342	23080243	李上初	男	76	90	84	60	66	60
11	2308024310	23080243	郭窦	女	79	67	84	64	64	79
12	2308024435	23080244	姜毅涛	男	77	71	0	61	73	76
13	2308024432	23080244	赵宇	男	74	74	88	68	70	71
14	2308024446	23080244	周路	女	76	80	0	61	74	80
15	2308024421	23080244	林建祥	男	72	72	81	63	90	75
16	2308024433	23080244	李大强	男	79	76	77	78	70	70
17	2308024428	23080244	李侧通	男	64	96	91	69	60	77
18	2308024402	23080244	王慧	女	73	74	93	70	71	75
19	2308024422	23080244	李晓亮	男	85	60	85	72	72	83

说明：这里的数据量小，一眼就能发现"作弊"和"缺考"，这种情况可以使用下面的方法处理。

```
df.replace({'体育':'作弊','军训':'缺考'},0)
```

但是更多的时候数据量庞大，肉眼难以发现全部，所以还要使用上述代码中的方法进行处理。

（7）问题 1 的处理。下面可以对该数据框进行统计了。先计算每位同学的总分，再划分类别。

```
n [17]: df3 = df0.copy()  #为了方便处理问题 2，复制一份 df0
        df3['score']=df3.英语 + df3.体育 + df3.军训 + df3.数分 + df3.高代 + df3.解几
        df3.score.describe() #查看 score 中最大值、最小值以及总记录等
Out[17]:
count    20.000000
mean    413.250000
std      36.230076
min     354.000000
25%     386.000000
50%     416.500000
75%     446.250000
max     457.000000
Name: score, dtype: float64
In [18]: bins=[df3.score.min()-1,400,450,df3.score.max()+1]    # 分组的区域划分
         label=[" 一般 "," 较好 "," 优秀 "]                      #各组的标签
         df4=pd.cut(df3.score,bins,right=False,labels=label)  # 数据分组
         df3[' 类别 ']=df4            # 在 df3 中增加一列 "类别" 并赋值为 df4
         df3
Out[18]:
```

	学号	班级	姓名	性别	英语	体育	军训	数分	高代	解几	score	类别
0	2308024241	23080242	成龙	男	76	78	77	40	23	60	354	一般
1	2308024244	23080242	周怡	女	66	91	75	47	47	44	370	一般

2	2308024251	23080242	张波	男	85	81	75	45	45	60	391	一般
3	2308024249	23080242	朱浩	男	65	50	80	72	62	71	400	较好
4	2308024219	23080242	封印	女	73	88	92	61	47	46	407	较好
5	2308024201	23080242	迟培	男	60	50	89	71	76	71	417	较好
6	2308024347	23080243	李华	女	67	61	84	61	65	78	416	较好
7	2308024307	23080243	陈田	男	76	79	86	69	40	69	419	较好
8	2308024326	23080243	余皓	男	66	67	85	65	61	71	415	较好
9	2308024320	23080243	李嘉	女	62	0	90	60	67	77	356	一般
10	2308024342	23080243	李上初	男	76	90	84	60	66	60	436	较好
11	2308024310	23080243	郭窦	女	79	67	84	64	64	79	437	较好
12	2308024435	23080244	姜毅涛	男	77	71	0	61	73	76	358	一般
13	2308024432	23080244	赵宇	男	74	74	88	68	70	71	445	较好
14	2308024446	23080244	周路	女	76	80	0	61	74	80	371	一般
15	2308024421	23080244	林建祥	男	72	72	81	63	90	75	453	优秀
16	2308024433	23080244	李大强	男	79	76	77	78	70	70	450	优秀
17	2308024428	23080244	李侧通	男	64	96	91	69	60	77	457	优秀
18	2308024402	23080244	王慧	女	73	74	93	70	71	75	456	优秀
19	2308024422	23080244	李晓亮	男	85	60	85	72	72	83	457	优秀

（8）问题 2 的处理。基于处理问题 1 的方法，主要是把清洗干净的数据 df0 的每列数据进行标准化，之后继续使用问题 1 的方法即可。

```
In [19]: for i in list(df0.columns[4:]):
             df0[i] = (df0[i]-df0[i].min())/(df0[i].max()-df0[i].min())
         df0.tail()
Out[19]:
```

	学号	班级	姓名	性别	英语	体育	军训	数分 \
15	2308024421	23080244	林建祥	男	0.48	0.750000	0.870968	0.605263
16	2308024433	23080244	李大强	男	0.76	0.791667	0.827957	1.000000
17	2308024428	23080244	李侧通	男	0.16	1.000000	0.978495	0.763158
18	2308024402	23080244	王慧	女	0.52	0.770833	1.000000	0.789474
19	2308024422	23080244	李晓亮	男	1.00	0.625000	0.913978	0.842105

	高代	解几
15	1.000000	0.794872
16	0.701493	0.666667
17	0.552239	0.846154
18	0.716418	0.794872
19	0.731343	1.000000

```
In [20]: df0['score']= df0.英语 + df0.体育 + df0.军训 + df0.数分 + df0.高代 + df0.解几
         df0.score.describe()              #查看 score 中最大值、最小值以及总记录数等
Out[20]:
```

```
count    20.000000
mean      3.892161
std       0.668808
min       2.536788
25%       3.534346
50%       3.823450
75%       4.431060
max       5.112427
Name: score, dtype: float64
```

```
In [21]: bins=[df0.score.min()-1,3,4,df0.score.max()+1]
         label=[" 一般 "," 较好 "," 优秀 "]
         df_0=pd.cut(df0.score,bins,right=False,labels=label)
         df0[' 类别 ']=df_0                #在 df0 中增加一列 "类别" 并赋值为 df_0
         df0
Out[21]:
```

	学号	班级	姓名	性别	英语	体育	军训	数分 \
0	2308024241	23080242	成龙	男	0.64	0.812500	0.827957	0.000000
1	2308024244	23080242	周怡	女	0.24	0.947917	0.806452	0.184211
2	2308024251	23080242	张波	男	1.00	0.843750	0.806452	0.131579
3	2308024249	23080242	朱浩	男	0.20	0.520833	0.860215	0.842105
4	2308024219	23080242	封印	女	0.52	0.916667	0.989247	0.552632
5	2308024201	23080242	迟培	男	0.00	0.520833	0.956989	0.815789
6	2308024347	23080243	李华	女	0.28	0.635417	0.903226	0.552632
7	2308024307	23080243	陈田	男	0.64	0.822917	0.924731	0.763158
8	2308024326	23080243	余皓	男	0.24	0.697917	0.913978	0.657895
9	2308024320	23080243	李嘉	女	0.08	0.000000	0.967742	0.526316
10	2308024342	23080243	李上初	男	0.64	0.937500	0.903226	0.526316
11	2308024310	23080243	郭窦	女	0.76	0.697917	0.903226	0.631579
12	2308024435	23080244	姜毅涛	男	0.68	0.739583	0.000000	0.552632
13	2308024432	23080244	赵宇	男	0.56	0.770833	0.946237	0.736842
14	2308024446	23080244	周路	女	0.64	0.833333	0.000000	0.552632
15	2308024421	23080244	林建祥	男	0.48	0.750000	0.870968	0.605263
16	2308024433	23080244	李大强	男	0.76	0.791667	0.827957	1.000000
17	2308024428	23080244	李侧通	男	0.16	1.000000	0.978495	0.763158
18	2308024402	23080244	王慧	女	0.52	0.770833	1.000000	0.789474
19	2308024422	23080244	李晓亮	男	1.00	0.625000	0.913978	0.842105

	高代	解几	score	类别
0	0.000000	0.410256	2.690713	一般
1	0.358209	0.000000	2.536788	一般
2	0.328358	0.410256	3.520395	较好

```
3    0.582090    0.692308    3.697551    较好
4    0.358209    0.051282    3.388037    较好
5    0.791045    0.692308    3.776965    较好
6    0.626866    0.871795    3.869935    较好
7    0.253731    0.641026    4.045563    优秀
8    0.567164    0.692308    3.769262    较好
9    0.656716    0.846154    3.076928    较好
10   0.641791    0.410256    4.059089    优秀
11   0.611940    0.897436    4.502098    优秀
12   0.746269    0.820513    3.538996    较好
13   0.701493    0.692308    4.407712    优秀
14   0.761194    0.923077    3.710236    较好
15   1.000000    0.794872    4.501103    优秀
16   0.701493    0.666667    4.747783    优秀
17   0.552239    0.846154    4.300045    优秀
18   0.716418    0.794872    4.591597    优秀
19   0.731343    1.000000    5.112427    优秀
```

完整代码如下所示：

```
#【一】导入数据
import pandas as pd
df = pd.read_excel(r'C:\Users\yubg\OneDrive\2018book\rz.xlsx')
df.shape                    # 查看数据的"形状"


#【二】对数据进行查重
df.duplicated().tail()      # 第二次及其以后出现的数据均显示为重复，为了方便显示，取后 5 行
df[df.duplicated()]         # 显示重复的行
df1 = df.drop_duplicates()          # 删除重复数据行
df1.shape                   # 查看数据的"形状"


#【三】查看为空的数据，并以 0 填充
df1.isnull().tail()             # 产生的是逻辑真假数据矩阵，如果数据庞大，则无法知道空值的位置
df1.isnull().any()              # 判断哪些列存在缺失值
df1[df1.isnull().values==True]      # 显示存在缺失值的行
df2 = df1.fillna(0)             # 将空数据填充为 0，并显示后 8 行数据查看
df2.tail(8)

#【四】处理数据中的空格
# 空格会影响后续对数据的统计和计算。去除空格的方法有三种，第一种是去除数据两边的空格；第二
# 种是单独去除左边的空格；第三种是单独去除右边的空格
df0 = df2.copy()                # 为了数据安全，复制一份再操作
```

```
df0['解几'] = df2['解几'].astype(str).map(str.strip)
#删除左边的空格用 lstrip，删除右边的空格用 rstrip，其他列同理


#【五】查看列的数据类型
#查看数据框各列中的数据类型是不是 int，若不是则需要处理，并显示列名
for i in list(df0.columns):
    if df0[i].dtype=='O': #若某列全部是 int，则显示该列为 int 类型，否则为 object
        print(i)            #结果显示"姓名""性别""体育""军训""解几"5 列数据不是 int 类型


#"解几"列不是 int 类型，整体转换为 int
df0['解几'].dtype         #查看"解几"列的数据类型：object
df0['解几']= df2['解几'].astype(int) #转换成 int
df0['解几'].dtype


#查看"体育"和"军训"两列，发现数据中包含"作弊"和"缺考"
#这步可以省略，毕竟数据量大时无法一一查看
df0['体育']
df0['军训']


#【六】以 0 填充非 int 型数据
#发现数据中除了"作弊"和"缺考"均是 int 类型，把"作弊"和"缺考"用 0 替换
#方法是将"体育"列中的值进行遍历，若不是 int 类型就替换为 0
ty=list(df0.体育)         #将"体育"列中的数据转化成列表
j=0
for i in ty:
    if type(i) != int:    #判断"体育"列中的数据是否均为 int 类型
        print('第 '+str(ty.index(i))+' 行有非 int 数据：',i)      #打印非 int 值及其行号
        ty[j]=0             #用 0 替换该非 int 类型的值
    j =j+1


print(ty)


df0['体育'] = ty             #再将替换过的 list 放回原 df0 列中
df0


#对"军训"列用同样的方法处理
jx=list(df0.军训)
k=0
for i in jx:
    if type(i) != int:    #判断"军训"列中的数据是否均为 int 类型
        print('第 '+str(jx.index(i))+' 行有非 int 数据：',i)      #若不是则打印出该值
        jx[k]=0             #用 0 替换该非 int 类型的值
```

```
        k =k+1

jx
df0['军训'] = jx             # 再将替换过的 list 放回原 df0 列中
df0

#【问题 1】
# 下面可以对该数据框进行统计了
# 先计算一下每位同学的总分并划分类别
df3 = df0.copy()            # 为了方便处理问题 2，复制一份 df0
df3['score']=df3.英语 + df3.体育 + df3.军训 + df3.数分 + df3.高代 + df3.解几
df3.score.describe()
# 查看 score 最大值、最小值以及总记录数等，或者用 df3.score.max() 仅查看最大值
bins=[df3.score.min()-1,400,450,df3.score.max()+1]
label=[" 一般 "," 较好 "," 优秀 "]
df4=pd.cut(df3.score,bins,right=False,labels=label)
df3['类别']=df4 # 在 df3 中增加一列"类别"并赋值为 df4
df3

#【问题 2】
# 继续使用清洗干净的数据 df0，将各数据列标准化
for i in list(df0.columns[4:]):
    df0[i] = (df0[i]-df0[i].min())/(df0[i].max()-df0[i].min())

df0.tail()

df0['score']= df0.英语 + df0.体育 + df0.军训 + df0.数分 + df0.高代 + df0.解几
df0.score.describe()        # 查看 score 最大值、最小值以及总记录数等
bins=[df0.score.min()-1,3,4,df0.score.max()+1]
label=[" 一般 "," 较好 "," 优秀 "]
df_0=pd.cut(df0.score,bins,right=False,labels=label)
df0['类别']=df_0            # 在 df0 中增加一列"类别"并赋值为 df_0
df0
```

4.12 本 章 小 结

　　本章主要学习了利用 NumPy 和 Pandas 库进行数据准备、数据处理等内容。尤其是数据的清洗工作，其在数据分析中占 80% 的工作量。如何快速地整理所需要的数据是本章的重点。

1. 缺失值的处理

（1）reindex() 方法可以对指定轴上的索引进行改变、增加、删除等操作，将返回原始数据的一个复制文件，使用方式如下：

```
df1 = df.reindex(index=dates[0:4], columns=list(df.columns) + ['E'])
df1.loc[dates[0]:dates[1],'E'] = 1
```

（2）去掉包含缺失值的行：

```
df1.dropna(how='any')
```

（3）对缺失值进行填充：

```
df1.fillna(value=5)
```

（4）对数据进行布尔填充：

```
pd.isnull(df1)
```

2. 相关操作

● 统计（通常情况下，相关操作不包括缺失值）

（1）执行描述性统计：

```
df.mean()
```

（2）在其他轴上进行相同的操作：

```
df.mean(1)
```

（3）对拥有不同维度且需要对齐的对象进行操作。Pandas 库会自动沿着指定的维度进行操作：

```
s = pd.Series([1,3,5,np.nan,6,8], index=dates).shift(2)
df.sub(s, axis='index')
```

● apply

对数据应用 apply() 函数：

```
df.apply(np.cumsum)
df.apply(lambda x: x.max() - x.min())
```

● 直方图

```
s = pd.Series(np.random.randint(0, 7, size=10))
s.value_counts()
```

3. 合并

● concat

```
df = pd.DataFrame(np.random.randn(10, 4))
```

```
pieces = [df[:3], df[3:7], df[7:]]
pd.concat(pieces)
```

- merge：类似于 SQL 类型的合并。

```
left = pd.DataFrame({'key': ['foo', 'foo'], 'lval': [1, 2]})
right = pd.DataFrame({'key': ['foo', 'foo'], 'rval': [4, 5]})
pd.merge(left, right, on='key')
```

- append：将一行连接到一个 DataFrame 对象上。

```
df = pd.DataFrame(np.random.randn(8, 4), columns=['A','B','C','D'])
s = df.iloc[3]
df.append(s, ignore_index=True)
```

4. 分组

将数据分为几组，就称为几个面元。

```
cut( 数据数组 , 面元数组 )
```

✎ 读书笔记

第 5 章

数 据 分 析

本章主要利用 Python 第三方库中的 NumPy、Pandas 和 SciPy 等常用分析工具，并结合常用的统计量进行数据的描述，展现数据的特征和内在结构。

5.1 描述性统计分析

描述性统计分析（也叫基本统计分析）一般用于统计某个变量的最小值、第一个四分位值、中值、第三个四分位值以及最大值。

数据的中心位置是最常用的数据特征。根据中心位置，可以知道数据的平均情况；如果要对新数据进行预测，那么平均情况是非常直观的选择。数据的中心位置可分为均值（Mean）、中位数（Median）和众数（Mode）。其中，均值和中位数用于定量数据，众数用于定性数据。对于定量数据（Data）来说，均值是总和除以总量 N 得到的值，中位数是数值大小位于中间（奇、偶总量的处理不同）的值。均值相对中位数来说，包含的信息量更多，但是容易受异常的影响。

描述性统计分析函数为 describe()，其返回值有均值、标准差、最大值、最小值、分位数等。括号中可以带一些参数，如 percentitles=[0,2,0.4,0.6,0.8] 就是指定只计算 0.2、0.4、0.6、0.8 分位数，而不是默认的 1/4、1/2、3/4 分位数。

常用的统计函数有如下几个。

- size：计数（此函数不需要括号）。
- sum()：求和。
- mean()：均值。
- var()：方差。
- std()：标准差。

【例 5-1】数据的基本统计。

```
In [1]: import pandas as pd
        df = pd.read_excel(r'C:\Users\yubg\i_nuc.xls',sheet_name='Sheet7')
        df.head()
Out[1]:
     学号         班级       姓名   性别   英语   体育   军训   数分   高代   解几
0  2308024241  23080242  成龙   男    76   78   77   40   23   60
1  2308024244  23080242  周怡   女    66   91   75   47   47   44
2  2308024251  23080242  张波   男    85   81   75   45   45   60
3  2308024249  23080242  朱浩   男    65   50   80   72   62   71
4  2308024219  23080242  封印   女    73   88   92   61   47   46


In [2]: df.数分.describe()                    #查看"数分"列的基本统计
Out[2]:
count    20.000000
mean     62.850000
std       9.582193
min      40.000000
25%      60.750000
50%      63.500000
75%      69.250000
max      78.000000
Name: 数分, dtype: float64


In [3]:df.describe()                          #各列的基本统计
Out[3]:
           学号            班级         英语       体育         军训         数分    \
count  2.000000e+01  2.000000e+01  20.000  20.000000  20.000000  20.000000
mean   2.308024e+09  2.308024e+07  72.550  70.250000  75.800000  62.850000
std    8.399160e+01  8.522416e-01   7.178  20.746274  26.486541   9.582193
min    2.308024e+09  2.308024e+07  60.000   0.000000   0.000000  40.000000
25%    2.308024e+09  2.308024e+07  66.000  65.500000  77.000000  60.750000
50%    2.308024e+09  2.308024e+07  73.500  74.000000  84.000000  63.500000
75%    2.308024e+09  2.308024e+07  76.250  80.250000  88.250000  69.250000
max    2.308024e+09  2.308024e+07  85.000  96.000000  93.000000  78.000000

           高代         解几
count  20.000000  20.000000
mean   62.150000  69.650000
std    15.142394  10.643876
min    23.000000  44.000000
```

```
25%      56.750000   66.750000
50%      65.500000   71.000000
75%      71.250000   77.000000
max      90.000000   83.000000

In [4]: df.解几.size                    #注意：这里没有括号
Out[4]: 20

In [5]:df.解几.max()
Out[5]: 83

In [6]:df.解几.min()
Out[6]: 44

In [7]:df.解几.sum()
Out[7]: 1393

In [8]:df.解几.mean()
Out[8]: 69.65

In [9]:df.解几.var()
Out[9]: 113.29210526315788

In [10]:df.解几.std()
Out[10]: 10.643876420889049
```

NumPy 库中的数组可以使用 mean() 函数计算样本均值，也可以使用 average() 函数计算加权的样本均值。

计算"数分"平均成绩的代码如下：

```
In [11]:import numpy as np
        np.mean(df['数分'])
Out[11]:
62.85
```

还可以使用 average() 函数，代码如下：

```
In [12]:import numpy as np
        np.average(df['数分'])
Out[12]:
62.850000000000001
```

也可以使用 Pandas 库中的 DataFrame 对象的 mean() 方法求均值，代码如下：

```
In [13]:df['数分'].mean()
```

```
Out[13]:
63.23809523809524
```

使用 median() 方法计算中位数，代码如下：

```
In [14]: df.median()
Out[14]:
学号      2.308024e+09
班级      2.308024e+07
英语      7.350000e+01
体育      7.400000e+01
军训      8.400000e+01
数分      6.350000e+01
高代      6.550000e+01
解几      7.100000e+01
dtype: float64
```

对于定性数据来说，众数是指出现次数最多的值，使用 mode() 方法可以计算众数，代码如下：

```
In [15]: df.mode()
Out[15]:
```

	学号	班级	姓名	性别	英语	体育	军训	数分	高代	解几
0	2308024201	23080244.0	余皓	男	76.0	50.0	84.0	61.0	47.0	71.0
1	2308024219	NaN	周怡	NaN	NaN	67.0	NaN	NaN	70.0	NaN
2	2308024241	NaN	周路	NaN	NaN	74.0	NaN	NaN	NaN	NaN
3	2308024244	NaN	姜毅涛	NaN	NaN	NaN	NaN	NaN	NaN	NaN
4	2308024249	NaN	封印	NaN	NaN	NaN	NaN	NaN	NaN	NaN

5.2 分组分析

  分组分析是将总体数据按照某一特征性质划分成不同的部分和类型进行研究，从而深入分析其内在规律。也就是根据分组字段将分析对象划分成不同的部分，以便对比分析各组之间的差异性的一种分析方法。

  常用的统计指标包括计数、求和、平均值。

  常用形式如下：

```
df.groupby( ' 分类 ')[ ' 被统计的列 ']. 统计函数 ()
df.groupby(by=[' 分类 1',' 分类 2',...])[' 被统计的列名 '].agg([( 统计别名 1, 统计函数 1),( 统计别名 2, 统计函数 2), ...])
```

参数说明如下。

- by：用于分组的列。
- []：用于统计的列。

- .agg：对数据的某列统计，统计函数用于统计数据。

常用的分组分析函数如下。

- size：计数。
- sum()：求和。
- mean()：平均值。

【例 5-2】分组分析。

```
In [1]:import numpy as np
       from pandas import read_excel
       df = read_excel(r' C:\Users\yubg\i_nuc.xls',sheet_name='Sheet7')
       df
Out[1]:
```

	学号	班级	姓名	性别	英语	体育	军训	数分	高代	解几
0	2308024241	23080242	成龙	男	76	78	77	40	23	60
1	2308024244	23080242	周怡	女	66	91	75	47	47	44
2	2308024251	23080242	张波	男	85	81	75	45	45	60
3	2308024249	23080242	朱浩	男	65	50	80	72	62	71
4	2308024219	23080242	封印	女	73	88	92	61	47	46
5	2308024201	23080242	迟培	男	60	50	89	71	76	71
6	2308024347	23080243	李华	女	67	61	84	61	65	78
7	2308024307	23080243	陈田	男	76	79	86	69	40	69
8	2308024326	23080243	余皓	男	66	67	85	65	61	71
9	2308024320	23080243	李嘉	女	62	0	90	60	67	77
10	2308024342	23080243	李上初	男	76	90	84	60	66	60
11	2308024310	23080243	郭窦	女	79	67	84	64	64	79
12	2308024435	23080244	姜毅涛	男	77	71	0	61	73	76
13	2308024432	23080244	赵宇	男	74	74	88	68	70	71
14	2308024446	23080244	周路	女	76	80	0	61	74	80
15	2308024421	23080244	林建祥	男	72	72	81	63	90	75
16	2308024433	23080244	李大强	男	79	76	77	78	70	70
17	2308024428	23080244	李侧通	男	64	96	91	69	60	77
18	2308024402	23080244	王慧	女	73	74	93	70	71	75
19	2308024422	23080244	李晓亮	男	85	60	85	72	72	83

```
In [2]: df.groupby( '班级 ')[ '军训 ',' 英语 ',' 体育 ', ' 性别 '].mean()
Out[2]:
                军训          英语          体育
班级
23080242     81.333333   70.833333   73.000000
23080243     85.500000   71.000000   60.666667
23080244     64.375000   75.000000   75.375000
```

　　groupby() 可以将列名直接当作分组对象。分组中，数值列会被聚合，非数值列会从结果中排除，当 by 中不止一个分组对象（列名）时，需要使用 list。例如：

```
df.groupby( [' 班级 ', ' 性别 '])[' 军训 ',' 英语 ',' 体育 ',].mean()   # "by=" 可省略不写
```

　　当统计不止一个统计函数并用别名显示统计值的名称时，如同时计算各组数据的 mean、std、sum 等，并修改 mean、std、sum 的别名为平均值、标准差、总分时，可以使用 agg() 函数，代码如下：

```
In [3]: df.groupby(by=[' 班级 ',' 性别 '])[' 军训 '].agg([(' 总分 ',np.sum),
                                              (' 人数 ',np.size),
                                              (' 平均值 ',np.mean),
                                              (' 方差 ',np.var),
                                              (' 标准差 ',np.std),
                                              (' 最高分 ',np.max),
                                              (' 最低分 ',np.min)])

Out[3]:
```

班级	性别	总分	人数	平均值	方差	标准差	最高分	最低分
23080242	女	167	2	83.500000	144.500000	12.020815	92	75
	男	321	4	80.250000	38.250000	6.184658	89	75
23080243	女	258	3	86.000000	12.000000	3.464102	90	84
	男	255	3	85.000000	1.000000	1.000000	86	84
23080244	女	93	2	46.500000	4324.500000	65.760931	93	0
	男	422	6	70.333333	1211.866667	34.811875	91	0

　　说明：在 Pandas 1.1.0 以前的版本中，嵌套时使用 agg() 函数，其内的参数是字典形式，以后的版本改成用二元元组作为元素的列表。所以，在新版本下运行字典形式的参数会报错为 SpecificationError: nested renamer is not supported。

　　一般地，agg() 函数传入一个字典，键指对应的列名，值指聚合函数，如 'sum'、'count'、'mean' 之类。如 df.groupby(列名).agg({ 列名 : 聚合函数 })。

```
In [4]: df.groupby(' 班级 ').agg({' 高代 ':['sum','mean']})
Out[4]:
```

班级	高代	
	mean	sum
23080242	50.0	300
23080243	60.5	363
23080244	72.5	580

5.3 分布分析

分布分析是指根据分析的目的，将数据（定量数据）进行等距或不等距的分组，研究各组分布规律的一种分析方法。分布分析可根据数据的分布特征和分布类型，用定量数据、定性数据区分基本统计量，是比较常用的数据分析方法，也可以比较快地找到数据规律。

数据的分布描述了各个值出现的频繁程度。表示分布最常用的方法是直方图（将在第 6 章介绍），这种图用于展示各个值出现的频数或概率。频数指的是数据集中一个值出现的次数，概率就是频数除以样本数量 n。

【例 5-3】分布分析。

```
In [1]: import pandas as pd
        import numpy
        from pandas import read_excel
        df = pd.read_excel(r'C:\Users\yubg\i_nuc.xls',sheet_name='Sheet7')
        df.head()

Out[1]:
        学号          班级        姓名   性别   英语   体育   军训   数分   高代   解几
0   2308024241   23080242   成龙   男    76   78   77   40   23   60
1   2308024244   23080242   周怡   女    66   91   75   47   47   44
2   2308024251   23080242   张波   男    85   81   75   45   45   60
3   2308024249   23080242   朱浩   男    65   50   80   72   62   71
4   2308024219   23080242   封印   女    73   88   92   61   47   46

In [2]: df['总分']=df.英语+df.体育+df.军训+df.数分+df.高代+df.解几
        df['总分'].head()
Out[2]:
0    354
1    370
2    391
3    400
4    407
Name: 总分, dtype: int64

In [3]: df['总分'].describe()
Out[3]:
count     20.000000
mean     413.250000
std       36.230076
min      354.000000
```

```
25%        386.000000
50%        416.500000
75%        446.250000
max        457.000000
Name: 总分 , dtype: float64
```

```
In [4]: bins = [min(df. 总分 )-1,400,450,max(df. 总分 )+1]    # 将数据分成三段
        bins
Out[4]: [353, 400, 450, 458]
```

```
In [5]: labels=['400 及其以下 ','400 到 450','450 及其以上 ']    # 给三段数据贴标签
        labels
Out[5]: ['400 及其以下 ', '400 到 450', '450 及其以上 ']
```

```
In [6]: 总分分层 = pd.cut(df. 总分 ,bins,labels=labels)
        总分分层 .head()
Out[6]:
0      400 及其以下
1      400 及其以下
2      400 及其以下
3      400 及其以下
4      400 到 450
Name: 总分 , dtype: category
Categories (3, object): [400 及其以下 < 400 到 450 < 450 及其以上 ]
```

```
In [7]: df[' 总分分层 ']= 总分分层
        df.tail()
Out[7]:
```

	学号	班级	姓名	性别	英语	体育	军训	数分	高代	解几	总分	总分分层
15	2308024421	23080244	林建祥	男	72	72	81	63	90	75	453	450 及其以上
16	2308024433	23080244	李大强	男	79	76	77	78	70	70	450	400 到 450
17	2308024428	23080244	李侧通	男	64	96	91	69	60	77	457	450 及其以上
18	2308024402	23080244	王慧	女	73	74	93	70	71	75	456	450 及其以上
19	2308024422	23080244	李晓亮	男	85	60	85	72	72	83	457	450 及其以上

```
In [8]: df.groupby(by=[' 总分分层 '])[' 总分 '].agg([(' 人数 ',numpy.size)])
Out[8]:
              人数
总分分层
400 及其以下     7
400 到 450     9
450 及其以上     4
```

5.4 交叉分析

交叉分析通常用于分析两个或两个以上分组变量之间的关系，以交叉表的形式进行变量间关系的对比分析。交叉分析一般分为：定量、定量分组交叉；定量、定性分组交叉；定性、定性分组交叉。

交叉分析的含义是把统计分析数据制作成二维交叉表格，将具有一定联系的变量分别设置为行变量和列变量，两个变量在表格中的交叉结点即变量值。通过表格体现变量之间的关系称为交叉分析法。

语法格式如下：

```
pivot_table(values,index,columns,aggfunc,fill_value)
```

参数说明如下。

- values：数据透视表中的值。
- index：数据透视表中的行。
- columns：数据透视表中的列。
- aggfunc：统计函数。
- fill_value：NAN 值的统一替换。
- 返回值：数据透视表的结果。

【例 5-4】利用例 5-3 中的数据做交叉分析。

```
In [1]: from pandas import pivot_table
        df.pivot_table(index=[' 班级 ',' 姓名 '])
Out[1]:
```

班级	姓名	体育	军训	学号	数分	英语	解几	高代
23080242	周怡	91	75	2308024244	47	66	44	47
	封印	88	92	2308024219	61	73	46	47
	张波	81	75	2308024251	45	85	60	45
	成龙	78	77	2308024241	40	76	60	23
	朱浩	50	80	2308024249	72	65	71	62
	迟培	50	89	2308024201	71	60	71	76
23080243	余皓	67	85	2308024326	65	66	71	61
	李上初	90	84	2308024342	60	76	60	66
	李华	61	84	2308024347	61	67	78	65
	李嘉	0	90	2308024320	60	62	77	67
	郭窦	67	84	2308024310	64	79	79	64
	陈田	79	86	2308024307	69	76	69	40
23080244	周路	80	0	2308024446	61	76	80	74

姜毅涛	71	0	2308024435	61	77	76	73
李侧通	96	91	2308024428	69	64	77	60
李大强	76	77	2308024433	78	79	70	70
李晓亮	60	85	2308024422	72	85	83	72
林建祥	72	81	2308024421	63	72	75	90
王慧	74	93	2308024402	70	73	75	71
赵宇	74	88	2308024432	68	74	71	70

默认对所有的数据列进行透视，非数值列会自动删除，也可选取部分列进行透视。例如：

```
df.pivot_table(['军训','英语','体育', '性别'],index=['班级','姓名'])
```

设置更复杂一点的透视表，代码如下：

```
In [2]: df.pivot_table(values=['总分'],index=['总分分层'],
                columns=['性别'],aggfunc=[numpy.size,numpy.mean])
Out[2]:
                 size              mean
                 总分               总分
性别              女   男          女              男
总分分层
400 及其以下       3   4        365.666667    375.750000
400 到 450       3   6        420.000000    430.333333
450 及其以上       1   3        456.000000    455.666667
```

5.5 结 构 分 析

结构分析是在分组分析以及交叉分析的基础上，计算各组成部分所占的比重，进而分析总体的内部特征的一种分析方法。

这个分组主要是指定性分组，定性分组一般看结构，它的重点在于占总体的比重。

把市场比作蛋糕，市场占有率就是一个经典的应用。另外，股权也是结构的一种，谁持有的股份大于 50%，谁就有绝对的话语权。

结构分析的方法中，axis 参数的取值：0 表示列；1 表示行。

【例 5-5】结构分析。

```
In [1]:import numpy as np
        import pandas as pd
        from pandas import read_excel
        from pandas import pivot_table          # 在 spyder 下运行时也可以不导入

        df = read_excel(r'C:\Users\yubg\OneDrive\2018book\i_nuc.xls',sheet_name='Sheet7')
```

```
        df[' 总分 ']=df. 英语 +df. 体育 +df. 军训 +df. 数分 +df. 高代 +df. 解几
        df_pt = df.pivot_table(values=[' 总分 '],
                    index=[' 班级 '],columns=[' 性别 '],aggfunc=[np.sum])
        df_pt
Out[1]:
            sum
            总分
性别      女     男
班级
23080242   777   1562
23080243  1209   1270
23080244   827   2620


In [2]: df_pt.sum()
Out[2]:
            性别
sum   总分  女       2813
            男       5452
dtype: int64


In [3]: df_pt.sum(axis=1)                    # 按列合计
Out[3]:
班级
23080242    2339
23080243    2479
23080244    3447
dtype: int64


In [4]: df_pt.div(df_pt.sum(axis=1),axis=0)      # 按列占比
Out[4]:
              sum
              总分
性别      女          男
班级
23080242  0.332193   0.667807
23080243  0.487697   0.512303
23080244  0.239919   0.760081


In [5]: df_pt.div(df_pt.sum(axis=0),axis=1)              # 按行占比
Out[5]:
                  sum
                  总分
```

性别	女	男
班级		
23080242	0.276218	0.286500
23080243	0.429790	0.232942
23080244	0.293992	0.480558

在第 4 个输出按列占比中，23080242 班级中女生成绩占比 0.332193，男生成绩占比 0.667807；23080243 班级中女生成绩占比 0.487697，男生成绩占比 0.512303；23080244 班级中女生成绩占比 0.239919，男生成绩占比 0.760081。

在第 5 个输出按行占比中，23080242 班级中女生成绩占比 0.276218，23080243 班级中女生成绩占比 0.429790，23080244 班级中女生成绩占比 0.293992。

5.6 相 关 分 析

判断两个变量是否具有线性相关关系，最直观的方法是绘制散点图，看变量之间是否符合某个变化规律。当需要同时考察多个变量间的相关关系时，逐一绘制变量间的简单散点图是比较麻烦的。此时可以利用散点矩阵图同时绘制各变量间的散点图，从而快速地发现多个变量间的主要相关性，这在进行多元线性回归时显得尤为重要。

相关分析是研究现象之间是否存在某种依存关系，并对具体有依存关系的现象探讨其相关方向以及相关程度，是研究随机变量之间的相关关系的一种统计方法。

为了更加准确地描述变量之间的线性相关程度，一般通过计算相关系数进行相关分析。在二元变量的相关分析过程中，比较常用的有 Pearson 相关系数、Spearman 秩相关系数和判定系数。Pearson 相关系数一般用于分析两个连续变量之间的关系，要求连续变量的取值服从正态分布。不服从正态分布的变量、分类或等级变量之间的关联性可以采用 Spearman 秩相关系数（也称等级相关系数）来描述。

相关系数可以用来描述定量变量之间的关系。

相关系数与相关程度的关系如表 5-1 所示。

表 5-1　相关系数与相关程度的关系

相关系数 $|r|$ 的取值范围	相关程度
$0 \leqslant |r| < 0.3$	低度相关
$0.3 \leqslant |r| < 0.8$	中度相关
$0.8 \leqslant |r| \leqslant 1$	高度相关

常用的相关分析函数有：DataFrame.corr() 和 Series.corr(other)。

如果由 DataFrame 调用 corr 方法，将会计算每列两两之间的相似程度。如果由 Series 调用 corr 方法，则只计算该序列与传入序列之间的相关程度。

相关分析函数的返回值如下。

- DataFrame 调用：返回 DataFrame。
- Series 调用：返回一个数值型的值，其大小表示相关程度。

【例 5-6】相关分析。

```
In [4]:import numpy as np
        import pandas as pd
        from pandas import read_excel

        df = read_excel(r'C:\Users\yubg\OneDrive\2018book\i_nuc.xls',sheet_name='Sheet7')

In [2]: df[' 高代 '].corr(df[' 数分 '])              # 两列之间的相关度计算
Out[2]: 0.60774082332601076

In [3]: df.loc[:,[' 英语 ',' 体育 ',' 军训 ',' 解几 ',' 数分 ',' 高代 ']].corr()
Out[3]:
          英语        体育        军训        解几        数分        高代
英语    1.000000   0.375784  -0.252970   0.027452  -0.129588  -0.125245
体育    0.375784   1.000000  -0.127581  -0.432656  -0.184864  -0.286782
军训   -0.252970  -0.127581   1.000000  -0.198153   0.164117  -0.189283
解几    0.027452  -0.432656  -0.198153   1.000000   0.544394   0.613281
数分   -0.129588  -0.184864   0.164117   0.544394   1.000000   0.607741
高代   -0.125245  -0.286782  -0.189283   0.613281   0.607741   1.000000
```

第 2 个输出结果约为 0.6077，处在 0.3 和 0.8 之间，相关程度属于中度相关，比较符合实际，毕竟都属于数学类的基础课程，但是存在差异，不像"高等代数"和"线性代数"，这两门课程应该是高度相关的。

5.7 实战案例：电商数据相关分析

本案例摘取了某电商网站的部分数据，包含鼠标、键盘、音响等产品的销售记录。现在需要对各产品之间的销售情况做相关分析。

```
In[1]:#—*— coding:utf-8 —*—
       ''' 电商产品销量数据相关性分析 '''
       # 导入数据
       import pandas as pd
       data = pd.read_excel(r'C:\Users\yubg\OneDrive\2018book\i_nuc.xls')
       data
```

```
Out[1]:
        日期        优盘  电子表  电脑支架  插座   电池    音箱   鼠标  usb 数据线  手机充电线   键盘
0  2017-01-01    17    6     8    24  13.0   13   18      10      10     27
1  2017-01-02    11   15    14    13   9.0   10   19      13      14     13
2  2017-01-03    10    8    12    13   8.0    3    7      11      10      9
3  2017-01-04     9    6     6     3  10.0    9    9      13      14     13
4  2017-01-05     4   10    13     8  12.0   10   17      11      13     14
5  2017-01-06    13   10    13    16   8.0    9   12      11       5      9
6  2017-01-07     9    7    13     8   5.0    7   10       8      10      7
7  2017-01-08     9   12    13     6   7.0    8    6      12      11      5
8  2017-01-12     6    8     8     3   NaN    4    5       5       7     10
   ......
```

上面给出了产品销售记录的部分数据。接下来分析每个产品两两之间的相关系数。

```
In[2]:
    #计算相关系数矩阵，即计算出任意两个产品之间的相关系数
    data.corr()
Out[2]:
               优盘        电子表       电脑支架       插座        电池        音箱        鼠标 \
优盘         1.000000   0.009206   0.016799   0.455638   0.098085   0.308496   0.204898
电子表       0.009206   1.000000   0.304434  -0.012279   0.058745  -0.180446  -0.026908
电脑支架     0.016799   0.304434   1.000000   0.035135   0.096218  -0.184290   0.187272
插座         0.455638  -0.012279   0.035135   1.000000   0.016006   0.325462   0.297692
电池         0.098085   0.058745   0.096218   0.016006   1.000000   0.308454   0.502025
音箱         0.308496  -0.180446  -0.184290   0.325462   0.308454   1.000000   0.369787
鼠标         0.204898  -0.026908   0.187272   0.297692   0.502025   0.369787   1.000000
usb 数据线   0.127448   0.062344   0.121543  -0.068866   0.155428   0.038233   0.095543
手机充电线    -0.090276   0.270276   0.077808  -0.030222   0.171005   0.049898   0.157958
键盘         0.428316   0.020462   0.029074   0.421878   0.527844   0.122988   0.567332

               usb 数据线   手机充电线      键盘
优盘         0.127448  -0.090276   0.428316
电子表       0.062344   0.270276   0.020462
电脑支架     0.121543   0.077808   0.029074
插座        -0.068866  -0.030222   0.421878
电池         0.155428   0.171005   0.527844
音箱         0.038233   0.049898   0.122988
鼠标         0.095543   0.157958   0.567332
usb 数据线   1.000000   0.178336   0.049689
手机充电线     0.178336   1.000000   0.088980
键盘         0.049689   0.088980   1.000000
```

从上面的数据分析可以看出，键盘和鼠标、电池及插座等产品的相关系数比较大，也就

是说，消费者在购买键盘的同时大多数都购买了鼠标和电池，这也符合常识。接下来单独计算键盘和鼠标之间的相关系数。

```
In[3]: data[' 键盘 '].corr(data[' 鼠标 '])
Out[3]: 0.56733190217166163
```

这个相关系数在各个产品之间相对来说还是比较高的。

下面再分析一下鼠标和其他产品之间的关系。

```
In[4]:data.corr()[' 鼠标 ']
Out[4]:
优盘                0.204898
电子表             -0.026908
电脑支架           0.187272
插座               0.297692
电池               0.502025
音箱               0.369787
鼠标               1.000000
usb 数据线         0.095543
手机充电线          0.157958
键盘               0.567332
Name: 鼠标 , dtype: float64
```

从数据分析来看，鼠标和键盘、电池之间的相关系数比较大，相关程度属于中高相关。

5.8 本 章 小 结

本章主要学习了利用 Pandas 库进行数据分析的内容，应掌握各种分析方法的特点，尤其是理解对数据进行总体统计分析的 describe() 函数，从整体上了解数据的分布情况；熟练掌握 groupby、cut、pivot_table、div 等方法的使用。

✎ 读书笔记

第 6 章

数据可视化

数据可视化是关于图形或表格的数据展示，旨在借助图形化手段，清晰有效地传达与沟通信息。这并不意味着数据可视化一定要为了实现其功能用途而令人感到枯燥乏味，或者为了看上去绚丽多彩而显得极端复杂。为了有效地传达编程思想，美学形式与功能需要齐头并进，通过直观地传达关键的方面与特征，实现对相当稀疏而又复杂的数据集的深入洞察。

6.1 Matplotlib可视化

在可视化显示数据时，Spyder 和 Jupyter Notebook 中图形的显示稍微有一点差异。Spyder 显示图形可以另外弹出窗口，也可以嵌入在结果显示区。而 Jupyter Notebook 只需要加上少量的代码就可以直接在交互页面中内嵌显示图形。所以，在一般的 Python 教学或者交流研讨会上，流行的演示方法是使用 Jupyter Notebook，再将其 .ipynb 文件发布到网络上，供其他人查阅交流。

本章的部分例子在 Jupyter Notebook 中完成。

6.1.1 准备工作

若已经安装了 Anaconda，在其目录下会有 Jupyter Notebook，直接单击打开即可。Jupyter 本地服务会自动在浏览器中打开，主界面如图 6-1 所示。顶部的选项卡包含 Files、Running 和 Clusters。Files 选项卡显示当前目录中的所有文件和文件夹。单击 Running 选项卡会列出所有正在运行的 Notebook，可以在该选项卡中管理这些 Notebook。

图6-1　Jupyter Notebook 主界面

如图 6-2 所示，单击图中 A 处的 New 按钮，在下拉菜单中选择 Python 3（B 处），就会生成一个代码交互界面，图中 C 处就是一个代码框单元。

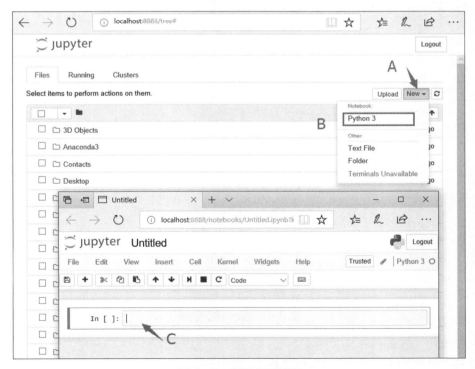

图6-2　代码交互界面

在 Jupyter 中，为了使图形能在交互界面中嵌入显示，需要在代码中运行以下两行魔术命令，以便查看图形。

```
%matplotlib inline
%config InlineBackend.figure_format = "retina"
```

> **注意:**
> （1）%matplotlib inline 的作用是在 Jupyter 中嵌入显示图形。在绘图时，这个命令将图片内嵌在交互窗口，而不是另外弹出一个图形窗口。在显示图形时，需要将绘图代码一起执行，否则无法叠加绘图。
> （2）在分辨率较高的屏幕（如 Retina 显示屏）上，Notebook 中的默认图形可能会显示得比较模糊。可以在 %matplotlib inline 命令之后设置 %config InlineBackend. figure_format = 'retina' 来呈现分辨率较高的图形。

运行下面的代码，plot 作图结果如图 6-3 所示。

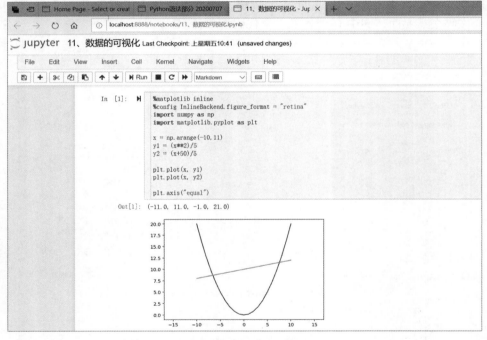

图6-3　plot 作图结果

```
%matplotlib inline
%config InlineBackend.figure_format = "retina"
import numpy as np
```

```
import matplotlib.pyplot as plt
x = np.arange(-10,11)
y1 = (x**2)/5
y2 = (x+50)/5
plt.plot(x, y1)
plt.plot(x, y2)
plt.axis("equal")                          # 坐标轴等比例
```

在 Matplotlib 中绘图，有些时候需要对图形中的信息进行标注，但标注的字符必须是英文字母，用其他符号会产生乱码或者显示"□"字符。为了解决这个问题，需要对标注的字符进行设置，尤其是中文。

在 Matplotlib 中设置正常显示中文的方法如下：

```
import matplotlib.pyplot as plt
import numpy as np

# 字体设置
from matplotlib.font_manager import FontProperties
font = FontProperties(fname = " C:/Windows/Fonts/msyh.ttc",size=14)

# 在 Jupyter 中显示图形还需要添加以下两行代码
%matplotlib inline
%config InlineBackend.figure_format = "retina" # 在屏幕上显示高清图片

# 绘制一个圆形散点图的示例
t = np.arange(1,10,0.05)
x = np.sin(t)
y = np.cos(t)
# 定义一个图形窗口
plt.figure(figsize=(8,5))
# 绘制一条线
plt.plot(x,y,"r-*")
# 使坐标轴相等
plt.axis("equal")                          # 保证饼状图是正圆，否则会有偏斜角度
plt.xlabel(" 正弦 ",fontproperties = font)
plt.ylabel(" 余弦 ",fontproperties = font)
plt.title(" 一个圆形 ",fontproperties = font)
# 显示图形
plt.show()
```

上述代码的运行结果如图 6-4 所示，绘制了一个圆形并进行坐标轴标注。

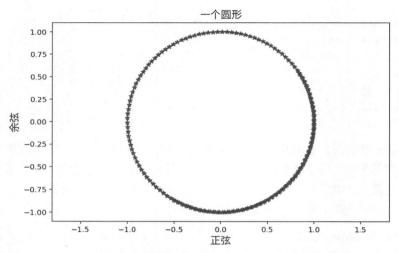

图 6-4 绘制一个圆形并进行坐标轴标注

也可以将设置字体的两行代码替换成以下代码:

```
import matplotlib                              # 导入 matplotlib
matplotlib.rcParams['font.family'] = 'STSong'  # 表示采用华文宋体 'STSong'
matplotlib.rcParams['font.size'] =10           # 表示字体的字号大小
```

修改后的代码如下所示:

```
import matplotlib.pyplot as plt
import numpy as np

# 字体设置
import matplotlib # 导入 matplotlib
matplotlib.rcParams['font.family'] = 'STSong'  # 表示采用华文宋体 'STSong'
matplotlib.rcParams['font.size'] =10           # 表示字体的字号大小

# 在 Jupyter 中显示图形还需要添加以下两行代码
%matplotlib inline
%config InlineBackend.figure_format = "retina" # 在屏幕上显示高清图片

# 绘制一个圆形散点图的示例
t = np.arange(1,10,0.05)
x = np.sin(t)
y = np.cos(t)
# 定义一个图形窗口
plt.figure(figsize=(8,5))
# 绘制一条线
plt.plot(x,y,"r-*")
```

```
# 使坐标轴相等
plt.axis("equal")                          # 保证饼状图是正圆，否则会有一点偏斜角度
plt.xlabel(" 正弦 ")
plt.ylabel(" 余弦 ")
plt.title(" 一个圆形 ")
# 显示图形
plt.show()
```

6.1.2 Matplotlib 绘图示例

本节的示例大部分来自 Matplotlib 官方文档。

1. 点图和线图

点图和线图可以用来表示二维数据之间的关系，是查看两个变量之间关系时最直观的方法。点图和线图可以使用 plot() 函数绘制。

下面使用 subplot() 函数绘制多个子图图形，并且添加 x 和 y 坐标轴的名称，以及添加标题。示例代码如下：

```
# subplot() 函数绘制多个子图
import numpy as np
import matplotlib.pyplot as plt

# 生成 X 坐标
x1 = np.linspace(0.0, 5.0)                  # 在 [0,5] 上产生默认的 50 个等步长的点
x2 = np.linspace(0.0, 2.0)

# 生成 Y 坐标
y1 = np.cos(2 * np.pi * x1) * np.exp(-x1)   # np.pi 表示 π，np.exp(-x1) 表示 e 为底的 -x1 次方
y2 = np.cos(2 * np.pi * x2)

# 绘制第一个子图
plt.subplot(2, 1, 1)                        # 在 2 行 1 列的位置（1,1）处绘图
plt.plot(x1, y1, 'yo-')                     # 用黄色圆点绘图并用折线连接起来
plt.title('A tale of 2 subplots')          # 图上添加标题
plt.ylabel('Damped oscillation')           # 给 y 轴添加标签

# 绘制第二个子图
plt.subplot(2, 1, 2)                        # 在 2 行 1 列的位置（2,1）处绘图
plt.plot(x2, y2, 'r.-')                     # 用红色实心点绘图并用折线连接起来
plt.xlabel('time (s)')
plt.ylabel('Undamped')
plt.show()
```

运行上面的程序，使用 subplot() 函数绘制多个子图的结果如图 6-5 所示。

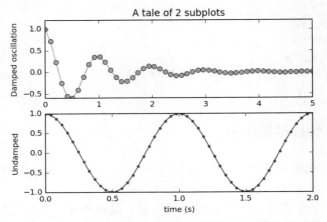

图 6-5　使用 subplot() 函数绘制多个子图的结果

可以调用 matplotlib.pyplot 库进行绘图，plot() 函数的调用方式如下：

```
plt.plot(x,y,format_string,**kwargs)
```

参数说明如下。

- x：x 轴数据，可以是列表或数组，可选。
- y：y 轴数据，可以是列表或数组。
- format_string：控制曲线的格式字符串，可选。
- **kwargs：第 2 组或更多，可以是 (x,y,format_string)。

> ⚠️ **注意**：当绘制多条曲线时，各条曲线的 x 值不能省略。

在 Matplotlib 中，一个图形对象可以包含多个子图，可以使用 subplot() 函数快速绘制，其调用方式如下：

```
subplot(numRows, numCols, plotNum)
```

图表的整个绘图区域被分成 numRows 行和 numCols 列，按照从左到右、从上到下的顺序对每个子图区域进行编号，左上子图区域的编号为 1；plotNum 参数指定创建的 Axes 对象所在的区域。

如果 numRows = 2，numCols = 3，则整个绘图平面会被划分成 2×3 个子图区域，子图区域的位置如图 6-6 所示，用坐标表示为：

(1, 1), (1, 2), (1, 3)

(2, 1), (2, 2), (2, 3)

(1, 1) subplot(2, 3, 1)	(1, 2) subplot(2, 3, 2)	(1, 3) subplot(2, 3, 3)
(2, 1) subplot(2, 3, 4)	(2, 2) subplot(2, 3, 5)	(2, 3) subplot(2, 3, 6)

图 6-6　子图区域的位置

这时，当 plotNum = 3 时，表示的坐标为 (1, 3)，即第 1 行第 3 列的子图位置。如果 numRows、numCols 和 plotNum 这 3 个数都小于 10，则可以把它们缩写为一个整数，如 subplot(323) 和 subplot(3,2,3) 是相同的。

subplot() 函数在 plotNum 指定的区域中创建一个轴对象。如果新创建的轴和之前创建的轴重叠，之前的轴将被删除。

2. 直方图

在统计学中，直方图（Histogram）是一种表示数据分布情况的图形，是一种二维统计图表，它的两个坐标分别是统计样本和该样本对应的某个属性的度量。

使用 hist() 函数可以绘制向量的直方图，计算出直方图的概率密度，并且绘制出概率密度曲线，在标注中使用数学表达式。示例代码如下：

```python
# 直方图
import numpy as np
from scipy.stats import norm
import matplotlib.pyplot as plt
# example data
mu = 100                      # 分布的均值
sigma = 15                    # 分布的标准差
x = mu + sigma * np.random.randn(10000)
print("x:",x.shape)

# 直方图的条数
num_bins = 50

#绘制直方图
n, bins, patches = plt.hist(x, num_bins,density=0, facecolor='green', alpha=0.5)

# 添加一条最佳拟合曲线
y = norm.pdf(bins, mu, sigma)    # 返回关于数据的 pdf 数值（概率密度函数）
plt.plot(bins, y, 'r--')
```

```
plt.xlabel('Smarts')
plt.ylabel('Probability')

# 在图中添加公式时需要使用 latex 的语法（ $ $ ）
plt.title('Histogram of IQ: $\mu=100$, $\sigma=15$')

# 调整图形的间距，防止 y 轴数值与 label 重合
plt.subplots_adjust(left=0.15)
plt.show()
print("bind:\n",bins)
```

运行上述代码，得到的直方图如图 6-7 所示。

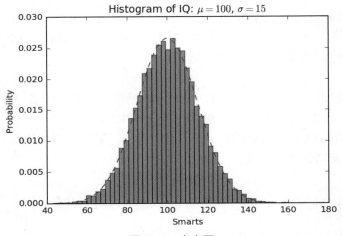

图 6-7　直方图

hist() 函数的调用方式如下：

```
n, bins, patches = plt.hist(arr,
                            bins=10,
                            density =0'
                            facecolor='black',
                            edgecolor='black',
                            alpha=1,
                            histtype='bar')
```

hist() 函数的参数非常多，这里只列举一些常用的参数。其中，只有 arr 是必需的，其余的参数为可选项。

- arr：直方图的一维数组 x。
- bins：直方图的柱数，可选项，默认为 10。
- density：表示频率分布或概率密度分布，原来的 normed 参数已经不再使用。

♦ density=True，表示频率分布。

♦ density=False，表示概率密度分布。

- facecolor：直方图的颜色。
- edgecolor：直方图的边框颜色。
- alpha：透明度。
- histtype：直方图的类型，如 'bar'、'barstacked'、'step'、'stepfilled'。

hist() 函数的返回值如下。

- n：直方图向量，是否归一化由参数 normed 设定。
- bins：返回各个 bin 的区间范围。
- patches：返回每个 bin 中包含的数据，是一个列表。

3. 等值线图

等值线图又称等量线图，是以相等数值点的连线表示连续分布且逐渐变化的数量特征的一种图形。等值线图是用数值相等的各点连成的曲线（即等值线）在平面上的投影来表示被摄物体的外形和大小的图形。

可以使用 contour() 函数将三维图形在二维空间中表示，并且使用 clabel() 函数在每条线上显示数据值的大小。示例代码如下：

```
# Matplotlib 绘制 3D 图形
import numpy as np
from matplotlib import cm
import matplotlib.pyplot as plt
from mpl_toolkits.mplot3d import Axes3D
# 生成数据
delta = 0.2
x = np.arange(-3, 3, delta)
y = np.arange(-3, 3, delta)
X, Y = np.meshgrid(x, y)
Z = X**2 + Y**2
x=X.flatten()         #返回一维数组，但该函数只适用于 numpy 对象（array 或者 mat）
y=Y.flatten()
z=Z.flatten()
fig = plt.figure(figsize=(12,6))
ax1 = fig.add_subplot(121, projection='3d')
ax1.plot_trisurf(x,y,z, cmap=cm.jet, linewidth=0.01)
# cmap 指颜色，默认为 RGB(A) 颜色空间，jet 表示"蓝 - 青 - 黄 - 红"的颜色
plt.title("3D")
ax2 = fig.add_subplot(122)
cs = ax2.contour(X, Y, Z,15,cmap='jet', )
# 注意这里是大写的 X,Y,Z。15 代表显示的等值线的密集程度，数值越大所画的等值线就越多
```

```
ax2.clabel(cs, inline=True, fontsize=10, fmt='%1.1f')
plt.title("Contour")
plt.show()
```

运行上述代码，得到的等值线图如图 6-8 所示。

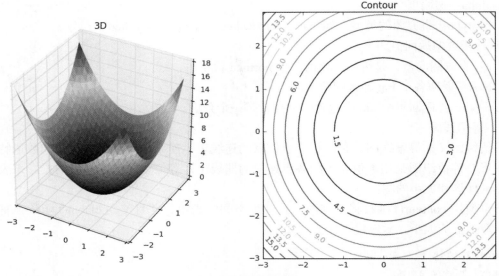

图 6-8　等值线图

4. 三维曲面图

三维曲面图通常用来描绘三维空间的数值分布和形状。可以使用 plot_surface() 函数得到想要的图形，示例代码如下：

```
# 三维图形 + 各个轴的投影等高线
from mpl_toolkits.mplot3d import axes3d
import matplotlib.pyplot as plt
from matplotlib import cm

fig = plt.figure(figsize=(8,6))
ax = fig.gca(projection='3d')
# 生成三维测试数据
X, Y, Z = axes3d.get_test_data(0.05)
ax.plot_surface(X, Y, Z, rstride=8, cstride=8, alpha=0.3)
cset = ax.contour(X, Y, Z, zdir='z', offset=-100, cmap=cm.coolwarm)
cset = ax.contour(X, Y, Z, zdir='x', offset=-40, cmap=cm.coolwarm)
cset = ax.contour(X, Y, Z, zdir='y', offset=40, cmap=cm.coolwarm)
ax.set_xlabel('X')
ax.set_xlim(-40, 40)
```

```
ax.set_ylabel('Y')
ax.set_ylim(-40, 40)
ax.set_zlabel('Z')
ax.set_zlim(-100, 100)
plt.show()
```

运行上述代码，得到的三维曲线图如图 6-9 所示。

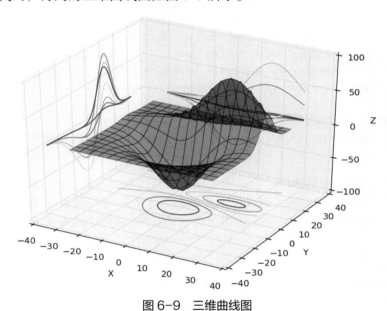

图 6-9　三维曲线图

函数的具体使用方法可以用 help(function) 命令查看，例如查看 pot_surface() 函数的使用方法：

```
help(ax.plot_surface)
```

显示的结果如下：

```
Help on method plot_surface in module mpl_toolkits.mplot3d.axes3d:

plot_surface(X, Y, Z, *args, **kwargs)
method of matplotlib.axes._subplots.Axes3DSubplot instance
    Create a surface plot.
       ......
    Added in v2.0.0.
    =======================================================
    Argument        Description
    =======================================================
    *X*, *Y*, *Z* Data values as 2D arrays
```

```
*rstride*       Array row stride (step size)
*cstride*       Array column stride (step size)
*rcount*        Use at most this many rows, defaults to 50
*ccount*        Use at most this many columns, defaults to 50
*color*         Color of the surface patches
*cmap*          A colormap for the surface patches
*facecolors*    Face colors for the individual patches
*norm*          An instance of Normalize to map values to colors
*vmin*          Minimum value to map
*vmax*          Maximum value to map
*shade*         Whether to shade the facecolors
=======================================================

Other arguments are passed on to
:class:'~mpl_toolkits.mplot3d.art3d.Poly3DCollection'
```

5. 条形图

条形图（bar chart）也称条图、条状图、棒形图、柱状图，是一种以长方形的长度为变量的统计图表。条形图用来比较两个或两个以上的数值（不同时间或者不同条件），只有一个变量，通常用于较小的数据集分析。条形图也可以横向排列，或用多维方式表示。示例代码如下：

```python
# 条形图
"""
Bar chart demo with pairs of bars grouped for easy comparison.
"""
import numpy as np
import matplotlib.pyplot as plt
# 生成数据
n_groups = 5                            # 组数
# 平均分和标准差
means_men = (20, 35, 30, 35, 27)
std_men = (2, 3, 4, 1, 2)

means_women = (25, 32, 34, 20, 25)
std_women = (3, 5, 2, 3, 3)
# 条形图
fig, ax = plt.subplots()
# 生成0, 1, 2, 3, ...
index = np.arange(n_groups)
bar_width = 0.35                        # 条的宽度

opacity = 0.4
error_config = {'ecolor': '0.3'}
```

```
# 条形图中的第一类条
rects1 = plt.bar(index, means_men, bar_width,
                 alpha=opacity,
                 color='b',
                 yerr=std_men,
                 error_kw=error_config,
                 label='Men')
# 条形图中的第二类条
rects2 = plt.bar(index + bar_width, means_women, bar_width,
                 alpha=opacity,
                 color='r',
                 yerr=std_women,
                 error_kw=error_config,
                 label='Women')

plt.xlabel('Group')
plt.ylabel('Scores')
plt.title('Scores by group and gender')
plt.xticks(index + bar_width, ('A', 'B', 'C', 'D', 'E'))
plt.legend() # 显示标注
# 在指定的填充区自动调整 subplot 的参数
plt.tight_layout()
plt.show()
```

运行上述代码，得到的条形图如图 6-10 所示。

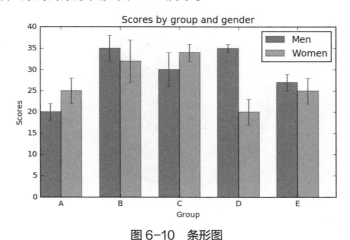

图 6-10 条形图

6. 饼图

饼图也称为饼状图，是一个划分为若干个扇形的圆形统计图表，用于描述量、频率或百分比之间的相对关系。在饼图中，每个扇形的弧长（以及圆心角和面积）大小为其所表示的数量的比例。这些扇形合在一起刚好是一个完整的圆形。顾名思义，这些扇形拼成了一个切开的饼形图案。

可以使用 pie() 函数来绘制饼图，示例代码如下：

```python
# 饼图
import matplotlib.pyplot as plt

# 切片将按顺时针方向排列并绘制
labels = 'Frogs', 'Hogs', 'Dogs', 'Logs'                    # 标注
sizes = [15, 30, 45, 10]                                    # 大小
colors = ['yellowgreen', 'gold', 'lightskyblue', 'lightcoral'] # 颜色

# 0.1 代表第二个块 Hogs 从圆中分离出来
explode = (0, 0.1, 0, 0)

# 绘制饼图
plt.pie(sizes, explode=explode, labels=labels, colors=colors,
        autopct='%1.1f%%', shadow=True, startangle=90)

plt.axis('equal')                                           # 坐标轴等比例
plt.show()
```

运行上述代码，得到的饼图如图 6-11 所示。

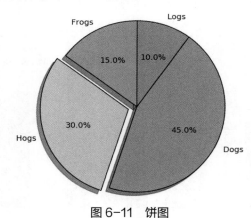

图 6-11　饼图

7. 气泡图（散点图）

气泡图是散点图的一种变体，通过每个点的面积大小来反映第三维数据。气泡图可以表示多维数据，并且可以通过对颜色和大小的编码表示不同维度的数据。如使用颜色对数据分组，使用大小来映射相应值的大小等。可以通过 scatter() 函数来绘制气泡图，示例代码如下：

```
# 气泡图（散点图）
import matplotlib.pyplot as plt
import pandas as pd

# 导入数据
df_data = pd.read_excel('i_nuc.xls',sheet_name='iris')
df_data.head()

# 作图
fig, ax = plt.subplots()
# 产生 150 个气泡图的颜色
colors = colors = ["#ADF"+str(i) for i in range(100,150) ]+["#DC6"+str(i) for i in
        range(100,150)]+["#FFF"+str(i) for i in range(100,150) ]

# 创建气泡图 SepalLength 为 x，SepalWidth 为 y，同时设置 PetalLength 为气泡大小，并设置颜色
# 和透明度等
ax.scatter(df_data['SepalLength'], df_data['SepalWidth'],
        s=df_data['PetalLength']*100,color=colors,alpha=0.6)
        # 第三个变量表明根据 [PetalLength]*100 数据显示气泡的大小

ax.set_xlabel('SepalLength(cm)')
ax.set_ylabel('SepalWidth(cm)')
ax.set_title('PetalLength(cm)*100')

# 显示网格
ax.grid(True)
fig.tight_layout()
plt.show()
```

运行上述代码，得到的散点图如图 6-12 所示。

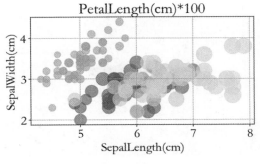

图 6-12 散点图

6.2 pyecharts可视化

ECharts 是 Enterprise Charts（商业级数据图表）的缩写，是百度开源的一个纯 JavaScript（JS）的数据可视化图表库。

ECharts 支持的图表类型有条形图（柱状图）、气泡图（散点图）、饼图（环形图）、地图、折线图（区域图）、雷达图（填充雷达图）、K 线图、和弦图、力导向布局图、仪表盘、漏斗图、事件河流图等 12 类图表，同时提供标题、详情气泡、图例、值域、数据区域、时间轴、工具箱等 7 个可交互组件，支持多图表、组件的联动和混搭展现。

6.2.1 安装及配置 pyecharts

在 Python 下使用 ECharts 需要安装 pyecharts 包。pyecharts 包是一个用于生成 ECharts 图表的类库。实际上就是 ECharts 与 Python 的对接。

在下载安装之前，必须了解一下 pyecharts 的版本。pyecharts 分为 v0.5. × 和 v1 两个版本，相互不兼容。pyecharts 1.0.0 是一个全新的版本。pyecharts 0.5. × 支持 Python 2.7 和 Python 3.4 及以上版本。经开发团队决定，将不再维护 pyecharts 0.5. × 版本。pyecharts 1.0.0 仅支持 Python 3.6 及以上版本，新版本的系列从 pyecharts 1.0.0 开始。

学习 Python 最怕的就是版本不兼容问题，为了使读者适应最新版，本书此处选择的版本为 Python 3.8 和 pyecharts 1.0.0。至于 pyecharts 有什么新的发展动向，可以参考网站 https://pyecharts.org/#/zh-cn/quickstart。

1. 安装 pyecharts

打开 Anaconda 目录下的 Anaconda Prompt，安装 pyecharts 包，成功安装后如图 6-13 所示。

```
pip install pyecharts
```

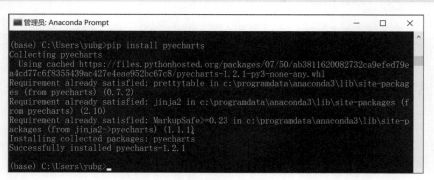

图 6-13　成功安装 pyecharts 包

从安装完成的提示信息中可以看到当前安装的版本是 pyecharts 1.2.1。

ECharts 的图表类型基本的绘制程序如下，包含一个函数体和一个保存函数。

```
# 伪代码
charttype = (                    # 链式调用
    ChartType ()                 # 实例化一个对象，ChartType 指图形的类型，如 Pie、Bar 等
    .add()                       # 坐标系图则为 add_xaxis() 和 add_yaxis()
    .set_global_opts(title_opts=opts.TitleOpts(title=" 主标题 ", subtitle=" 副标题 "))
    # 或者直接使用字典参数
    # .set_global_opts(title_opts={"text": " 主标题 ", "subtext": " 副标题 "}))
chart_name.render()              # 保存图片
```

先看一个示例，在 Jupyter Notebook 下输入如下代码并运行。

```
from pyecharts import options as opts
from pyecharts.charts import Page, Pie

name= [' 草莓 ',' 芒果 ',' 葡萄 ',' 雪梨 ',' 西瓜 ',' 柠檬 ',' 车厘子 ']
value=[23,32,12,13,10,24,56]
data = [tuple(z) for z in zip(name, value)]
pie = (Pie()
    .add("",data)
    .set_global_opts(title_opts={"text":"Pie 基本示例 ", "subtext":"（副标题无）"})
    )
pie.render('1.html')                # 保存为 1.html
pie.render_notebook()               # 在 Jupyter 中直接在页面显示图片
```

说明：

（1）pyecharts 生成的图表默认在线从网站 https://assets.pyecharts.org/assets/ 中挂载 js 静态文件（echarts.min.js），当离线或者网速不佳时打开保存的图表网页可能不显示图表。

（2）pie=() 函数体的括号内虽然分行写，但是每行末尾没有逗号，称为链式调用。也可以写成单独调用的方法，形式如下：

```
pie = Pie()
pie.add("",data)
pie.set_series_opts(label_opts=opts.LabelOpts(formatter="{b}: {c}"))
# 字典格式显示标签及数值
pie.set_global_opts(title_opts={"text":"Pie 基本示例 ", "subtext":"（副标题无）"})

pie.render('yubg1.html')
pie.render_notebook()
```

运行上面的程序，得到的饼图如图 6-14 所示。该图形以 html 格式保存在当前路径下（yubg1.html），以网页形式打开才能显示。

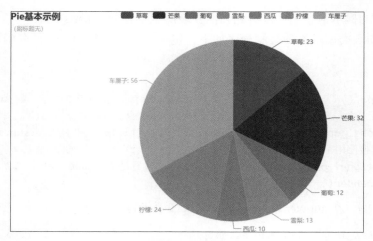

图6-14 饼图

在 Jupyter Notebook 中，matplotlib 库拥有的功能在 pyecharts 包中基本都有。如果需要使用 Jupyter Notebook 来展示图表，则只需要调用 render_notebook()，所有图表均可正常显示（除了 3D 图以外）。

饼图中 add 项的数据项 data 是一个二元元组或列表格式的列表或元组，其数据格式可以是 [(1,2),(3,2),('a',5)]、((1,2),(3,2),('a',5))、[[1,2],[3,2],['a',5]] 或 ([1,2],[3,2],['a',5])。

图形中的颜色可以修改，在 add 行下添加 set_colors 项即可：

```
.set_colors(["blue", "green", "yellow", "red", "pink", "orange", "purple"])
```

2. 通用配置项

图 6-14 所示的饼图中还缺少一些可选的设置项，如线条粗细、颜色（主题）等。这就需要使用 options 配置项。设置配置项首先要导入 options 模块：

```
from pyecharts import options as opts
```

接下来可以在函数体中加入设置参数：

```
.set_global_opts(title_opts=opts.TitleOpts(title=" 主标题 ", subtitle=" 副标题 "))
```

或者使用字典的方式设置参数：

```
.set_global_opts(title_opts={"text": " 主标题 ", "subtext": " 副标题 "})
```

pyecharts 包还提供了十多种内置的主题色调。在使用主题色调的配置项时，需要先导入 ThemeType 模块：

```
from pyecharts.globals import ThemeType
```

接下来可以在函数体中加入 init_opts 参数项：

```
init_opts=opts.InitOpts(theme=ThemeType.LIGHT)
```

参数项中的 ThemeType.LIGHT 可以修改为其他主题，如 WHITE、DARK、CHALK、ESSOS、INFOGRAPHIC、MACARONS、PURPLE_PASSION、ROMA、ROMANTIC、SHINE、VINTAGE、WALDEN、WESTEROS、WONDERLAND 等，后续将会用到。

6.2.2 基本图表

1. 漏斗图（Funnel）

漏斗图中 add 项的数据项 data 是一个二元元组或列表格式的列表或元组，其数据格式与饼图一致。

示例代码如下：

```python
from pyecharts import options as opts
from pyecharts.charts import Funnel, Page

name= ['草莓','芒果','葡萄','雪梨','西瓜','柠檬','车厘子']
value=[23,32,12,13,10,24,56]
data = [tuple(z) for z in zip(name, value)]
funnel= (Funnel()
        .add("商品", data)
        .set_global_opts(title_opts=opts.TitleOpts(title="Funnel-基本示例"))
        .set_series_opts(label_opts=opts.LabelOpts(formatter="{b}: {c}"))
        )
funnel.render_notebook()
```

运行上述代码，得到的漏斗图如图 6-15 所示。

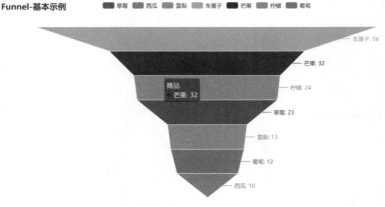

图 6-15 漏斗图

漏斗中的数据标签也可以放到图形中居中显示，在 add 项中添加参数项 label_opts 即可：

```
.add(" 商品 ",data,label_opts=opts.LabelOpts(position="inside"),sort_="ascending")
```

其中，sort_ 项可以让漏斗倒立显示（也可以赋值 "descending"），去掉显示字典格式的标签数据项 set_series_opts，得到的数据标签居中显示的倒立漏斗图如图 6-16 所示。

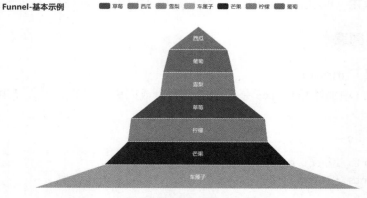

图 6-16　数据标签居中显示的倒立漏斗图

2. 仪表盘图（Gauge）

仪表盘图比较简单，输入数据是一个元素的二元元组列表。
示例代码如下：

```
from pyecharts import options as opts
from pyecharts.charts import Gauge, Page

data = [(" 完成率 ", 66.6)]
gauge = (Gauge()
        .add("",data)
        .set_global_opts(title_opts=opts.TitleOpts(title="Gauge- 基本示例 "))
        )
gauge.render_notebook()
```

运行上述代码，得到的仪表盘图如图 6-17 所示。

图 6-17　仪表盘图

3. 关系图（Graph）

关系图中 add 项的数据有两项：结点 nodes 和连接边 links，nodes 和 links 数据都是字典格式。

结点的格式如下：

```
nodes= [{"结点名": "结点1", "结点大小": 10},{"结点名": "结点2", "结点大小": 20}]
```

连接边的格式如下：

```
links=[{'起点': '结点1', '止点': '结点2'}, {'起点': '结点2', '止点': '结点1'}]
```

结点和连接边也可以使用图格式：

```
nodes = [opts.GraphNode(name="结点1", symbol_size=10),
         opts.GraphNode(name="结点2", symbol_size=20)]
links = [opts.GraphLink(source="结点1", target="结点2"),
         opts.GraphLink(source="结点2", target="结点3")]
```

示例代码如下：

```
import json
import os
from pyecharts import options as opts
from pyecharts.charts import Graph, Page
#结点列表，每个元素用字典表示，每个元素有结点 name 和 size
nodes= [{"name": "结点1", "symbolSize": 10},
        {"name": "结点2", "symbolSize": 20},
        {"name": "结点3", "symbolSize": 30},
        {"name": "结点4", "symbolSize": 40},
        {"name": "结点5", "symbolSize": 50},
        {"name": "结点6", "symbolSize": 40},
        {"name": "结点7", "symbolSize": 30},
        {"name": "结点8", "symbolSize": 20}]


#边列表，列表中每个元素也是用字典表示，字典中每个元素分别表示结点名
#如[{'source': '结点1', 'target': '结点1'}, {'source': '结点1', 'target': '结点2'}]
links = []
for i in nodes:
    for j in nodes:
        links.append({"source": i.get("name"), "target": j.get("name")})


graph = (Graph()
        .add("", nodes, links, repulsion=8000)  #图形显示的大小（两结点间的距离）
        .set_global_opts(title_opts=opts.TitleOpts(title="Graph-基本示例")))
graph.render_notebook()
```

运行上述代码，得到的关系图如图 6–18 所示。

Graph-基本示例

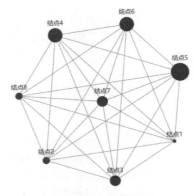

图 6–18　关系图

4. 词云图（WordCloud）

词云图的绘制比较简单，主要数据是词和词频。示例代码如下：

```python
from pyecharts import options as opts
from pyecharts.charts import Page, WordCloud
from pyecharts.globals import SymbolType

words = [
        (" 海医 ", 9000),
        ("Macys", 6181),
        ("Amy Schumer", 4386),
        ("Jurassic World", 4055),
        ("Charter Communications", 2467),
        ("Chick Fil A", 2244),
        ("Planet Fitness", 1868),
        ("Pitch Perfect", 1484),
        ("Express", 1112),
        ("yubg", 865),
        ("Johnny Depp", 847),
        ("Lena Dunham", 582),
        ("Lewis Hamilton", 555),
        (" 余老师 ", 4500),
        ("Mary Ellen Mark", 462),
        ("Farrah Abraham", 366),
        ("Rita Ora", 360),
        ("Serena Williams", 282),
```

```
                   ("NCAA baseball tournament", 273),
                   ("Point Break", 265),
                ]

wordcloud = (WordCloud()
      .add("", words, word_size_range=[10, 50])# word_size_range 为字体大小范围
      .set_global_opts(title_opts=opts.TitleOpts(title="WordCloud- 基本示例")) )
wordcloud.render_notebook()
```

运行上述代码，得到的词云图如图 6-19 所示。

图 6-19　词云图

对于给出的一篇文章，绘制词云图时，首先要对其进行词频统计，并对其停用词进行处理。第 8 章还会讲到词云图。

6.2.3　坐标系图表

ECharts 的坐标系图表基本的绘制程序如下，包含一个函数体和一个保存函数。

```
# 伪代码
charttype = (                               # 链式调用
    ChartType ()
    .add_xaxis()
    .add_yaxis()
    .set_global_opts(title_opts=opts.TitleOpts(title=" 主标题", subtitle=" 副标题 "))
    # 或者直接使用字典参数
    # .set_global_opts(title_opts={"text": " 主标题 ", "subtext": " 副标题 "}))
chart_name.render()                         # 保存图片
```

1. 柱状图（Bar）

示例代码如下：

```
# 柱状图
```

```
# 导入柱状图 -Bar
from pyecharts import options as opts
from pyecharts.charts import Bar
# 设置行名
columns = ["Jan", "Feb", "Mar", "Apr", "May", "Jun", "Jul", "Aug", "Sep", "Oct", "Nov", "Dec"]
# 设置数据
data1 = [2.0, 4.9, 7.0, 23.2, 25.6, 76.7, 135.6, 162.2, 32.6, 20.0, 6.4, 3.3]
data2 = [2.6, 5.9, 9.0, 26.4, 28.7, 70.7, 175.6, 182.2, 48.7, 18.8, 6.0, 2.3]
# 设置柱状图的主标题与副标题
bar = (Bar()
# 添加柱状图的数据及配置项
    .add_xaxis(columns)
    .add_yaxis(" 降水量 ", data1)
    .add_yaxis(" 蒸发量 ", data2)
    .set_series_opts(markline_opts=opts.MarkLineOpts(data=[opts.MarkLineItem
            (type_='average',name=' 平均值 ')]))
    .set_series_opts(markpoint_opts=opts.MarkPointOpts(data=[opts.MarkPointItem(type_='max',
            name=' 最大值 '),opts.MarkPointItem(type_='min',name=' 最小值 ')]))
    .set_global_opts(title_opts=opts.TitleOpts(title=" 一年的降水量与蒸发量 "))
    )
# 生成本地文件（默认为 .html 文件）
bar.render('zht.htm')
bar.render_notebook()
```

运行上述代码，得到的柱状图如图 6-20 所示。

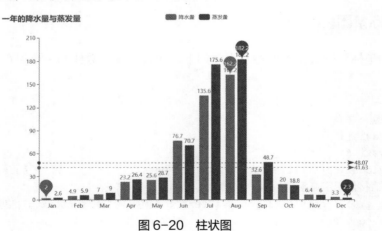

图 6-20　柱状图

2. 折线图（Line）

示例代码如下：

```
from pyecharts.charts import Line
```

```
from pyecharts import options as opts
line = (Line()
        .add_xaxis(["衬衫", "羊毛衫", "雪纺衫", "裤子", "高跟鞋", "袜子"])
        .add_yaxis("店铺A", [5, 20, 36, 10, 75, 90])
        .add_yaxis("店铺B", [15, 6, 45, 20,  35, 66])
        .set_global_opts(title_opts=opts.TitleOpts(
                        title="商铺存货情况",subtitle="A\B店纺织品存货情况"),
                        toolbox_opts=opts.ToolboxOpts(),  #工具显示
                        legend_opts=opts.LegendOpts(is_show=True)))
line.render_notebook()
```

运行上述代码，得到的折线图如图 6-21 所示。

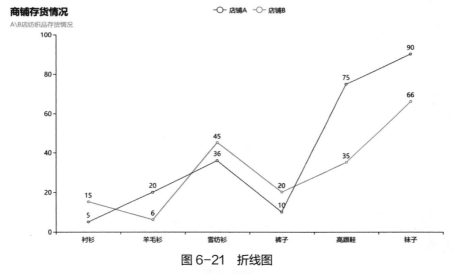

图 6-21　折线图

使用主题色调配置，需要先导入 ThemeType 模块：

```
from pyecharts.globals import ThemeType
```

可以在函数体中加入 init_opts 参数项：

```
init_opts=opts.InitOpts(theme=ThemeType.LIGHT)
```

theme 参数项中的 ThemeType.LIGHT 可以修改为其他主题，如 WHITE、ROMANTIC、SHINE 等十多种主题。

在上面的代码中加入 init_opts 参数项，完整的代码如下：

```
from pyecharts. charts import Line
from pyecharts import options as opts
from pyecharts.globals import ThemeType
```

```
line = (Line(init_opts=opts.InitOpts(theme=ThemeType.SHINE))
        .add_xaxis([" 衬衫 ", " 羊毛衫 ", " 雪纺衫 ", " 裤子 ", " 高跟鞋 ", " 袜子 "])
        .add_yaxis(" 店铺 A", [5, 20, 36, 10, 75, 90])
        .add_yaxis(" 店铺 B", [15, 6, 45, 20,  35, 66])
        .set_global_opts(title_opts=opts.TitleOpts(
                        title=" 商铺存货情况 ",subtitle="A\B 店纺织品存货情况 "),
                        toolbox_opts=opts.ToolboxOpts(),  # 工具显示
                        legend_opts=opts.LegendOpts(is_show=True)))
line.render_notebook()
```

运行上述代码，修改主题后的折线图如图 6-22 所示。

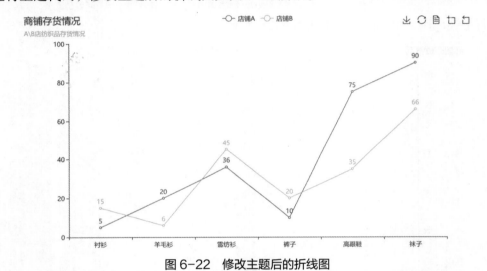

图 6-22　修改主题后的折线图

当单击图 6-22 中右上角工具框的 图标时，图 6-22 变成如图 6-23 所示的数据视图形式。

数据视图

	店铺A	店铺B
衬衫	5	15
羊毛衫	20	6
雪纺衫	36	45
裤子	10	20
高跟鞋	75	35
袜子	90	66

图 6-23　数据视图

还可以在折线图中添加平均线，需要在 add_yaxis 项中添加如下参数：

```
markline_opts=opts.MarkLineOpts(data=[opts.MarkLineItem(type_="average")
```

3. 散点图（Scatter）

示例代码如下：

```
from pyecharts import options as opts
from pyecharts.charts import Scatter

x=["衬衫","羊毛衫","雪纺衫","裤子","高跟鞋","袜子"]
a=[5, 20, 36, 10, 75, 90]
scatter= (Scatter()
        .add_xaxis(x)
        .add_yaxis("商家A", a)
        .set_global_opts(title_opts=opts.TitleOpts(title="Scatter-基本示例"),
                        toolbox_opts=opts.ToolboxOpts(),
                        legend_opts=opts.LegendOpts(is_show=True)))
scatter.render_notebook()
```

运行上述代码，输出的散点图如图 6-24 所示。

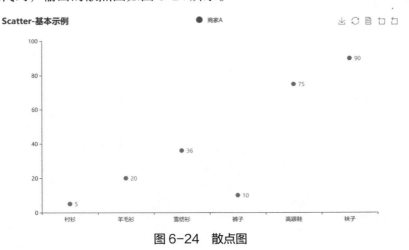

图 6-24　散点图

4. 图表的叠加（Overlap）

有些时候需要在一个图表中叠加另一个图表，这就需要用到 overlap() 方法。

示例代码如下：

```
from pyecharts. charts import Line
from pyecharts import options as opts
from pyecharts.globals import ThemeType
from pyecharts.charts import Bar

x=["衬衫","羊毛衫","雪纺衫","裤子","高跟鞋","袜子"]
a=[5, 20, 36, 10, 75, 90]
```

```
b=[15, 6, 45, 20,  35, 66]
bar = (Bar()
        .add_xaxis(x)
        .add_yaxis("商家A", a))

line = (Line(init_opts=opts.InitOpts(theme=ThemeType.SHINE))
        .add_xaxis(x)
        .add_yaxis("店铺B", b, markline_opts=opts.MarkLineOpts(
                    data=[opts.MarkLineItem(type_="average")]))
        .set_global_opts(title_opts=opts.TitleOpts(title="商铺存货情况",
                    subtitle="B店纺织品存货情况")))

bar.overlap(line)
bar.render_notebook()
```

运行上述代码，图表的叠加结果如图 6-25 所示。

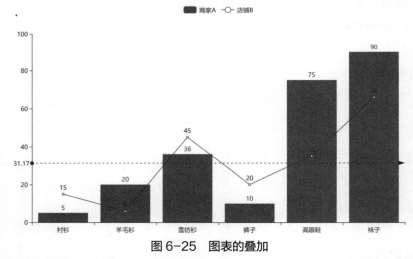

图 6-25 图表的叠加

图 6-25 所示是柱状图和折线图两个图表的叠加，bar.overlap(line) 表示柱状图在折线图上，即将折线图作为底层。在显示图表时，需要从底层开始，所以最后用 bar.render_notebook() 显示整张图表。

6.2.4 地图与地理坐标

pyecharts 包的地图功能主要依靠 Geo 和 Map 两个类。Geo 类实现了一个地理坐标系，可以利用经纬度向地图中插入点，也可以获取地图上某一点的经纬度，地图上的标注功能主要依靠 Geo 类来实现。Map 类的功能类似于 Geo 类，但其只有地图，没有坐标系，即地图上的点无法与经纬度相互转换。

1. 地理坐标系（Geo）

Geo 类在使用时需要调用以下模块：

```python
from pyecharts import options as opts
from pyecharts.charts import Geo
from pyecharts.globals import ChartType, SymbolType
```

ChartType 是描述在地图上的标注形式，如 EFFECT_SCATTER、HEATMAP、LINES 等。

地图上显示的数据格式是二元列表，如 [['name1', value1], ['name2', value2],...]。这里的 name 可以是省份（自治区、直辖市）、城市名称，在地图模型中已经加入了与之对应的坐标点。

示例代码如下：

```python
# 数据准备
provinces = ["广东","安徽","山西","湖南","浙江","江苏"]
pro_value = [54, 98, 65, 45, 56, 78]
pr_data = [list(z) for z in zip(provinces,pro_value)]

# 链式调用
geo = (Geo()
    # 加载图表模型中的中国地图
    .add_schema(maptype="China")

    # 在地图中加入点的属性
    .add("geo", pr_data, type_=ChartType.EFFECT_SCATTER)

    # 设置坐标属性
    .set_series_opts(label_opts=opts.LabelOpts(is_show=False))

    # 设置全局属性
    .set_global_opts(visualmap_opts=opts.VisualMapOpts(is_piecewise=True),
                    title_opts=opts.TitleOpts(title="Geo- 基本示例"),
    ))

# 在 html( 浏览器 ) 中渲染图表 , 即保存为 html 格式
geo.render('geo.html')

# 在 Jupyter Notebook 中渲染图表
geo.render_notebook()
```

在上面的代码中，数据准备部分的 pr_data 是将给出的数据处理成 add 能够接受的数据格式，即元素为二元列表的列表。

代码执行过程使用链式调用，add_schema 项中 maptype 选用的是中国地图 "China"，也可以选择世界地图 "world"，还可以选择某个省份地图，如 " 安徽 " 等。

add 项中 type_ 参数 ChartType.EFFECT_SCATTER 是地图上显示标注点的形式或形状，还可以是 ChartType.HEATMAP、ChartType.LINES 等。

set_series_opts 项表示是否在地图上显示数据，参数值可以是 True 或 False。

set_global_opts 项中的 visualmap_opts 参数默认是 "色条" 数据示例，也可以选用分段数据示例，设置参数 is_piecewise=True。

这里需要注意的是，add_schema 项中 maptype 参数选用国家地图或者省份（自治区、直辖市）地图时不能出现 pyecharts 中没有加入的标注点，如填写 "江南"，将会得到一个空地图。同样，如果选择 "安徽"，在显示安徽省的各个城市的数据时，如果城市的名称不存在（如 "潜山市" 还没有在地图数据中升级为市），将会显示空图或提示错误。

为了解决这种没有加载在地图模型中的坐标点的问题，需要利用 Geo 类中的 add_coordinate 方法。在 Geo 图中加入自定义的点，需要添加坐标地点名称（name: str）、经度（longitude: Numeric）、纬度（latitude: Numeric）3 个参数。示例代码如下：

```python
from pyecharts import options as opts
from pyecharts.charts import Geo
from pyecharts.globals import ChartType, SymbolType

ah_data=[[' 安庆市 ', 54], [' 合肥市 ', 65], [' 六安市 ', 76], [' 马鞍山市 ', 64],
        [' 芜湖市 ', 35], [' 池州市 ', 35], [' 蚌埠市 ', 54], [' 淮北市 ', 34],
        [' 淮南市 ', 56], [' 黄山市 ', 87], [' 阜阳市 ', 43], [' 滁州市 ', 65],
        [' 宣城市 ', 47], [' 亳州市 ', 45], [' 宿州市 ', 23],[' 铜陵市 ', 45],
        [" 潜山市 ", 51]]              #假设本数据为微信好友数据，Geo 数据源中没有潜山市

# 链式调用
anhui = (Geo()
        .add_schema(maptype=" 安徽 ")
        # 加入自定义的点
        .add_coordinate(" 潜山市 ", 116.53, 30.62)
        # 添加数据
        .add("geo", ah_data,type_=ChartType.EFFECT_SCATTER)
        .set_series_opts(label_opts=opts.LabelOpts(is_show=True))
        .set_global_opts(visualmap_opts=opts.VisualMapOpts(is_piecewise=True),
                        title_opts=opts.TitleOpts(title=" 加入潜山市 ")))
# 在 html( 浏览器 ) 中渲染图表，即保存为 html 格式
anhui.render()

anhui.render_notebook()              # 在 Jupyter Notebook 中渲染图表
```

2. 地图（Map）

通过前面的 Geo 类，大概了解到地图标注的操作。Map 类与 Geo 类的差别不大，通过下面的代码可以看出 Map 类的操作相对比较简单。

```python
from pyecharts import options as opts
from pyecharts.charts import Map

# 数据准备
provinces = ["广东", "安徽", "山西", "湖南", "浙江", "江苏"]
pro_value = [54, 98, 65, 45, 56, 78]
pr_data = [list(z) for z in zip(provinces,pro_value)]

map = (
      Map()
      .add("商家 A", pr_data, "China")
      .set_global_opts(title_opts=opts.TitleOpts(title="Map- 基本示例 "))
   )
map.render('map.html')
map.render_notebook()
```

上面的代码基本同 Geo 类，仅将 add_schema 项的地图显示范围参数移到 add 项中，参数可选 world、China 等。

以上数据的显示不明显，对此还可以将其以不同颜色显示。

示例代码如下：

```python
map_v = (
        Map()
        .add("商家 A", pr_data, "China")
        .set_global_opts(
            title_opts=opts.TitleOpts(title="Map-VisualMap( 分段型 )"),
            visualmap_opts=opts.VisualMapOpts(max_=200, is_piecewise=True),
        )
     )
map_v.render('map1.html')
map_v.render_notebook()
```

上述代码中的 visualmap_opts 项默认是连续型数据，也可以选择分段型数据，设置参数 is_piecewise=True。

下面的示例代码对数据进行改造，并按省份（自治区、直辖市）地图显示。

```python
ah_data=[['安庆市 ', 54], [' 合肥市 ', 65], [' 六安市 ', 76], [' 马鞍山市 ', 64],
```

```
          ['芜湖市', 35], ['池州市', 35], ['蚌埠市', 54], ['淮北市', 34],
          ['淮南市', 56], ['黄山市', 87], ['阜阳市', 43], ['滁州市', 65],
          ['宣城市', 47], ['亳州市', 45], ['宿州市', 23],['铜陵市', 45],
          ["潜山市", 51]]          #假设本数据为微信好友数据，其中Geo数据源中没有潜山市
map_v = (Map()
        .add("商家A", ah_data, "安徽")
        .set_global_opts(
            title_opts=opts.TitleOpts(title="Map-VisualMap(省份)"),
            visualmap_opts=opts.VisualMapOpts(max_=200, is_piecewise=True),
        )
    )
map_v.render('map2.html')
map_v.render_notebook()
```

目前地图的最小显示范围的参数可以设置到市级，如设置为"安庆市"，代码如下：

```
ah_data=[['安庆市', 54], ['合肥市', 65], ['六安市', 76], ['马鞍山市', 64],
          ['芜湖市', 35], ['池州市', 35], ['蚌埠市', 54], ['淮北市', 34],
          ['淮南市', 56], ['黄山市', 87], ['阜阳市', 43], ['滁州市', 65],
          ['宣城市', 47], ['亳州市', 45], ['宿州市', 23],['铜陵市', 45],
          ["潜山市", 51]]          #假设本数据为微信好友数据，其中Geo数据源中没有潜山市
map_v = (Map()
        .add("商家A", ah_data,  "安庆")
        .set_global_opts(
            title_opts=opts.TitleOpts(title="Map-VisualMap(省份)"),
            visualmap_opts=opts.VisualMapOpts(max_=200, is_piecewise=True),
        )
    )
map_v.render('map2.html')
map_v.render_notebook()
```

6.2.5 3D 图形

3D 图形的输入数据是三维的列表，如 [x, y, z]。

Axis3DOpts 的坐标轴类型为可选项，取值如下所示。

（1）'value'：数值轴，适用于连续数据。

（2）'category'：类目轴，适用于离散的类目数据，选择该类型时必须通过 data 设置类目数据。

（3）'time'：时间轴，适用于连续的时序数据，与数值轴相比，时间轴带有时间的格式化，在刻度计算上也有所不同。例如，会根据跨度的范围来决定使用月、星期、日还是小时范围

的刻度。

（4）'log'：对数轴，适用于对数数据。

Grid3DOpts 的坐标系组件在三维场景中的宽度、高度、深度分别对应 width、height、depth。

绘制 3D 图形的示例代码如下：

```python
import math
from pyecharts import options as opts
from pyecharts.charts import Surface3D


def surface3d_data():
    '''
    生成数据
    '''
    for t0 in range(-60, 60, 1):
        y = t0 / 60
        for t1 in range(-60, 60, 1):
            x = t1 / 60
            if math.fabs(x) < 0.1 and math.fabs(y) < 0.1:
                z = "-"
            else:
                z = math.sin(x * math.pi) * math.sin(y * math.pi)
            yield [x, y, z]


surf3d = (Surface3D()
    .add("",
        list(surface3d_data()),
        xaxis3d_opts=opts.Axis3DOpts(type_="value"),
        yaxis3d_opts=opts.Axis3DOpts(type_="value"),
        grid3d_opts=opts.Grid3DOpts(width=100, height=100, depth=100))
    .set_global_opts(
        title_opts=opts.TitleOpts(title="Surface3D- 基本示例 "),
        visualmap_opts=opts.VisualMapOpts( max_=3, min_=-3)))


surf3d.render('test_yubg.html')
surf3d.render_notebook()
```

运行上述代码，输出的 3D 图形如图 6-26 所示。

Surface3D-基本示例

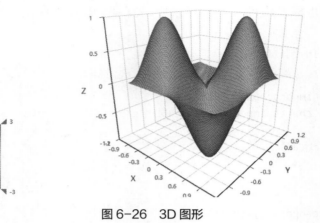

图 6-26　3D 图形

6.3 networkx可视化

网络图（Network planning）是一种图解模型，形状如同网络，故称为网络图。网络图是由边、结点构成的，主要分为有向图和无向图两种。

打开 Anaconda 目录下的 Anaconda Prompt，执行如下命令安装 networkx 包：

```
pip install networkx
```

6.3.1　无向图

无向图的操作比较简单，首先需要导入 networkx 包。

```
import networkx as nx
import matplotlib.pyplot as plt
```

查看 networkx 版本号，语句如下：

```
nx.__version__                          #查看 networkx 版本号
```

在绘制无向图前首先要声明一个无向图。声明无向图的方法有以下三种：

```
G = nx.Graph()                          #建立一个空的无向图 G
G1 = nx.Graph([(1,2),(2,3),(1,3)])      #构建 G 时指定结点数组来构建 Graph 对象
G2 = nx.path_graph(10)                  #生成一个 10 个结点的路径无向图
```

在无向图中定义一条边，语句如下：

```
e=(2,4)                          # 定义关系——一条边
G2.add_edge( *e)                 # 添加关系对象
```

在无向图中增加一个结点，语句如下：

```
G.add_node(1)                    # 添加一个结点 1
G.add_edge(2,3)                  # 添加一条边 2-3（隐含着添加了两个结点 2、3）
G.add_edge(3,2)                  # 对于无向图，边 3-2 与边 2-3 被认为是一条边
G.add_nodes_from([3,4,5,6])      # 加点集合
G.add_edges_from([(3,5),(3,6),(6,7)])   # 加边集合
```

输出结点和边，语句如下：

```
print("nodes:", G.nodes())                       # 输出全部的结点：[1, 2, 3]
print("edges:", G.edges())                       # 输出全部的边：[(2, 3)]
print("number of edges:", G.number_of_edges())   # 输出边的数量
```

运行上述代码，可以输出以下结果：

```
nodes: [1, 2, 3, 4, 5, 6, 7]
edges: [(1, 2), (1, 4), (2, 3), (3, 5), (3, 6), (3, 4), (6, 7)]
number of edges: 7
```

运行画图的程序代码，输出的结点连边图如图 6-27 所示。

```
nx.draw(G,
        with_labels = True,
        font_color='white',
        node_size=800,
        pos=nx.circular_layout(G),
        node_color='blue',
        edge_color='red',
        font_weight='bold')      # 画出带有标签的图，标签粗体，让点环形排列
plt.savefig("yxt_yubg.png")      # 保存图片到本地
plt.show()
```

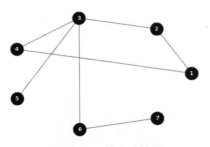

图 6-27　结点连边图

networkx 包中的画图参数有如下几种。

- node_size：指定结点的尺寸大小（默认为 300，单位未知，也就是图 6–27 中那样大小的点）。
- node_color：指定结点的颜色（默认为红色，可以用字符串简单标识颜色，如 'r' 为红色，'b' 为绿色等，具体可查看手册），用"数据字典"赋值的时候必须对字典取值（.values()）后再赋值。
- node_shape：结点的形状（默认是圆形，用字符串 'o' 标识，具体可查看手册）。
- alpha：透明度（默认是 1.0，不透明；0 为完全透明）。
- width：边的宽度（默认为 1.0）。
- edge_color：边的颜色（默认为黑色）。
- style：边的样式（默认为实线，可选值有 solid、dashed、dotted、dashdot）。
- with_labels：结点是否带标签（默认为 True）。
- font_size：结点标签的字体大小（默认为 12 磅）。
- font_color：结点标签的字体颜色（默认为黑色）。
- pos：布局，指定结点的排列形式。

例如，绘制结点的尺寸为 30、不带标签的网络图，语句如下：

```
nx.draw(G, node_size = 30, with_label = False)
```

可以对图形进行布局美化，指定结点排列形式的 pos 参数有如下几种类型。

- spring_layout： 用 Fruchterman–Reingold 算法排列结点（样式类似多中心放射状）。
- circular_layout：结点在一个圆环上均匀分布。
- random_layout：结点随机分布。
- shell_layout：结点在同心圆上分布。
- spectral_layout：根据图的拉普拉斯特征向量排列结点。

例如，设置 pos = nx.spring_layout(G)。

6.3.2 有向图

有向图和无向图在操作上相差并不大，同样需要先声明一个有向图。

```
import networkx as nx
import matplotlib.pyplot as plt


DG = nx.DiGraph()              #建立一个空的有向图 DG
DG = nx.path_graph(4, create_using=nx.DiGraph())
#默认生成结点 0、1、2、3，生成有向边 0->1，1->2, 2->3
```

给有向图添加有向边，语句如下：

```
DG.add_edges_from([(7,8),(8,3)])          #生成有向边：7->8->3
```

画图的程序代码与无向图一致，示例代码如下：

```
nx.draw(DG,
        with_labels = True,
        font_color='white',
        node_size=800,
        pos=nx.circular_layout(DG),
        node_color='blue',
        edge_color='red',
        font_weight='bold')             #画出带有标签的图，标签粗体，让点环形排列
plt.savefig("wxt_yubg.png")             #保存图片到本地
plt.show()
```

运行上述代码，输出的有向图如图 6-28 所示。

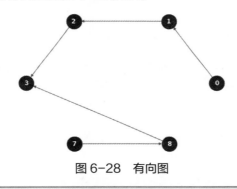

图 6-28 有向图

 注意：有向图和无向图可以互相转换。
```
DG.to_undirected()                  #有向图转无向图
G.to_directed()                     #无向图转有向图
```

6.4 Plotly可视化

Plotly Express 是 Python 交互式可视化库 Plotly 的高级组件，它专门设计为简洁、易学的 API。使用 Plotly Express 可以轻松地进行数据可视化，导入 Plotly Express（别名为 px）之后，大多数绘图只需要调用一个函数，接受整洁的 Pandas DataFrame 即可。如想要绘制一个基本的散点图，使用一行代码即可：px.scatter(dataframe, x ="column_name1", y ="column_name2")。

Plotly Express 功能强大，语法简洁，可以绘制大部分图表类型的图形，如线性图、散点图、

柱状图、面积图、树形图、旭日图、甘特图等。

使用前需要安装 Plotly 库，语句如下：

```
pip install plotly
```

导入库，语句如下：

```
import plotly.express as px
import plotly
```

下面来看一个简单的案例。首先要导入数据。

```
import pandas as pd
data0 = pd.read_excel(r" d:\yubg\i_nuc.xls",sheet_name=" Sheet1")
```

Plotly 绘图生成的是动态 js 图，通过网页 html 格式显示，在 spyder 下需要离线保存显示。

```
import plotly.express as px
import plotly
pyplt = plotly.offline.plot                        #使用离线模式保存

fig1 = px.line(data0,x=' 日期 ', y=' 优盘 ') #将 data 的 ' 日期 ' 列作为 x 轴，' 优盘 ' 列作为 y 轴
pyplt(fig1,filename=r'C:\Users\yubg\Desktop\1.html')    # html 文件的存放位置
```

用浏览器打开文件 1.html，显示结果如图 6-29 所示。

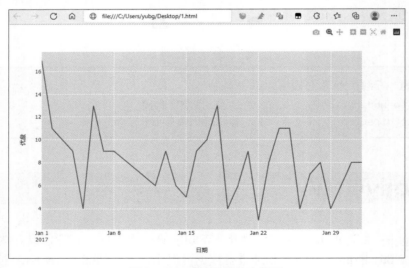

图 6-29　网页格式的离线图

如果要在一个页面上显示多个数据图，y 轴上的数据可以以列表列出。

```
fig2 = px.scatter(data0,x=' 日期 ',y=[' 优盘 ',' 电子表 '])
pyplt(fig2,filename=r'C:\Users\yubg\Desktop\2.html')
```

1. 线性图（Line）

Plotly 绘制线性图，直接使用 line() 函数即可。

```
px.line(df,x ="col_name", y =" col_name")
```

参数说明如下。

- df：表示 pandas 的 DataFrame 数据。
- x：表示 x 轴上的数据，直接写列名即可。
- y：表示 y 轴上的数据，直接写列名即可。

在 Plotly 4.8 以后的版本中支持同时绘制多条曲线，其语法格式为：

```
px.line(df,x ="column_name", y =[ "column_name_1","column_name_2",……])
```

下面举例说明使用 Line() 函数绘制折线图的程序，代码如下所示。

```
import pandas as pd
data = pd.read_excel(r'd:\yubg\i_nuc.xls',sheet_name='iris')

import plotly.express as px
import plotly
pyplt = plotly.offline.plot #使用离线模式
fig3 = px.line(data,x=data.index,y=["PetalLength","PetalWidth"])
pyplt(fig3,filename=r'C:\Users\yubg\Desktop\3.html')
```

输出的折线图如图 6-30 所示。

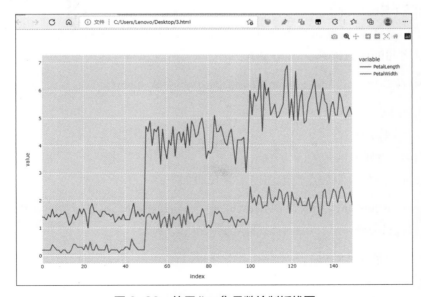

图 6-30　使用 line() 函数绘制折线图

Plotly 支持绘制分列或分行的曲线图,通过设置参数 facet_row 或 facet_col 来实现(其具体参数可以通过输入命令 px.line?运行查看,再按 q 键退出参数查看)。举例如下:

```
fig4 = px.line(data,x=data.index,y="PetalLength",
            color='Species',                    #给标记分配颜色
            line_group='Species',               #行数据分组为行
            facet_col='Species')
pyplt(fig4,filename=r'C:\Users\yubg\Desktop\4.html')
```

2. 面积图(Area)

面积图又称区域图,强调数量随时间而变化的程度,也可用于显示对总值的变化趋势。堆积面积图还可以显示部分与整体的关系。折线图和面积图都可以用来帮助用户对趋势进行分析,当数据集有合计关系或者想要展示局部与整体关系的时候,使用面积图是更好的选择。使用 area() 函数可以绘制,语句如下:

```
px.area(data,x=col_name,y=col_name)
```

面积图也可以分列显示,例如:

```
fig5 = px.area(data0,x=data0[' 日期 '],y=' 优盘 ')
pyplt(fig5,filename=r'C:\Users\yubg\Desktop\5.html')
```

3. 散点图(Scatter)

散点图可以表示数据点在直角坐标系上的分布,表示因变量随自变量变化的大致趋势,进而找到变量之间的函数关系。语句如下:

```
px.scatter(df, x=col_name1,y=col_name2,color= col_name3,size= col_name4)
```

参数说明如下。

- color:按照该列分类。
- size:按照该列显示气泡的大小。

使用 scatter() 函数绘制数点汽泡图的示例代码如下:

```
fig6 = px.scatter(data, x="SepalWidth",y="PetalLength",size= "PetalWidth")
pyplt(fig6,filename=r'C:\Users\yubg\Desktop\6.html')
```

输出的图形如图 6–31 所示。

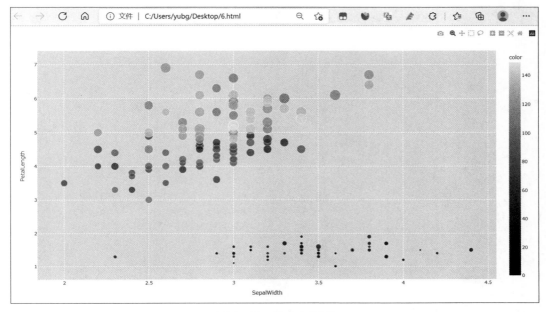

图6-31　散点气泡图

4. 散点矩阵图 (Scatter–matrix)

散点矩阵图主要用于考察多个变量之间的相关关系，可以同时绘制各个自变量间的散点图，以便于快速地发现多个变量间的主要相关性。语句如下：

```
px.scatter_matrix(df,
                dimensions=[ col_name1, col_name2, col_name3],
                color= col_name,
                size= col_name4)
```

使用 Scatter–matrix() 函数绘制矩阵图的示例代码如下：

```
fig7 = px.scatter_matrix(data,
                dimensions=["SepalWidth", "PetalLength", "PetalWidth"],
                color= list(range(len(data.PetalLength))),
                size= "PetalWidth")
pyplt(fig7,filename=r'C:\Users\yubg\Desktop\7.html')#html 放置的位置
```

输出的图形如图 6–32 所示。

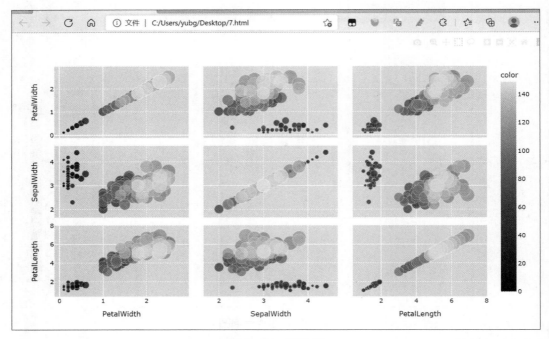

图 6-32　矩阵图

5. 饼图（Pie）

plotbg Express 除了可以绘制普通的饼图外，还可以绘制环形图。绘制饼图的语句如下：

```
fig = px.pie(df,values= col_value,names= col_name)
fig.update_traces(textposition='inside', textinfo='percent+label' )
```

参数说明如下。

- values：df 数据中的数值列。
- names：数值列所对应的类别（标签）列。
- update_traces：对图形中一些元素的设置。
  ◆ textposition：标签的显示位置。
  ◆ textinfo：标签位置显示的信息。

通过设置 hole 参数，可以将饼图变为环形图。语句如下：

```
fig = px.pie(df,values= col_value,names= col_name', hole=0.6)
fig.update_traces(textposition='inside', textinfo='percent+label' )
```

使用 Pie() 函数绘制饼图的示例代码如下：

```
va = data.Species.value_counts()                    #iris 的分类情况数据处理
fig8 = px.pie(data,values= va.values,names= va.index)
fig8.update_traces(textposition='inside', textinfo='percent+label' )
```

```
pyplt(fig8,filename=r'C:\Users\yubg\Desktop\8.html')
```

绘制环形图需要添加参数 hole，示例代码如下：

```
fig9 = px.pie(data,values= va.values,names= va.index, hole=0.6)
fig9.update_traces(textposition='inside', textinfo='percent+label' )
pyplt(fig9,filename=r'C:\Users\yubg\Desktop\9.html')
```

输出的图形如图 6-33 所示。

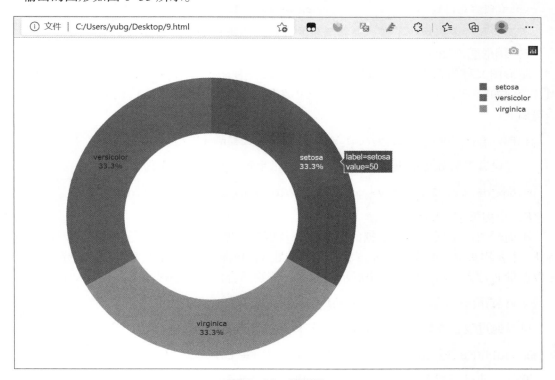

图 6-33 环形图

6. 柱状图（Bar）

绘制柱状图的语句如下：

```
px.bar(df,x= col_name1,y= col_name2,color= col_name)
```

通过设置参数 orientation 的值，可以绘制水平柱状图，示例代码如下：

```
px.bar(df,x= col_name1,y= col_name2,color= col_name,orientation='h' )
```

通过设置参数 barmode="group" 可以转变为分组的柱状图，示例代码如下：

```
px.bar(df,x= col_name1,y= col_name2,color= col_name, barmode='group')
```

使用 bar() 函数绘制柱状图的示例代码如下：

```
df = pd.DataFrame({"A":[1,2,3,4,5],"a":[2,3,4,2,1]})
fig10 = px.bar(df,x= "A",y= "a")
pyplt(fig10,filename=r'C:\Users\yubg\Desktop\10.html')

# 通过设置参数 orientation 的值，可以绘制水平柱状图
fig11 = px.bar(df,y= "A",x= "a",color= "A",orientation='h' )
pyplt(fig11,filename=r'C:\Users\yubg\Desktop\11.html')
```

后面的几种图形用得不多，只做简单的介绍，不再举例演示效果。

7．箱形图（Box）

箱形图又称为盒形图、盒式图或箱线图，是一种用于显示一组数据分散情况的统计图，因其形状如箱子而得名。箱形图能显示一组数据的最大值、最小值、中位数及上下四分位数。语句如下：

```
px.box(df,x= col_name1,y= col_name2,color= col_name)
```

通过设置参数 orientation 的值，可以绘制水平箱形图，示例代码如下：

```
px.box(df,x= col_name1,y= col_name2,color= col_name,orientation='h')
```

8．小提琴图（Violin）

小提琴图用于展示多组数据的分布状态及概率密度。这种图表结合了箱形图和密度图的特征，主要用来显示数据的分布形状。小提琴图与箱形图类似，但是在密度层面展示效果更好。在数据量非常大、不方便一个个展示的时候，特别适合使用人小提琴图。语句如下：

```
px.violin(df,x= col_name1,y= col_name2,color= col_name)
```

可以通过设置参数 box=True 来显示箱体及具体的分位数值的情况，示例代码如下：

```
px.violin(df,x= col_name1,y= col_name2,color= col_name, box=True)
```

此外，通过设置参数 points='all'，可以在小提琴图旁边展示数据的密度分布情况，示例代码如下：

```
px.violin(df,x= col_name1,y= col_name2,color= col_name, box=True, points='all')
```

还可以以水平的方式来展示小提琴图，通过设置参数 orientation='h' 即可。

在小提琴图中，数据的密度分布是通过设置参数 point 来展现的。在 Plotly Express 中，还有一个专门的函数 px.strip() 来绘制数据的密度分布，语句如下：

```
px.strip(df,x= col_name1,y= col_name2)
```

9．直方图（Histogram）

直方图又称质量分布图，是一种统计报告图会，由一系列高度不等的纵向条纹或线段表

示数据的分布情况。直方图中一般用横轴表示数据类型，纵轴表示分布情况。默认情况下，纵轴以计数形式（count）表示数据的分布情况。

绘制直方图的语句如下：

```
px.histogram(df,x= col_value)
```

通过参数 histnorm 可以设置纵轴数据分布的展现方式，其值可以是 'percent'、'probability'、'density ' 或 'probability density'，示例代码如下：

```
px.histogram(df,x= col_value,histnorm='percent')
```

可以同时对多个对象进行可视化，通过设置参数 color 即可，示例代码如下：

```
px.histogram(df,x= col_value,color= col_name)
```

10. 漏斗图（Funnel）

漏斗图是一种形如漏斗状的，明晰展示事件和项目环节的图形。漏斗图由横条或竖条一层层拼接而成，分别由按一定顺序排列的阶段层级组成。每一层都用于表示不同的阶段，从而呈现这些阶段之间的某项要素或指标递减 / 递增的趋势。语句如下：

```
px.funnel(df,x= col_name1,y= col_name2)
```

参数说明如下。

- x：递减的数据列。
- y：标签分类层级的名称列。

还有一种漏斗图是面积漏斗图，通过 px.funnel_area() 函数来实现，语句如下：

```
px.funnel_area(names= col_name1, values= col_name2)
```

参数说明如下。

- x：递减的数据列。
- y：标签分类层级的名称列。

11. 极坐标图（Polar）

极坐标图可以用来显示一段时间内的数据变化，或显示各项之间的对比情况。极坐标图适用于展示枚举数据，如不同地域之间的数据对比。

在极坐标下，以柱状图的形式对数据进行可视化，语句如下：

```
px.bar_polar(df, r="confirmed", theta="country",
            color="gradient",
            color_discrete_sequence= px.colors.sequential.Blugrn)
```

在极坐标下，也可以使用散点图对数据进行可视化，语句如下：

```
px.scatter_polar(df, r= col_name1, theta= col_name2, color= col_name,
```

```
        symbol= col_name,
        color_discrete_sequence=px.colors.sequential.Blugrn)
```

12. 雷达图

雷达图是专门用来进行多指标体系比较分析的专业图表。因雷达图的形状如雷达的放射波，故而得名。雷达图适用于展示多维数据（四维以上），且每个维度必须可以排序。但是，雷达图有一个局限，就是数据点最多只能有 6 个，否则无法辨别，因此雷达图的适用场合有限。

绘制雷达图的语句如下：

```
px.line_polar(df, r="confirmed", theta="country", color="gradient",
            line_close=True,color_discrete_sequence=px.colors.sequential.Blugrn)
```

13. 热力图 (Heatmap)

利用热力图可以展示数据表中多个特征两两之间的相似度。在投资中，经常会考察不同投资产品之间相关性的强弱情况，这时就可以用热力图来表示。绘制热力图的语句如下：

```
px.density_heatmap(df_hp, x="confirmed", y="cured",
                nbinsx=20, nbinsy=20,
                color_continuous_scale="Blues")
```

表 6–1 所示为各种图表的用法及注意事项。

表 6-1　各种图表的用法及注意事项

图　表	数据维度	注意事项
柱状图	二维	只需比较其中一维
折线图	二维	适用于较大的数据集
饼图	二维	只适合反映部分与整体的关系
散点图	二维或三维	有两个维度需要比较
气泡图	三维或四维	其中只有两维能精确辨识
雷达图	四维以上	数据点不超过 6 个

6.5　Python图像处理基础

6.5.1　PIL 图库

Pillow 是 PIL 的一个派生分支，现已经发展成为比 PIL 本身更具活力的图像处理库。Pillow 可以说已经取代了 PIL，将其封装成 Python 的库。其安装命令如下：

```
pip install pillow
```

因为 Pillow 是 PIL 的一个派生分支，在 Pgthzn2.7 中使用 import Image 语句导入，但在 Python 3.× 中，要导入 PIL 中的 Image，即：from PIL import Image。

下面介绍如何使用 Pillow 图库对图像进行数字化、翻转、裁剪、压缩和亮度调整等操作。首先导入需要的包，除了 Numpy、PIL 外，还有 Matplotlib 等。

```
import numpy as np
import matplotlib.pyplot as plt
from PIL import Image
```

读入一张图片，并将图片转化为数组。图像是由像素点构成的矩阵，其数值可以用 ndarray 形式表示。所以，在进行图片处理时，通常会将图片转化为数组 ndarray 形式进行处理，即数字化。

```
path = r"d:\yubg\ybg.jpg"
image0 =Image.open(path)
image = np.array(image0)
```

已经转化为数组形式的图片，可以查看其转化为数组的数据形状，其形状是 [H, W, 3]，其中 H 代表高度，W 代表宽度，3 代表 RGB 的三个通道。

```
image.shape                          # 输出结果为 (887, 1920, 3)
```

将读取的原始图片显示在屏幕上。

```
plt.imshow(image)
```

原始图片的显示结果如图 6-34 所示。

图 6-34　原始图片

下面将图 6-34 上下翻转 180°。这里使用数组切片的方式完成，相当于将图片最后一行移到第一行，倒数第二行移到第二行，依此类推。对于行指标，使用切片 "::-1" 表示。负数步长表示以最后一个元素为起点，即从右向左。对于列指标和 RGB 通道，仅使用 ":" 表示不改变该维度，即取原来所有的列和通道。

```
image1 = image[::-1,:,:]
plt.imshow(image1)
```

输出的上下翻转图片如图 6-35 所示。

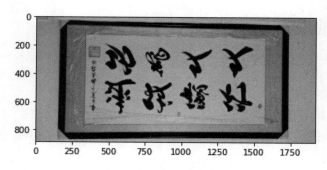

图 6-35　上下翻转图片

也可以将图片左右翻转 180°。同样使用数组切片的方式完成，将列左右互换，相当于将图片的最后一列移到第一列，倒数第二列移到第二列，依此类推。

```
image2 = image[:,::-1,:]
plt.imshow(image2)
```

输出的水平翻转后图片如图 6-36 所示。

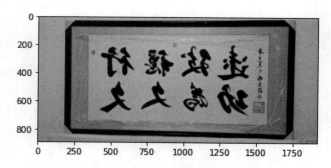

图 6-36　左右翻转图片

图片也可以按照一定的角度旋转，如旋转 35°，代码如下：

```
Image_0 =Image.open(path).rotate(35)
Image_0 = np.array(image_0)
plt.imshow(image_0)
```

输出的旋转 35° 后的图片如图 6-37 所示。

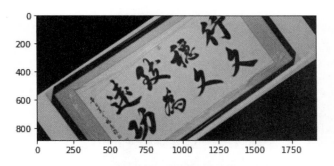

图 6-37　旋转 35° 后的图片

可以将图片保存到本地。保存之前需要先将数组形式的图片转化为图像数据格式。

```
im2 =Image.fromarray(image2)                # 实现 array 到 image 的转换
im2.save('im2.jpg')
```

图片也可以进行裁剪，高度或宽度都可以裁剪。通过图像的参数 shape 可以知道图像的高度 H 和宽度 W。在裁剪图片时，使用数组切片的方法，所以数据值必须是整数。下面取图片一半的高度，即将图片的上半部分裁掉，仅保留下半部分，需要对数组的行进行切片。

```
H, W = image.shape[0], image.shape[1]
H1 = H // 2                                  # 注意此处用整除，H1 必须为整数
image3 = image[H1:H,:,:]
plt.imshow(image3)
```

裁剪图片的上半部分后的结果如图 6-38 所示。

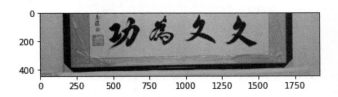

图 6-38　裁剪图片的上半部分

裁剪的图片宽度，需要对图片数组的列进行切片。由语句 image.shape 可知该图片的宽度是 1920，因此如果取图片的右半部分，可以从接近 1000 处开始。

```
#  宽度方向裁剪代码样式
W1 = 1000
image4 = image[:,W1:,:]
plt.imshow(image4)
```

裁剪宽度，图片裁剪后保留右半部分，结果如图 6-39 所示。

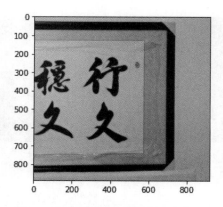

图 6-39　图片裁剪后保留右半部分

当然，图片的高度和宽度两个方向也可以同时裁剪。

```
image5 = image[H1:H,:W1,:]
plt.imshow(image5)
```

同时裁剪图片的宽度和高度的结果如图 6-40 所示。

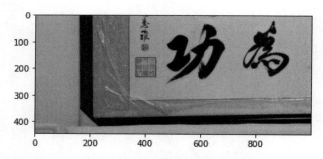

图 6-40　同时裁剪图片的高度和宽度

Numpy 除了可以对图片利用切片的方式进行翻转和裁剪外，也可以对图片进行明暗程度的调整。如果要调整亮度，可以将图片数组乘以倍数，倍数小于 1 就是降低图片的亮度，反之则增加亮度。图片的 RGB 像素值必须为 0 ～ 255，所以要使用 np.clip 进行数值控制，数组的数值不能大于 255。如果要将图片的亮度调至 1.5 倍，可以看到图片曝光过度，效果如图 6-41 所示。

```
image6 = image * 1.5
image6 = np.clip(image6, a_min=None, a_max=255.)
plt.imshow(image6.astype('uint8'))
```

图 6-41 增加图片的亮度

Numpy 还可以利用切片的方式对图片进行压缩，如对图像间隔行列采样，图像尺寸会减半，清晰度相比原图片变差，压缩图片的效果如图 6-42 所示。从输出图片的坐标尺度可以看出，图片的坐标值比原来的减小了一半。

```
image7 = image[::2,::2,:]
plt.imshow(image7)
image7.shape
```

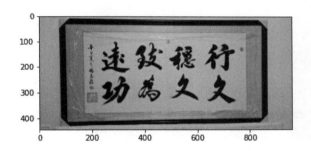

图 6-42 压缩图片

PIL 还可以将图片转化为灰度图，语句如下：

```
from PIL import Image
Pil_im = Image.open(r"d:\yubg\bg.png").convert("L")
pil_im
```

除了上面的一些图像处理操作外，有时还需要对图像进行一些模糊处理，如高斯模糊、边缘增强、浮雕效果等，这就需要用到 filter() 函数，设置相应的各种参数即可。

```
from PIL import Image, ImageFilter
im = Image.open(path)

im.filter(ImageFilter.GaussianBlur)                    # 高斯模糊
im.filter(ImageFilter.BLUR) # 普通模糊
im.filter(ImageFilter.EDGE_ENHANCE)                    # 边缘增强
```

```
im.filter(ImageFilter.FIND_EDGES)                              # 找到边缘
im.filter(ImageFilter.EMBOSS)                                  # 浮雕
im.filter(ImageFilter.CONTOUR)                                 # 轮廓
im.filter(ImageFilter.SHARPEN)                                 # 锐化
im.filter(ImageFilter.SMOOTH)                                  # 平滑
im.filter(ImageFilter.DETAIL)                                  # 细节
```

这里只看轮廓效果，输出的轮廓图如图 6-43 所示。

图 6-43　filter() 函数对图像的处理结果

6.5.2　OpenCV 图库

OpenCV 是一个 C++ 库，用于（实时）处理计算视觉问题，最初 OpenCV 库由英特尔公司开发，现在由 Willow Garage 进行维护。OpenCV 库是在 BSD 许可下发布的开源库，这意味着它对学术研究和商业应用是免费的。

安装 OpenCV 库要打开 Anaconda 目录下的 Anaconda Prompt，并输入如下命令，在安装 OpenCV 库时名称是 opencv-python，不是 opencv，也不是 cv2。

```
pip install -i https://pypi.tuna.tsinghua.edu.cn/simple opencv-python
```

其中，"-i https://pypi.tuna.tsinghua.edu.cn/simple" 为使用清华镜像，以加快下载速度。安装 OpenCV 库的过程如图 6-44 所示。

图 6-44　安装 OpenCV 库的过程

1. 读取和写入图像

imread() 函数返回的图像为一个标准的 NumPy 数组，并且该函数能够处理很多不同格式的图像。如果愿意，也可以将该函数作为 PIL 库读取图像的备选方案。imwrite() 函数会根据文件后缀自动转换图像。

```python
import cv2
# 读取图像
im = cv2.imread(r"C:\Users\yubg\snr.jpg")
print(im.shape)
# 保存图像
cv2.imwrite(r"C:\Users\yubg\snr.png", im)
```

2. 颜色空间

在 OpenCV 库中，图像不是按传统的 RGB 颜色通道存储的，而是按 BGR 顺序（即 RGB 的倒序）存储的。读取图像时默认按 BGR 顺序，但是还有一些可用的转换函数。颜色空间的转换可以用 cvColor() 函数实现。例如，可以通过下面的方式将原图像转换成灰度图像：

```python
im = cv2.imread(r"C:\Users\yubg\snr.jpg")
# 创建灰度图像
gray = cv2.cvtColor(im,cv2.COLOR_BGR2GRAY)
print(gray)
print(gray.shape)
```

在读取原图像之后，紧接其后的是 OpenCV 颜色转换代码，其中最有用的一些转换代码如下：

- cv2.COLOR_BGR2GRAY
- cv2.COLOR_BGR2RGB
- cv2.COLOR_GRAY2BGR

上面每个转换代码中，转换后图像的颜色通道数与对应的转换代码相匹配，如灰度图像只有一个通道，RGB 和 BGR 图像有三个通道。cv2.COLOR_GRAY2BGR 会将灰度图像转换成 BGR 彩色图像。如果想在图像上绘制或叠加有色彩的对象，cv2.COLOR_GAY2BGR 是非常有用的。

3. 图像显示

可以使用 Matplotlib 库来显示 OpenCV 库中的图像。示例代码如下：

```python
import matplotlib.pyplot as plt
# 读取图像
im = cv2.imread(r"c:\Users\yubg\snr.jpg")
gray = cv2.cvtColor(im,cv2.COLOR_BGR2GRAY)
# 计算图像的积分
intim = cv2.integral(gray)
```

```
# 归一化并保存
intim = (255*intim)/intim.max()
plt.figure(figsize=(12,6))
plt.subplot(1,2,1)
plt.imshow(gray)
plt.title("YTZ picture")
plt.subplot(1,2,2)
plt.imshow(intim)
plt.title("YTZ integral")
plt.show()
```

运行上面的程序，使用 Matplotlib 库显示图像的结果如图 6-45 所示。

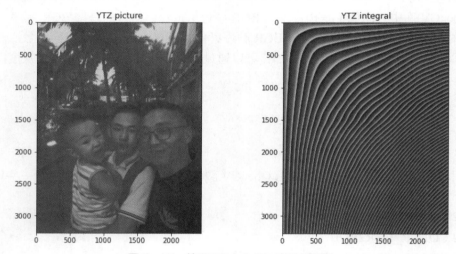

图 6-45　使用 Matplotlib 库显示图像

6.6　实战案例：货物动态流向图

以下是某公司从海南向北京、上海、重庆、杭州、新疆等地发货的数据情况，现要求从图上标注货物动态流向图。代码如下：

```
from pyecharts import options as opts
from pyecharts.charts import Geo
from pyecharts.globals import ChartType, SymbolType

linegeo = (Geo()
        .add_schema(maptype="china")
```

```
            .add("yubg",
                [(" 海口 ", 100), (" 北京 ",25), (" 杭州 ", 35), (" 重庆 ", 10), (" 新疆 ", 30)],
                type_=ChartType.EFFECT_SCATTER,
                color="green" )
            .add("geo",
                [(" 海口 ", " 上海 "), (" 海口 ", " 北京 "), (" 海口 ", " 杭州 "), (" 海口 ",
                " 重庆 "), (" 海口 ", ' 新疆 ')],
                type_=ChartType.LINES,
                effect_opts=opts.EffectOpts(
                    symbol=SymbolType.ARROW, symbol_size=6, color="blue" ),
                linestyle_opts=opts.LineStyleOpts(curve=0.2) )
            .set_series_opts(label_opts=opts.LabelOpts(is_show=False))
            .set_global_opts(title_opts=opts.TitleOpts(title="GeoLines")))
linegeo.render('qx.html')
#linegeo.render_notebook()                        # 在 jupyter 下使用
```

运行上面的程序，生成的货物动态流向图是网页格式，需要联网才能正常显示。

6.7 本 章 小 结

本章主要学习了数据的可视化方法，对各种图形的展示效果进行了介绍。合理地选择结果的显示图形对数据的可视化较为重要。在图形中进行中文或者符号标注也是本章的重点内容。

Python 的主要作图库是 Matplotlib，Pandas 库基于 Matplotlib 库并对某些命令进行了简化，因此作图通常是结合使用 Matplotlib 和 Pandas 库。在作图之前通常要加载以下代码：

```
import matplotlib.pyplot as plt                   # 导入作图库
plt.rcParams['font.sans-serif']=['SimHei']        # 用于正常显示中文标签
plt.rcParams['axes.unicode_minus']=False          # 用于正常显示负号
plt.figure(figsize=(7,5))                         # 创建图形区域的大小
```

作图最容易出问题的就是图形上的标注。标注内容是中文或者特殊符号时，经常会出现意想不到的问题，故在作图之前通常都要加载上述 4 行代码。作完图后，一般通过 plt.show() 显示作图结果。

在 Jupyter Notebook 中，最好能够把作图代码写在一个 cell 中，否则可能会出现意想不到的问题。如果使用 Matplotlib 库绘图，有时是弹不出图形框的，此时别忘了在导入库部分加入代码 "%matplotlib inline"。

第7章

字符串处理与网络爬虫

网络爬虫是按照一定的规则，自动地抓取互联网上信息的一段程序或者脚本。通俗地说，就是按照一定的规则从页面中自动提取想要的数据，这个规则涉及对字符串的处理。本章将从字符串的处理开始介绍网络爬虫的入门知识。

7.1 字符串处理

7.1.1 字符串处理函数

字符串处理函数及其意义如表 7-1 所示。

表 7-1 字符串处理函数及其意义

函　数	意　义
str.capitalize()	首字母大写
str.casefold()	将字符串 str 中的大写字符转换为小写字符
str.lower()	同 str.casefold()，只能转换英文字母
str.upper()	将字符串 str 中的小写字符转换为大写字符
str.count(sub[, start[, end]])	返回字符串 str 中的子字符串 sub 的出现次数
str.encode(encoding="utf-8", errors="strict")	返回字符串 str 经过 encoding 编码后的字节码，errors 指定遇到编码错误时的处理方法
str.find(sub[, start[, end]])	返回字符串 str 中的子字符串 sub 第一次出现的位置
str.format(*args, **kwargs)	格式化字符串

函　数	意　义
str.join(iterable)	返回用 str 连接可迭代对象 iterable 后的结果
str.strip([chars])	去除 str 字符串两端的 chars 字符（默认去除 "\n"，"\t"，" "），返回操作后的字符串
str.lstrip([chars])	同 strip，去除字符串最左边的字符
str.rstrip([chars])	同 strip，去除字符串最右边的字符
str.replace(old, new[, count])	将字符串 str 中的子串 old 替换成新串 new，并返回操作后的字符串
str.split(sep=None, maxsplit=-1)	将字符串 str 按 sep 分隔符分割 maxsplit 次，并返回分割后的字符串数组

示例代码如下：

```
>>> s="Hello World !"
>>> c=s.capitalize()              #首字母大写
>>> c
'Hello world !'
>>> id(s),id(c)                   # id() 函数用于查询变量的存储地址
(55219120, 73921264)
>>> s.casefold()                  #将字符串改为小写
'hello world !'
>>> c.lower()
'hello world !'
>>> s.upper()
'HELLO WORLD !'
>>> s="111222asasas78asas"
>>> s.count("as")
5
>>> s.encode(encoding="gbk")
b'111222asasas78asas'
>>> s.find("as")
6
>>> s="This is {0} and {1} is good ! {word1} are {word2}"
>>> s
'This is {0} and {1} is good ! {word1} are {word2}'
>>> s.format("Python","Python3.x",word1="We",word2="happy !")
'This is Python and Python3.x is good ! We are happy !'
>>> it=["Join","the","str","!"]
>>> it
['Join', 'the', 'str', '!']
>>> " ".join(it)
'Join the str !'
```

```
>>> '\n\t  aaa \n\t aaa \n\t'.strip()
'aaa \n\t aaa'
>>> '\n\t  aaa \n\t aaa \n\t'.lstrip()
'aaa \n\t aaa \n\t'
>>> '\n\t  aaa \n\t aaa \n\t'.rstrip()
'\n\t  aaa \n\t aaa'
>>> 'xx 你好 '.replace('xx',' 小明 ')
' 小明你好 '
>>> '1,2,3,4,5,6,7'.split(',')
['1', '2', '3', '4', '5', '6', '7']
```

7.1.2　正则表达式

正则表达式又称正规表示式、正规表示法、正规表达式、规则表达式、常规表示法（Regular Expression，在代码中常简写为 regex、regexp 或 RE），是计算机科学中的一个概念。正则表达式使用单个字符串来描述、匹配一系列符合某个句法规则的字符串。在很多文本编辑器里，正则表达式通常用来检索、替换那些匹配某个模式的文本。

re 模块是 Python 的正则表达式模块，提供了对字符串正则的支持。

下面看一个从 html 标签中匹配网址的示例。

```
>>> import re
>>> html = """<meta http-equiv="X-UA-Compatible" content="IE=edge,chrome=1">
<meta http-equiv="content-type" content="text/html;charset=utf-8">
<meta content="always" name="referrer">
<meta name="theme-color" content="#2932e1">
<link rel="shortcut icon" href="/favicon.ico" type="image/x-icon" />
<link rel="icon" sizes="any" mask href="//www.baidu.com/img/baidu.svg">
<link rel="search" type="application/opensearchdescription+xml" href="/content-
search.xml" title=" 百度搜索 " />"""
>>> pat = re.compile('href="(.{0,}?)"')
>>> res=re.findall(pat,html)
>>> res
['/favicon.ico', '//www.baidu.com/img/baidu.svg', '/content-search.xml']
```

从结果可以知道，已经取得了 href 所指向的所有网址。

正则表达式是一种用来匹配字符串的强有力的工具。它的设计思想是用一种描述性的语言给字符串定义一个规则，凡是符合规则的字符串，就认为它"匹配"了，否则，该字符串就是不合法的。例如，判断一个字符串是不是合法的 Email 的方法如下：

（1）创建一个匹配 Email 的正则表达式。

（2）用该正则表达式去匹配用户的输入，判断是否合法。

因为正则表达式是用字符串表示的，所以首先要了解如何使用字符来描述字符。

1. 准备知识

在正则表达式中，如果直接给出字符，就是精确匹配。用"\d"可以匹配 1 个数字，"\w"可以匹配 1 个字母或数字，"."可以匹配任意多个字符，例如：

- '00\d' 可以匹配 '007'，但无法匹配 '00A'，也就是说 '00' 后面只能是数字。
- '\d\d\d' 可以匹配 '010'，只可以匹配 3 个数字。
- '\w\w\d' 可以匹配 'py3'，前两位可以是数字或者字母，但是第三位只能是数字。
- 'py.' 可以匹配 'pyc'、'pyo'、'py!' 等。

在正则表达式中，用 * 表示任意多个字符（包括 0 个），用 + 表示至少 1 个字符，用 ? 表示 0 个或 1 个字符，用 {n} 表示 n 个字符，用 {n,m} 表示 n~m 个字符。

下面看一个转为复杂的例子：\d{3}\s+\d{3,8}。从左到右解读如下：

（1）\d{3} 表示匹配 3 个数字，如 '010'。

（2）\s 可以匹配 1 个空格（也包括 Tab 等空白符），所以 '\s+' 表示至少有 1 个空格，如匹配 ' '、'　' 等。

（3）\d{3,8} 表示匹配 3~8 个数字，如 '1234567'。

综合起来，上面的正则表达式可以匹配以任意多个空格隔开的带区号为 3 个数字、号码为 3~8 个数字的电话号码。如：'021 8234567'。

如果要匹配 '010-12345' 这样的号码呢？由于 '-' 是特殊字符，在正则表达式中，要用 '\' 转义，所以对应的正则表达式应该是 \d{3}\-\d{3,8}。

但是，仍然无法匹配 '010 - 12345'，因为 '-' 两侧带有空格，所以需要更复杂的匹配方式。

2. 进阶

要做更精确的匹配，可以使用 [] 表示范围，例如：

- [0-9a-zA-Z_] 可以匹配 1 个数字、字母或者下划线。
- [0-9a-zA-Z_]+ 可以匹配至少由 1 个数字、字母或者下划线组成的字符串，如 'a100'、'0_Z'、'Py3000' 等。
- [a-zA-Z_][0-9a-zA-Z_]* 可以匹配由字母或下划线开头，后接任意多个由 1 个数字、字母或者下画线组成的字符串，也就是 Python 合法的变量。
- [a-zA-Z_][0-9a-zA-Z_]{0, 19} 更精确地限制了变量的长度是 1~20 个字符（前面 1 个字符 + 后面最多 19 个字符）。
- A|B 可以匹配 A 或 B，所以 (P|p)ython 可以匹配 'Python' 或者 'python'。
- ^ 表示行的开头，^\d 表示必须以数字开头。
- $ 表示行的结束，\d$ 表示必须以数字结束。

需要注意，py 也可以匹配 'python'，但是加上 ^py$ 就变成了整行匹配，就只能匹配 'py' 了。

具体的正则表达式的常用符号如表 7-2 所示。

表 7-2 正则表达式的常用符号

符 号	含 义	示 例	匹配结果
*	匹配前面的字符、表达式或括号中的字符 0 次或多次	a*b*	aaaaaaa；aaaaabbb
+	匹配前面的字符、表达式或括号中的字符至少一次	a+b+	aabbb；abbbbb；aaaaab
?	匹配前面的字符一次或 0 次	Ab?	A、Ab
.	匹配任意单个字符，包括数字、空格和符号	b.d	bad；b3d；b#d
[ ]	匹配 [ ] 内的任意一个字符，即任选一个	[a–z]*	zero；hello
\	转义符，把后面的特殊意义的符号按原样输出	\.\/\\	./\
^	指字符串开始位置的字符或子表达式	^a	apple；aply；asdfg
$	经常用在表达式的末尾，表示从字符串的末端匹配，如果不用它，则每个正则表达式的实际表达形式都带有 .* 作为结尾。这个符号可以看成 ^ 符号的反义词	[A–Z]*[a–z]*$	ABDxerok；Gplu；yubg；YUBEG
|	匹配任意一个用 | 分隔的部分	b(i|ir|a)d	bid；bird；bad
?!	不包含，这个组合经常放在字符或者正则表达式前面，表示这些字符不能出现。如果在某整个字符串中全部排除某个字符，就要加上 ^ 和 $ 符号	^((?![A–Z]).)*$	除了大写字母以外的所有字母字符，如 nu–here；&hu238–@
( )	表达式编组，会优先运行 () 内的正则表达式	(a*b)*	aabaaab；abaaaabaaaabaaab；aaabab
{m,n}	匹配前面的字符串或者表达式 m~n 次，包含 m 和 n 次	go{2,5}gle	gooogle；goooogle；gooooogle；goooooogle
[^]	匹配任意一个不在中括号内的字符	[^A–Z]*	sed；sead@；hes#23
\d	匹配一位数字	a\d	a3；a4；a9
\D	匹配一位非数字的字符	3\D	3A；3a；3–
\w	匹配一个字母或数字	\w	3；A；a

3. re 模块

有了准备知识，就可以在 Python 中使用正则表达式了。Python 中提供了 re 模块，包含正则表达式的所有功能。由于 Python 的字符串本身也用 '\' 转义，所以要特别注意：

```
s = 'ABC\\-001' # Python 的字符串
```

对应的正则表达式字符串变成：

```
# 'ABC\-001'
```

因此强烈建议使用 Python 的 r 前缀，就不用考虑转义的问题了。例如：

```
s = r'ABC\-001'  # Python 的字符串
```

对应的正则表达式字符串不变：

```
# 'ABC\-001'
```

先看看如何判断正则表达式是否匹配。

```
>>> import re
>>> re.match(r'^\d{3}\-\d{3,8}$', '010-12345')
<_sre.SRE_Match object; span=(0, 9), match='010-12345'>
>>> re.match(r'^\d{3}\-\d{3,8}$', '010 12345')
>>>
```

match() 方法用来判断是否匹配，如果匹配成功，返回一个 match 对象，否则返回 None。常见的判断方法如下：

```
test = ' 用户输入的字符串 '
if re.match(r' 正则表达式 ', test):
    print('ok')
else:
    print('failed')
```

输出结果如下：

```
failed
```

4. 切分字符串

用正则表达式切分字符串比用固定的字符更灵活，先来看正常的切分方式，代码如下：

```
>>> 'a b   c'.split(' ')
['a', 'b', '', '', 'c']
>>>
```

执行上面的代码，结果显示无法识别连续的空格。下面运行正则表达式，代码如下：

```
>>> re.split(r'\s+', 'a b   c')
['a', 'b', 'c']
>>>
```

可以看到，无论多少个空格都可以正常切分。加入"\,"试试：

```
>>> re.split(r'[\s\,]+', 'a,b, c  d')
['a', 'b', 'c', 'd']
>>>
```

再加入"\,\;"试试：

```
>>> re.split(r'[\s\,\;]+', 'a,b;; c  d')
['a', 'b', 'c', 'd']
>>>
```

如果用户输入了一组标签，就可以用正则表达式把不规范的输入转化成正确的数组。

5. 分组

除了简单地判断字符串是否匹配之外，正则表达式还有提取子串的强大功能。用 () 表示的就是要提取的分组（Group）。例如，^(\d{3})–(\d{3,8})$ 分别定义了两个分组，可以直接从匹配的字符串中提取出区号和本地号码。

示例代码如下：

```
>>> m = re.match(r'^(\d{3})-(\d{3,8})$', '010-12345')
>>> m
<_sre.SRE_Match object; span=(0, 9), match='010-12345'>
>>> m.group(0)
'010-12345'
>>> m.group(1)
'010'
>>> m.group(2)
'12345'
>>>
```

如果正则表达式中定义了分组，就可以在 match 对象上用 group() 方法提取出子串。

 注意：group(0) 是原始字符串，group(1)，group(2)，…表示第 1、2、…个子串。

提取子串非常有用，例如：

```
>>> t = '19:05:30'
>>> m = re.match(r'^(0[0-9]|1[0-9]|2[0-3]|[0-9])\:(0[0-9]|1[0-9]|2[0-9]|3[0-
      9]|4[0-9]|5[0-9]|[0-9])\:(0[0-9]|1[0-9]|2[0-9]|3[0-9]|4[0-9]|5[0-9]|[0-9])$', t)
>>> m.groups()
('19', '05', '30')
>>>
```

这个正则表达式可以直接识别合法的时间。但有些时候，用正则表达式也无法做到完全验证，如识别日期：

```
'^(0[1-9]|1[0-2]|[0-9])-(0[1-9]|1[0-9]|2[0-9]|3[0-1]|[0-9])$'
```

对于 '2–30' 和 '4–31' 这样的非法日期，用正则表达式识别不了，或者说写出来非常困难，这时需要利用程序配合来识别非法日期。

6. 贪婪匹配

需要特别指出的是，正则匹配默认是贪婪匹配，也就是匹配尽可能多的字符。例如，匹配出数字后面的 0，代码如下：

```
>>> re.match(r'^(\d+)(0*)$', '102300').groups()
('102300', '')
>>>
```

由于 '\d+' 采用贪婪匹配，直接把后面的 0 全部匹配了，结果 '0*' 只能匹配空字符串了。

必须让 '\d+' 采用非贪婪匹配（也就是尽可能少地匹配），才能把后面的 0 匹配出来，加一个 '?' 就可以让 '\d+' 采用非贪婪匹配，代码如下：

```
>>> re.match(r'^(\d+?)(0*)$', '102300').groups()
('1023', '00')
>>>
```

7. 编译

在 Python 中使用正则表达式时，re 模块内部会做两件事情。

（1）编译正则表达式，如果正则表达式的字符串本身不合法，就会报错。

（2）用编译后的正则表达式去匹配字符串。

如果一个正则表达式要重复使用几千次，出于效率的考虑，可以预编译该正则表达式，接下来重复使用时就不需要编译这个步骤，可以直接匹配。

```
>>> import re
# 编译
>>> re_telephone = re.compile(r'^(\d{3})-(\d{3,8})$')
# 使用
>>> re_telephone.match('010-12345').groups()
('010', '12345')
>>> re_telephone.match('010-8086').groups()
('010', '8086')
>>>
```

编译后生成 Regular Expression 对象，由于该对象自己包含了正则表达式，所以调用对应的方法时不用给出正则字符串。

7.1.3 编码处理

使用 Python 爬虫获取数据时，比较麻烦的一点是获取的数据看起来是字符串，但是不能直接使用，需要进行编码格式转换。先将其他编码转换成 string，再转换成想要的编码。也就是说，string 是各个编码之间的桥梁，是转换的标准。Python 中使用 decode() 和 encode() 进行解码和编码，其转换过程如图 7-1 所示。

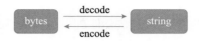

图 7-1　字符的编码和解码转换过程

bytes 类型主要是给计算机看的，string 类型主要是给人看的，中间的桥梁就是编码规则，现在编码的大趋势是使用 utf-8。bytes 类型的对象是二进制格式，很容易转换成十六进制格式，如 \x64；string 类型是用户看到的内容，如 'abc'。string 类型的对象经过编码 encode，转化成二进制对象，用于计算机识别，也就是 bytes 类型，bytes 类型经过反编码转化成 string 类型。注意反编码的编码规则是有范围的，如 \xc8 就不是 utf-8 能识别的范围。

常用的字符串编码有 utf-8、gb2312、gbk、cp936 等。

```
>>> a=' 我叫蝈蝈 '                          # Python 3 默认的编码为 str(unicode)
>>> str_gb2312=a.encode('gb2312')
#str 转化为 gb2312，直接 encode 成想要转换的编码 gb2312
>>> print(' 我转换成的 gb2312 : ',str_gb2312)
我转换成的 gb2312 : b'\xce\xd2\xbd\xd0\xf2\xe5\xf2\xe5'

>>> gb2312_utf8=str_gb2312.decode('gb2312').encode('utf-8')
# gb2312 转化为 utf-8，当前字符为 gb2312，所以要先 decode 成 str(decode 中传入的参数为当前
# 字符的编码集 )，然后再 encode 成 utf-8
>>> print(' 我转换成的 utf-8 : ',gb2312_utf8)
我转换成的 utf-8 : b'\xe6\x88\x91\xe5\x8f\xab\xe8\x9d\x88\xe8\x9d\x88'

>>> utf8_gbk=gb2312_utf8.decode('utf-8').encode('gbk')# utf-8 转化为 gbk，当前字符集
# 编码 utf-8 要想转换成 gbk，先 decode 成 str 字符集，再 encode 成 gbk 字符集
>>> print(" 我转换成的 gbk : ",utf8_gbk)
我转换成的 gbk : b'\xce\xd2\xbd\xd0\xf2\xe5\xf2\xe5'

>>> utf8_str = utf8_gbk.decode('gbk')
# utf-8 转化为 str，注意当转换成 str 时，并不需要 encode()
>>> print(' 我转化成的 str : ',utf8_str)
我转化成的 str : 我叫蝈蝈

>>> str_gb18030=utf8_str.encode('gb18030') #str 转化为 gb18030
>>> print(' 我是 gb18030 : ',str_gb18030)
我是 gb18030 : b'\xce\xd2\xbd\xd0\xf2\xe5\xf2\xe5'
>>>
```

从上面的代码转换可以看出，gb2312、gbk、gb18030 编码返回的结果都是 "b'\xce\xd2\xbd\xd0\xf2\xe5\xf2\xe5'"，这是因为这 3 个编码都是中文编码，所以都是向下互相兼容的。中

文编码最早出现的是 gb2312，然后是 gb18030，最后是 gbk，它们所支持的字符数也是按照顺序逐渐增多，从最初的 7000 多字符到现在的近 3 万个字符。

下面是一个读取文件的例子。假设 f_utf8.txt 文件在保存时选择的是 UTF-8 编码格式，如图 7-2 所示。

图 7-2　选择 UTF-8 编码格式

打开 f_utf8.txt 文件，并把它读取出来。代码如下：

```
>>> file=open(r'C:\Users\yubg\Desktop\f_utf8.txt')      # 打开 f_utf8.txt 文件
>>> f = file.read()                                     # 读取文件中每一行的内容
Traceback (most recent call last):
    File "<pyshell#1>", line 1, in <module>
        f = file.read()
UnicodeDecodeError: 'gbk' codec can't decode byte 0x80 in position 14: illegal
multibyte sequence
```

可以看到结果报错。默认读取或者使用 'r' 模式读取二进制文件时，可能会出现文档读取不全的现象。解决方案：二进制文件需要使用二进制方法读取模式 'rb'。

对代码进行如下修改：

```
>>> file=open(r'C:\Users\yubg\Desktop\f_utf8.txt','rb')
>>> f = file.read()
>>> print(f)
```

```
b'\xd2\xd4\xcf\xc2\xca\xc7\xd2\xbb\xd0\xa9\xb7\xfb\xba\xc5\xa3\xba\r\n\xa1\xf6\
xa6\xa4\xa1\xfa\xa6\xc8\xa6\xb7'
>>> f1 = f.decode('utf8')                        # 按照文件的编码来解码
>>> print(f1)
以下是一些符号：
■ Δ → θ Ψ
>>> file.close()                                 # 关闭打开的 f_utf8.txt 文件
>>>
```

从上面的例子发现一个问题，如何判断打开的文件是什么编码格式呢？或者从网上爬取下来的网页是什么编码格式呢？这里可以通过第三方库 chardet 来判断字节码的编码方式，代码如下：

```
>>> import chardet
>>> chardet.detect(f)
{'confidence': 1.0, 'encoding': 'UTF-8-SIG', 'language': ''}
>>>
```

这里表示 f 字节码被判断成 UTF-8 编码的自信度还是很高的，为 100%。

7.2 网 络 爬 虫

关于网络爬虫，百度百科里是这样解释的：网络爬虫（又称为网页蜘蛛，网络机器人，在 FOAF 社区中间，更经常称为网页追逐者），是一种按照一定的规则，自动地抓取万维网信息的程序或者脚本。网络爬虫另外一些不常使用的名字还有蚂蚁、自动索引、模拟程序或者蠕虫。

网络爬虫的工作流程：获取网页源码，从源码中提取相关的信息，存储数据。

7.2.1 获取网页源码

通过 Python 内置的 urllib.request 模块可以很轻松地获得网页的字节码，通过对字节码进行解码就可以获取网页的源码字符串。示例代码如下：

```
In [1]: from urllib import request
        fp=request.urlopen('http://www.nuc.edu.cn')
        content = fp.read()
        fp.close()
        type(content)
Out[1]: bytes
```

```
In [2]: html = content.decode()
        html
Out[15]: '\ufeff<!DOCTYPE HTML><HTML><HEAD><TITLE> 中北大学 </TITLE>\r\n\r\n\r\n\r\
n\r\n<META content="IE=11.0000" http-equiv="X-UA-Compatible">\r\n<META charset="utf-
8">\r\n<META name="applicable-device" content="mobile">\r\n<META name="viewport"
content="width=device-width,initial-scale=1.0,maximum-scale=1.0,minimum-
scale=1.0,user-scalable=no">\r\n<META name="apple-mobile-web-app-capable"
content="yes">
… …
```

但是，一般情况下并不清楚网页的编码，并不是所有网页都是利用 UTF-8 编码方式，这时就需要用 chardet 库判断编码方式了。示例代码如下：

```
In [3]: import chardet
        det = chardet.detect(content)
        det
Out[16]: {'confidence': 1.0, 'encoding': 'UTF-8-SIG', 'language': ''}

In [16]: if det['confidence']>0.8:        # 当 confidence>0.8 时认为它的判断正确
             html=content.decode(det['encoding'])
             print(det['encoding'])
         else:
             html = content.decode('gbk')
             print(det['encoding'])

UTF-8-SIG                                 # 显示的结果
```

7.2.2 从源码中提取信息

前面介绍了正则表达式，一个正则匹配稍有差池，程序可能就处在永久的循环之中。而且有的初学者对写正则表达式还是犯怵的，没关系，已经有热心人士做了许多准备工作。下面介绍一个很强大的工具—— Beautiful Soup，有了它就可以很方便地提取 HTML 或 XML 标签中的内容。

Beautiful Soup 是一个可以从 HTML 或 XML 文件中提取数据的 Python 库，最主要的功能是从网页抓取数据。Beautiful Soup 提供一些简单的、Python 式的函数，具有处理导航、搜索、修改分析树等功能。它是一个工具箱，通过解析文档为用户提供需要抓取的数据。Beautiful Soup 的用法简单，所以不需要太多代码就可以写出一个完整的应用程序。Beautiful Soup 自动将输入文档转换为 Unicode 编码，将输出文档转换为 UTF-8 编码，因此在使用时不需要考虑编码方式。

使用 Beautiful Soup 前要安装该库：

```
pip install beautifulsoup4
```

创建 Beautiful Soup 对象，导入 bs4 中：

```
from bs4 import BeautifulSoup
```

示例代码如下：

```
In [1]: from bs4 import BeautifulSoup
        html = """
        <html><head><title>The Dormouse's story</title></head>
        <body><p class="title"><b>The Dormouse's story</b></p>
        <p class="story">Once upon a time there were three little sisters; and their names were
        <a href="http://example.com/elsie" class="sister" id="link1">Elsie</a>,
        <a href="http://example.com/lacie" class="sister" id="link2">Lacie</a> and
        <a href="http://example.com/tillie" class="sister" id="link3">Tillie</a>;
        and they lived at the bottom of a well.</p>
        <p class="story">...</p>
        """
In [2]: soup = BeautifulSoup(html)
C:\Users\yubg\Anaconda3\lib\site-packages\bs4\__init__.py:181: UserWarning: No
parser was explicitly specified, so I'm using the best available HTML parser for this
system ("lxml"). This usually isn't a problem, but if you run this code on another
system, or in a different virtual environment, it may use a different parser and
behave differently.

  The code that caused this warning is on line 245 of the file C:\Users\yubg\
Anaconda3\lib\site-packages\spyder\utils\ipython\start_kernel.py. To get rid of this
warning, change code that looks like this:

  BeautifulSoup(YOUR_MARKUP})

to this:

  BeautifulSoup(YOUR_MARKUP, "lxml")

      markup_type=markup_type))

In [3]: print(soup.prettify())
<html>
 <head>
  <title>
   The Dormouse's story
  </title>
```

```
 </head>
 <body>
  <p class="title">
   <b>
    The Dormouse's story
   </b>
  </p>
  <p class="story">
   Once upon a time there were three little sisters; and their names were
   <a class="sister" href="http://example.com/elsie" id="link1">
    Elsie
   </a>
   ,
   <a class="sister" href="http://example.com/lacie" id="link2">
    Lacie
   </a>
   and
   <a class="sister" href="http://example.com/tillie" id="link3">
    Tillie
   </a>
   ;
and they lived at the bottom of a well.
  </p>
  <p class="story">
   ...
  </p>
 </body>
</html>

In [4]: for a in soup.findAll(name='a'): # 找出所有 a 标签
           print('attrs: ', a.attrs)
           print('string: ', a.string)
           print('--------------------')

attrs:  {'href': 'http://example.com/elsie', 'class': ['sister'], 'id': 'link1'}
string:  Elsie
------------------
attrs:  {'href': 'http://example.com/lacie', 'class': ['sister'], 'id': 'link2'}
string:  Lacie
------------------
attrs:  {'href': 'http://example.com/tillie', 'class': ['sister'], 'id': 'link3'}
string:  Tillie
```

```
In [5]: for tag in soup.findAll(attrs = {"class" : "sister", "id": "link1"}):
                    # 找出所有 class = "sister", id="link1" 的标签
            print('tag: ',tag.name)
            print('attrs: ',tag.attrs)
            print('string: ', tag.string)


tag:  a
attrs:  {'href': 'http://example.com/elsie', 'class': ['sister'], 'id': 'link1'}
string:  Elsie

In [6]: for tag in soup.findAll(name = 'a', text = "Elsie"):
            # 找出所有包含内容为 Elsie 的标签
            print('tag: ',tag.name)
            print('attrs: ',tag.attrs)
            print('string: ', tag.string)


tag:  a
attrs:  {'href': 'http://example.com/elsie', 'class': ['sister'], 'id': 'link1'}
string:  Elsie

In [7]: import re                    # 用正则表达式的方式找出所有 id="link 数字 " 的标签
        for tag in soup.findAll(attrs = {'id':re.compile('link\d')}):
            print(tag)


<a class="sister" href="http://example.com/elsie" id="link1">Elsie</a>
<a class="sister" href="http://example.com/lacie" id="link2">Lacie</a>
<a class="sister" href="http://example.com/tillie" id="link3">Tillie</a>



In [8]:for a in soup.findAll('a', text = re.compile(".*?ie")):
            # 用正则表达式的方式找出所有包含内容结尾 "ie" 的 a 标签
            print(a)


<a class="sister" href="http://example.com/elsie" id="link1">Elsie</a>
<a class="sister" href="http://example.com/lacie" id="link2">Lacie</a>
<a class="sister" href="http://example.com/tillie" id="link3">Tillie</a>

In [9]: def parser(tag):
            '''
            自定义解析函数：解析出标签名为 'a'，属性不为空且 id 属性为 link1 的标签
            '''
```

```
        if tag.name == 'a' and tag.attrs and tag.attrs['id'] == 'link1':
            return True

In [10]:for tag in soup.findAll(parser):
            print(tag)

<a class="sister" href="http://example.com/elsie" id="link1">Elsie</a>
```

在 In[2] 的输出中可以看到，在定义 soup 对象时出现一个警告，一般情况下该警告不会影响效果，它只是指出这里还没有指定解析器。Beautiful Soup 支持 Python 标准库中的 HTML 解析器，还支持一些第三方的解析器。如果不安装解析器，Python 会使用 Python 默认的解析器。lxml 解析器更加强大，速度更快，推荐安装 lxml 解析器。

7.2.3 数据存储

1. 保存到 CSV 文件

Python 有自带的 csv 模块可以处理 CSV 文件，前面已经介绍过如何读取、存储 CSV 文件。但是为了方便，可以直接按自己的需要存储 CSV 文件。示例代码如下：

```
>>> csv = """id,name,score
1,xiaohua,23
2,xiaoming,67
3,xiaogang,89"""
>>> with open('G:/test.csv','w') as f:
        f.write(csv)
```

打开 G:/test.csv 文件，其保存的数据如图 7-3 所示。

	A	B	C
1	id	name	score
2	1	xiaohua	23
3	2	xiaoming	67
4	3	xiaogang	89

图 7-3　test.csv 文件保存的数据

2. 保存到数据库

Python 原生支持 sqlite3 数据库，加之此数据库小巧且功能十分强大，本节选用 sqlite3 数据库作为演示，其他数据库的使用方式类似，不同之处在于依赖的库和 SQL 语法不同。示例代码如下：

```
import sqlite3 as base
db = base.connect('d:/test.db')          # 数据库存在时，可以直接连接；不存在时，则创建
# 相应的数据库，此时当前目录下可以找到对应的数据库文件
```

```
# 获取游标
sur = db.cursor()
# 建表
sur.execute("""create table info(
id text,
name text,
score text)""")

db.commit()
 # 添加数据
sur.execute("insert into info values ('1','xiaohua','23')")
sur.execute("insert into info values ('2','xiaoming','67')")
sur.execute("insert into info values ('3','xiaogang','89')")

db.commit()
sur.close()
db.close()
```

使用 SQLiteSpy 工具软件打开 G:/test.db 数据库，其保存的数据如图 7-4 所示。

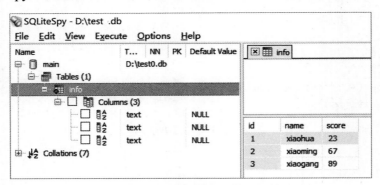

图 7-4　test.db 数据库保存的数据

7.2.4　爬虫从这里开始

在前面的学习中已经知道了如何下载网页源码、解析网页、保存数据，此时已经学会简单爬虫的一大半内容了。

1. 纯手工打造爬行器

本节会一步一步编写一个简洁实用的网络爬虫，并将对"豆瓣电影 Top 250"（https://movie.douban.com/top250）的数据进行爬取。

在 chrome 浏览器中打开"豆瓣电影 Top 250"网页，其网页截图如图 7-5 所示。

图 7-5　豆瓣电影 Top 250 网页截图

　　需要从页面中提取电影名、评分、描述，以及获取下一页链接并循环爬取，直到最后一页。要爬取的每部电影的展示信息如图 7-6 所示。图 7-6 中，A 处表示电影名，B 处表示评分，C 处表示评论。

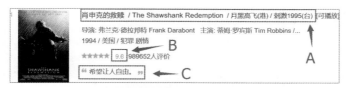

图 7-6　要爬取的每部电影的展示信息

爬取数据的流程如图 7-7 所示。

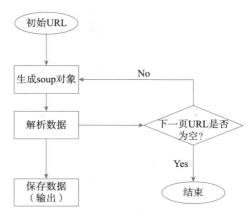

图 7-7　爬取数据的流程

（1）引入模块。

```
import requests
from chardet import detect
from bs4 import BeautifulSoup
import re
```

（2）获取网页源码，生成 soup 对象。

```
def getSoup(url):
    """ 获取源码 """
    header={'User-Agent': 'Mozilla/5.0 (Windows NT 6.1; Win64; x64)
        AppleWebKit/537.36 (KHTML, like Gecko) Chrome/79.0.3945.88 Safari/537.36'}
    # 伪装浏览器，防止被反爬虫
    data = requests.get(url, headers=header)
    soup = BeautifulSoup(data.text,'lxml')
    return soup
```

（3）解析数据。首先找到包含电影的标签。在页面上右击"检查元素"或者按 F12 功能键，查找数据元素，如图 7-8 所示。当鼠标在元素突出显示的代码上移动时，会发现网页上部分元素被选中，依次单击打开至 A 行（<ol class="grid_view">）时，发现要爬取的信息都被包含在此区域内。

图 7-8　查找数据元素

继续单击查看数据标签，依次寻找电影名、评分、描述，如图 7-9 所示，发现分别对应 D、E、F 行。

图 7-9　查看数据标签

因此只需要抓取图 7-8 中的 B 行 < li > 标签下的子标签中一些满足要求的 <span> 标签的数据即可，如 class="title"，class="rating_num"，class="inq"（如图 7-9 中 D、E、F 行所示）。

```python
def getData(soup):
    """ 获取数据 """
    data = []
    ol = soup.find('ol', attrs={'class': 'grid_view'})
    for li in ol.findAll('li'):
        tep = []
        titles = []
        for span in li.findAll('span'):
            if span.has_attr('class'):
                if span.attrs['class'][0] == 'title':
                    titles.append(span.string.strip())
                elif span.attrs['class'][0] == 'rating_num':
                    tep.append(span.string.strip())
                elif span.attrs['class'][0] == 'inq':
                    tep.append(span.string.strip())
        tep.insert(0, titles)
        data.append(tep)
```

```
    return data
```

（4）获取下一页链接。打开页面下方的翻页栏，在页面上右击"检查元素"或者按 F12 功能键，查看翻页数据标签，如图 7-10 所示，H 行的"后页"标签对应 G 行代码。

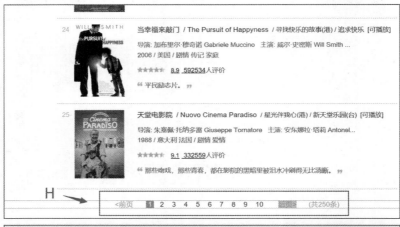

图 7-10　查看翻页数据标签

```
def nextUrl(soup):
    """ 获取下一页链接后缀 """
    a = soup.find('a', text=re.compile("^ 后页 "))
    if a:
        return a.attrs['href']
    else:
        return None
```

（5）组织代码结构，开始爬取数据。

```
if __name__ == '__main__':
    url = "https://movie.douban.com/top250"
    soup = getSoup(url)
    print(getData(soup))
    nt = nextUrl(soup)
    while nt:
        soup = getSoup(url + nt)
        print(getData(soup))
        nt = nextUrl(soup)
```

执行完以上各步骤后会得到如下内容（部分）：

```
[[[' 肖申克的救赎 ', '/\xa0The Shawshank Redemption'], '9.6', ' 希望让人自由。'], [[' 霸王
别姬 '], '9.5', ' 风华绝代。'], [[' 这个杀手不太冷 ', "/\xa0Léon'], '9.4', ' 怪蜀黍和小萝
莉不得不说的故事。'], [[' 阿甘正传 ', '/\xa0Forrest Gump'], '9.4', ' 一部美国近现代史。'],
[[' 美丽人生 ', '/\xa0La vita è bella'], '9.5', ' 最美的谎言。'], [[' 千与千寻 ',
'/\xa0 千と千寻の神隐し '], '9.2', ' 最好的宫崎骏，最好的久石让。'], [[' 泰坦尼克号 ',
'/\xa0Titanic'], '9.2', ' 失去的才是永恒的。'], [[' 辛德勒的名单 ', "/\xa0Schindler's
List"], '9.4', ' 拯救一个人，就是拯救整个世界。'], [[' 盗梦空间 ', '/\xa0Inception'],
'9.3', ' 诺兰给了我们一场无法盗取的梦。'], [[' 机器人总动员 ', '/\xa0WALL·E'], '9.3', '
小瓦力，大人生。'], [[' 海上钢琴师 ', "/\xa0La leggenda del pianista sull'oceano"],
'9.2', ' 每个人都要走一条自己坚定了的路，就算是粉身碎骨。'], [[' 三傻大闹宝莱坞 ', '/\xa03
Idiots'], '9.2', ' 英俊版憨豆，高情商版谢耳朵。'],……
```

剩下的工作就是清洗、整理数据了。

2. Scrapy 爬虫框架

Scrapy 是由 Python 开发的一个快速的、高层次的屏幕抓取和 Web 抓取爬虫框架，用于抓取 Web 站点并从页面中提取结构化的数据。Scrapy 的用途广泛，可以用于数据挖掘、监测和自动化测试。

Scrapy 依赖 Twisted、lxml、pywin32 等包，在安装这些包之前还需要安装 VC++ 10.0，有些 Windows 10 操作系统已经安装好 VC++。所需包的安装顺序是 pywin32、Twisted、lxml，最后安装 Scrapy。

打开 Anaconda3 目录中的 Anaconda Prompt，先安装 pywin32 包，输入如下命令：

```
conda install pywin32
```

安装 pywin32 包的结果如图 7-11 所示。

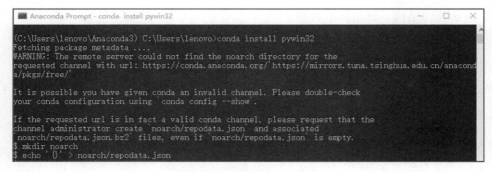

图 7-11　安装 pywin32 包

运行过程中需要输入 y，方可完成安装，如图 7-12 所示。

图 7-12　安装 pywin32 包的中间过程

安装 Twisted、lxml 以及 Scrapy 时，同样会更新一些包，输入 y 即可继续。

 注意：以上包的安装顺序不能错，否则可能会出现莫名其妙的错误。

Scrapy 爬虫主要执行以下步骤。

- 创建项目：scrapy startproject [项目名]
- 配置项目：scrapy genspider [爬虫名] [域名]
- 开始爬虫：scrapy crawl [爬虫名]

（1）创建项目。新建如下文件（初始化 .py）：

```python
import os
pname = input('项目名:')
os.system("scrapy startproject " + pname)
os.chdir(pname)
wname = input('爬虫名:')
sit = input('网址:')
os.system('scrapy genspider ' + wname + ' ' + sit)
```

```
runc = """
from scrapy.crawler import CrawlerProcess
from scrapy.utils.project import get_project_settings

from %s.spiders.%s import %s

# 获取 settings.py 模块的设置
settings = get_project_settings()
process = CrawlerProcess(settings=settings)

# 可以添加多个 spider
# process.crawl(Spider1)
# process.crawl(Spider2)
process.crawl(%s)

# 启动爬虫，会阻塞，直到爬取完成
process.start()
% (pname, wname, wname[0].upper() + wname[1:] + 'Spider', wname[0].upper() +
      wname[1:] + 'Spider')
with open('main.py', 'w', encoding = 'utf-8') as f:
    f.write(runc)
input('end')
```

运行上述文件，初始化代码模板：

```
项目名：douban
爬虫名：top250
网址：movie.douban.com/top250
```

　　执行完毕即可生成项目结构，本案例中生成的 douban 项目的目录示意图如图 7-13 所示，相关文件及其描述如表 7-3 所示。

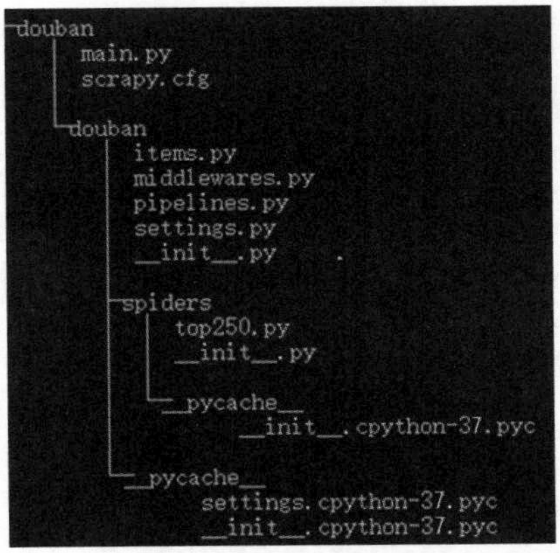

图 7-13　生成的 douban 项目的目录示意图

表 7-3　相关文件及其描述

文件夹	文 件	描 述
douban	main.py	程序运行总入口
douban	scrapy.cfg	项目的配置文件
douban/douban	__init__.py	初始化文件
douban/douban	items.py	抓取内容描述
douban/douban	middlewares.py	中间件
douban/douban	pipelines.py	管道，数据的清洗与存储
douban/douban	settings.py	配置文件
douban/douban/spiders	__init__.py	初始化文件
douban/douban/spiders	top250.py	爬虫文件

（2）项目配置。这里需要对 item.py、pipelines.py、settings.py 和 top250.py 文件进行修改。

1）进入目录，找到 items.py 文件并进行修改，确定需要爬取的项目。代码如下：

```
from scrapy import Item, Field
class DoubanItem(Item):
    name = Field()
    fen = Field()
    words = Field()
```

2）进入目录，修改爬虫文件 top250.py。代码如下：

```
import scrapy
from ..items import DoubanItem
from bs4 import BeautifulSoup
import re
class Top250Spider(scrapy.Spider):
    name = 'top250'
    allowed_domains = ['movie.douban.com']
    start_urls = ['https://movie.douban.com/top250/']
    def parse(self, response):
        soup = BeautifulSoup(response.body.decode('utf-8', 'ignore'), 'lxml')
        ol = soup.find('ol', attrs={'class': 'grid_view'})
        for li in ol.findAll('li'):
            tep = []
            titles = []
            for span in li.findAll('span'):
                if span.has_attr('class'):
                    if span.attrs['class'][0] == 'title':
```

```
                titles.append(span.string.strip().replace(',',','))
            elif span.attrs['class'][0] == 'rating_num':
                tep.append(span.string.strip().replace(',',','))
            elif span.attrs['class'][0] == 'inq':
                tep.append(span.string.strip().replace(',',','))
        tep.insert(0, titles[0])
        while len(tep) < 3:
            tep.append("-")
        tep = tep[:3]
        item = DoubanItem()
        item['name'] = tep[0]
        item['fen'] = tep[1]
        item['words'] = tep[2]
        yield item
    a = soup.find('a', text=re.compile("^ 后页 "))
    if a:
        yield scrapy.Request("https://movie.douban.com/top250" +
                    a.attrs['href'], callback=self.parse)
```

在 top250.py 文件中，首先指定了爬虫名称 name="top250"，允许爬行的域名范围 allowed_domains = ['movie.douban.com']，爬 行 起 点 start_urls = ['https://movie.douban.com/top250/']，在 parse() 函数中将源码解码生成了 soup 对象，解析出数据 item，通过生成器 yield 返回，然后解析出接下来需要爬行的 url，通过 Request 对象 yield 到爬行队列，并指定处理该 url 的处理函数为 self.parse，当然也可以自己编写这个函数。在上面这段代码中，第 2 行的 "items" 必须写成 "..items"，写成 douban.douban.items 会报错。

3）修改数据存储文件 pipelines.py。代码如下：

```
import csv
class DoubanPipeline(object):
    def __init__(self):
        self.fp = open('TOP250.csv','w', encoding = 'utf-8-sig')
        self.wrt = csv.DictWriter(self.fp, ['name','fen','words'])
        self.wrt.writeheader()
    def __del__(self):
        self.fp.close()
    def process_item(self, item, spider):
        self.wrt.writerow(item)
        return item
```

这里将爬取到的数据存入 TOP250.csv 文件中。上面的代码中的编码格式需要设置为 encoding = 'utf-8-sig'，否则打开 CSV 文件时是乱码，并且后面运行主程序 main.py 时会报错。

4）修改配置文件 settings.py。代码如下：

```
BOT_NAME = 'douban'
SPIDER_MODULES = ['douban.spiders']
NEWSPIDER_MODULE = 'douban.spiders'
# 豆瓣必须加这个
USER_AGENT = 'Mozilla/5.0 (Windows NT 6.1; WOW64) AppleWebKit/537.36 (KHTML, like
            Gecko) Chrome/55.0.2883.87 Safari/537.36'
ROBOTSTXT_OBEY = False
ITEM_PIPELINES = {
    'douban.pipelines.DoubanPipeline': 300,
}
```

到此为止，已经完成项目配置。运行主程序 main.py，如图 7-14 所示。

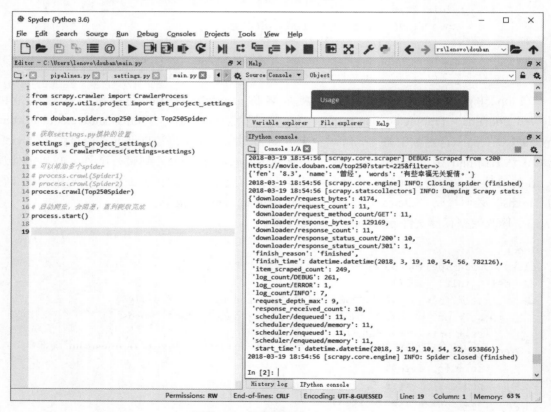

图 7-14　运行主程序 main.py

在 Anaconda 当前运行目录下会生成如图 7-15 所示的 douban 文件夹。

图 7-15　douban 文件夹

douban 文件夹中的 TOP250.csv 文件就是需要的数据文件，该文件中的内容如图 7-16 所示。

图 7-16　TOP250.csv 文件中的内容

7.3 实战案例：批量下载图片

本案例指定一个书法网站，从该网站下载一些书法图片，并保存在 d:\caoshu 目录下。为了防止爬虫，需要对浏览器进行伪装，添加 headers 变量，赋值给 requests.post() 中的参数 headers。

本案例主要用到以下 4 个函数。

- get_page(url,word)：获取网页元素。
- parse_page(html)：解析网页。
- to_file(url,word)：将文件保存到本地。
- main ()：主函数。

下面对各个函数逐一解释说明。

1. get_page(url,word) 函数

此函数主要用于获取网页的 html 信息。如图 7–17 所示，Headers 中包含的是构造爬虫的请求头，防止反爬虫而获取网页内容失败。Form Data 中包含的是在用 requests 库进行爬虫爬取时提交的 post 表单信息。通过分析网页可知，书法字体中草书的 post 表单请求对应的代码的标签为 "7"，而且所搜的字体会传输到 Form Data 的 wd 中。因此构造 data 表单请求并将 word 字体的数据传送到 wd 中，代码如下：

```
data = { 'wd' : word, 'sort': 7}
```

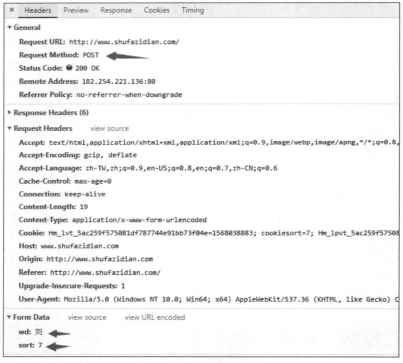

图 7–17　post 表单请求

get_page(url,word) 函数的代码如下：

```
def get_page(url,word):
    try:
        headers = {
            'User - Agent': 'Mozilla/5.0 (Windows NT 10.0; Win64; x64)
                           AppleWebKit/537.36 '  #构造爬虫请求头
                           '(KHTML, like Gecko) Chrome/70.0.3538.110 Safari/537.36',
            "referer": "http://www.shufazidian.com/",
```

```
            "Accept": "text/html, application/xhtml+xml, image/jxr, */*",
            "Accept-Encoding": "gzip, deflate",
            "Accept-Language": "zh-CN",
            "Cache-Control": "no-cache",
            "Connection": "Keep-Alive",
            "Content-Length": "19",
            "Content-Type": "application/x-www-form-urlencoded",
            "Cookie":"cookiesort=7;Hm_lvt_5ac259f575081df787744e91bb73f04e=1563974376,
                    1564218809; Hm_lpvt_5ac259f575081df787744e91bb73f04e=1564226330",
            'Host': 'www.shufazidian.com'
        }
        data = {
            'wd' : word,
            'sort': 7
        }
        r = requests.post(url, headers= headers,data= data)      # post 请求
        r.raise_for_status()                                     # 自动解析网页编码
        r.encoding = r.apparent_encoding
        return r.content
    except:
        return ""
```

接着调用 requests 库进行信息爬取，将信息返回，用 requests 库中的 content 方法即可。

2. parse_page(html) 函数

此函数调用 Beautiful Soup 库解析网页内容。查找需要下载的内容，如图 7-18 所示，可以看出要获取的内容都包含在 class="mbpho" 的标签中，其中 href 中包含的是图片的链接，title 的内容是该书法的作者名以及作品名称。所以，首先构造 Beautiful Soup 的实例对象 soup，将 html 传入函数，并用 lxml 解析器解析；然后调用 Beautiful Soup 中的 find_all 方法进行信息的收集和提取，并将所获得的图片链接以及图片名存入列表；最后调用 zip() 方法，构造字典，将图片链接和图片名逐一对应并返回字典。

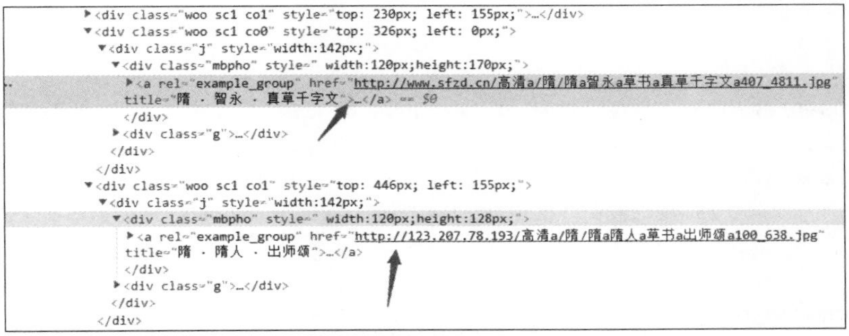

图 7-18　查找需要下载的内容

parse_page(html) 函数的代码如下：

```python
def parse_page(html):
    soup = BeautifulSoup(html ,"lxml")                          # 解析网页
    pics = soup.find_all(class_="mbpho")                        # 获得图片所在的标签
    pic_link = list()
    name = list()
    for i in range(1,len(pics)):
        pic = pics[i].find(name="a").find(name="img")["src"]    # 获得图片的链接并存入列表
        pic_link.append(pic)
        title = pics[i].find(name="a")["title"]                 # 获得图片的作者并存入列表
        name.append(title)
        pic_dic = dict(zip(pic_link,name))                      # 构造图片和作者逐一对应的字典

return pic_dic
```

3. to_file(url,word) 函数

该函数主要是调用 os 模块创建下载字体的目录并按要求保存图片。按照下载的汉字创建目录，并将图片保存在相应的文件夹下。由于之前已经解析出图片的链接，所以只需要将之前保存的字典遍历，并将其传入 get 方法中，再次调用 requests 库的 get 方法爬取图片即可。代码如下：

```python
def to_file(url,word):
    if not os.path.exists("E://shufa"):                        # 创建书法目录
        os.mkdir("E://shufa")
    path = "E://shufa//"+word                                  # 创建搜索图片目录
    if not os.path.exists(path):
        os.mkdir(path)
    os.chdir(path)                                             # 改变当前工作目录到 path

    html = get_page(url, word)      # 获得网页的 html
    pic_dic = parse_page(html)      # 解析网页的 html，返回图片链接和图片作者对应的字典


header = {
        "user-agent": "Mozilla/5.0 (Windows NT 10.0; WOW64; Trident/7.0; rv:11.0)
                       like Gecko Core/1.70.3704.400 QQBrowser/10.4.3587.400",
        "Cookie": "cookiesort=7; Hm_lvt_5ac259f575081df787744e91bb73f04e=1563974376,
                  1564218809; Hm_lpvt_5ac259f575081df787744e91bb73f04e=1564226330"
    }

    for item in pic_dic:
        #url = item
        try:
```

```
        response = requests.get(item, headers=header)    #获取图片链接
        if response.status_code == 200:
            open(pic_dic.get(item) + ".jpg", 'wb').write(response.content)
            print("{} 保存成功 ".format(pic_dic.get(item)))
    except:
        return ''
```

4. main() 函数

该函数主要是调用 to_file() 函数，并将 url 和 words 参数传入函数中，实现对图片的获取。

```
def main ():
    url = "http://www.shufazidian.com/"
    words = [" 刘 "," 春 "]
    for word in words:
        to_file(url,word)
```

执行上述代码,运行结果如图 7-19 所示,下载的包含"春"字的图片均保存在"D:\caoshu\ 春"下。

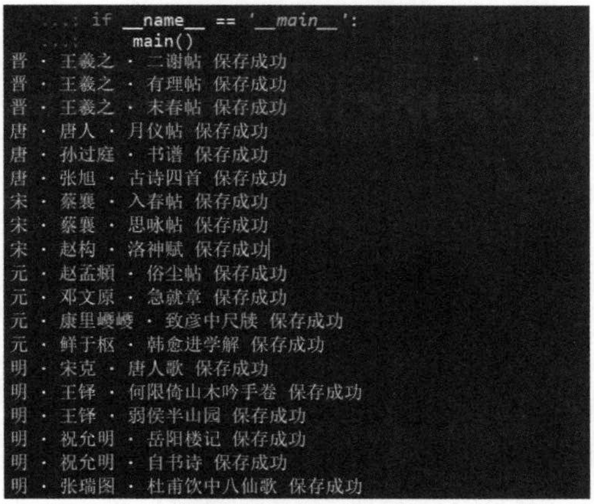

图 7-19　下载的包含 "春" 字的图片

完整代码如下 :

```
import requests
from bs4 import BeautifulSoup
import os

def get_page(url, word):
    # 输入网址
    try:
        headers = {
            "user-agent": "Mozilla/5.0 (Windows NT 10.0; WOW64; Trident/7.0; rv:11.0)like
                    Gecko Core/1.70.3704.400;QQBrowser/10.4.3587.400",
```

```
                    "referer": "http://www.shufazidian.com/",
                    "Accept": "text/html,application/xhtml+xml,application/xml;q=0.9,
                              image/webp,image/apng,*/*",
                    "Accept-Encoding": "gzip, deflate",
                    "Accept-Language": "zh-CN",
                    "Cache-Control": "max-age=0",
                    "Connection": "keep-alive",
                    "Content-Length": "19",
                    "Content-Type": "application/x-www-form-urlencoded",
                    "Cookie": "Hm_lvt_5ac259f575081df787744e91bb73f04e=1566984681,
                              1567690822,1567759967,1567944208; cookieso;rt= 8;
                              Hm_lpvt_5ac259f575081df787744e91bb73f04e=1567944861",
                    "Host": "www.shufazidian.com"
            }
        data = {'wd': word,
                'sort': 7                                    # 类型编码
                }
        r = requests.post(url, headers=headers, data=data)   # post 请求
        r.encoding = r.apparent_encoding
        r.raise_for_status()
        return r.content
    except:
        return ""


def parse_page(html):
    soup = BeautifulSoup(html, "lxml")                       # 解析网页
    pics = soup.find_all(class_="mbpho")                     # 获取图片所在的标签
    pic_link = list()
    name = list()
    for i in range(1, len(pics)):
        pic = pics[i].find(name="a").find(name="img")["src"]  #获取图片链接并存入列表
        pic_link.append(pic)
        title = pics[i].find(name="a")["title"]              # 获取图片的作者并存入列表
        name.append(title)
    pic_dic = dict(zip(name, pic_link))                      # 构造图片和作者逐一对应的字典
    return pic_dic


def to_file(url, word):
    # 创建书法目录
```

```python
    if not os.path.exists("D:// 草书 "):              # 判断文件夹是否存在
        os.mkdir("D:// 草书 ")                        # 若不存在，则创建文件夹
    path = "D:// 草书 //" + word                       # 创建搜索图片目录
    if not os.path.exists(path):                      # 判断文件夹是否存在
        os.mkdir(path)                                # 若不存在，则创建文件夹
    os.chdir(path)                                    # 改变当前工作目录到 path

    html = get_page(url, word)      # 获得网页的 html
    pic_dic = parse_page(html)      # 解析网页的 html，返回图片链接和图片作者对应的字典
    # print(pic_dic)
    header = {
            "user-agent": "Mozilla/5.0 (Windows NT 10.0; WOW64; Trident/7.0; rv:11.0)
                           like Gecko Core/1.70.3704.400 "
                           "QQBrowser/10.4.3587.400",
            "Cookie": "cookiesort=7; Hm_lvt_5ac259f575081df787744e91bb73f04e=1563974376,
                      1564218809; Hm_lpvt_"
                      "5ac259f575081df787744e91bb73f04e=1564226330"
    }
    for title in pic_dic:
        # url = item
        try:
            response = requests.get(pic_dic[title], headers=header)
            if response.status_code == 200:
                open(title + ".jpg", 'wb').write(response.content)   # 保存图片
                print("{} 保存成功 ".format(title))
        except:
            return ''


def main():
    url = "http://www.shufazidian.com/"
    words = [" 余 "," 闻 "," 水 "]
    for word in words:
        to_file(url, word)


if __name__ == '__main__':
    main()
    print(" 所有图片均保存在 'd:\ 草书 ' 目录下。")
```

7.4 本 章 小 结

本章主要学习了正则表达式的使用、字符编码的转换，以及网络爬虫的工作方法，应熟练掌握 Beautiful Soup 库的使用方法。

✎ 读书笔记

第二部分　实战案例

- 分词与词云
- 航空客户分类
- 文本分类分析
- 贷款风险评估分析

第 **8** 章

分词与词云

8.1 词云的概念

"词云"就是对网络文本中出现频率较高的"关键词"予以视觉上的突出，形成"关键词云层"或"关键词渲染"，从而过滤掉大量的文本信息，使网页浏览者只要一眼扫过文本，就可以领略文本的主旨。词云图如图 8-1 所示。

图 8-1　词云图

"词云"这个概念是由美国西北大学新闻学副教授、新媒体专业主任里奇·戈登（Rich Gordon）于 2006 年最先使用的。他一直很关注网络内容发布的最新形式——那些只有互联网可以采用，而报纸、广播、电视等其他媒体都望尘莫及的传播方式。这些最新的、最适合网络的传播方式，通常也是最好的传播方式。

8.2 安装jieba库

用 Python 制作词云，需要安装两个文件包，一个是 wordcloud，另一个是中文分词 jieba。

执行如下命令可以自动安装 jieba 库：

```
conda install jieba
```

或者：

```
pip install jieba
```

用 conda 命令安装不成功时，请改用 pip 命令试试。安装 jieba 和 wordcloud 库的过程如图 8-2 所示。

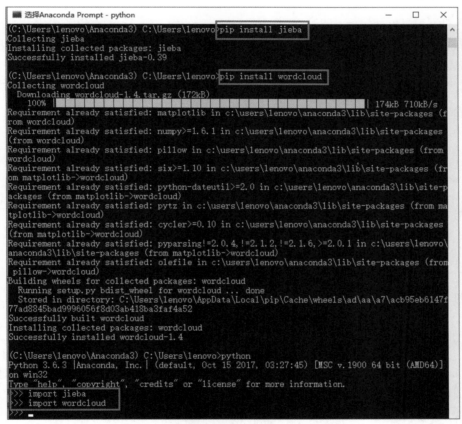

图 8-2　安装 jieba 和 wordcloud 库

8.3 jieba库的用法

中文分词（Chinese Word Segmentation）指的是将一个汉字序列切分成一个个单独的词。分词就是将连续的字序列按照一定的规范重新组合成词序列的过程。众所周知，在英文的行文中，单词之间是以空格作为自然分界符的。而中文只是字、句和段能通过明显的分界符来简单划界，对于词，没有一个形式上的分界符。虽然英文也同样存在短语的划分问题，不过在词这一层上，中文比英文要复杂得多、困难得多。

本节将对中文分词的 jieba 库进行介绍。

8.3.1 cut 方法

cut 方法的语法格式如下：

```
jieba.cut(s, cut_all = True)
```

jieba.cut 方法接受两个输入参数：参数 s 为需要分词的字符串；参数 cut_all 用来控制是否采用全模式。

示例代码如下：

```
In [1]: import jieba
        seg_list = jieba.cut(" 我来到北京清华大学 ",cut_all=True)
        print("Full Mode:", "/ ".join(seg_list))          #全模式

Full Mode: 我 / 来到 / 北京 / 清华 / 清华大学 / 华大 / 大学

In [2]: seg_list = jieba.cut(" 我来到北京清华大学 ",cut_all=False)
        print("Default Mode:", "/ ".join(seg_list))        #精确模式

Default Mode: 我 / 来到 / 北京 / 清华大学

In [3]: seg_list = jieba.cut(" 他来到了网易杭研大厦 ")       #默认是精确模式
        print(", ".join(seg_list))

他 , 来到 , 了 , 网易 , 杭研 , 大厦
```

jieba.cut_for_search 方法接受一个参数：需要被分词的字符串。该方法适用于搜索引擎构建倒排索引的分词，粒度比较细。示例代码如下：

```
In [4]: seg_list = jieba.cut_for_search(" 小明硕士毕业于中国科学院计算所,
                                         后在日本京都大学深造 ")
        #搜索引擎模式
        print(", ".join(seg_list))

小明 , 硕士 , 毕业 , 于 , 中国 , 科学 , 学院 , 科学院 , 中国科学院 , 计算 , 计算所 , ,, 后 , 在 ,
日本 , 京都 , 大学 , 日本京都大学 , 深造
```

注意: 待分词的字符串可以是 gbk 字符串、utf-8 字符串或者 unicode 字符串。

jieba.cut 方法以及 jieba.cut_for_search 方法返回的结果都是可迭代的构造器，可以使用 for 循环来获得分词后得到的每一个词语（unicode），也可以用 list(jieba.cut(...)) 转化为列表。

8.3.2　词频与分词字典

在一份给定的文件中，词频（Term Frequency，TF）指的是某一个给定的词语在该文件中出现的次数。这个次数通常会被标准化，以防止它偏向长的文件。（同一个词语在长文件中可能会比短文件中有更高的词频，而不管该词语重要与否。）

在分词后，有时需要将高频词汇输出。例如，想要获取分词结果中出现频率前 10 的词列表，代码如下：

```
In [1]: import jieba
        from collections import Counter

        content=open(r'd:\pachong.txt',encoding='utf-8').read()
        Counter(content).most_common(10)
Out[1]:
[('【', 116),
 ('】', 116),
 ('标', 106),
 ('题', 106),
 ('\n', 104),
 ('：', 102),
 ('"', 100),
 ('>', 100),
 ('学', 98),
 ('，', 76)]
```

可以看到，在输出结果中 '【'、'】'、'标' 和 '题' 是出现频率较高的字或字符，这种无实际意义的字符并不是本例想要的。此时可以根据前面说的词性进行一次过滤，代码如下：

```
In [2]: con_words = [x for x in jieba.cut(content) if len(x) >= 2]
        Counter(con_words).most_common(10)
Out[2]:
[('标题', 100),
 ('海南', 46),
 ('学长', 44),
 ('医学院', 42),
```

```
(' 贵校 ', 40),
(' 学姐 ', 36),
(' 请问 ', 32),
(' 考生 ', 24),
(' 专业 ', 24),
(' 一下 ', 20)]
```

有些时候，许多专有名词（如人名、地名）是不可分的，如"欧阳建国"不可分为"欧阳"和"建国"；"赵州桥"不可分为"赵""州"和"桥"等。这时可以指定自定义的词典，以便包含 jieba 库中没有的词。虽然 jieba 库有新词识别能力，但是通过自行添加新词可以保证更高的正确率。用法如下：

```
jieba.load_userdict(file_name)
```

其中，file_name 为文件类对象或自定义词典的路径。

词典格式：一个词占一行；每一行分三部分，分别是词语、词频（可省略）、词性（可省略），用空格隔开，顺序不可颠倒。file_name 若为路径或二进制方式打开的文件，则文件必须为 UTF-8 编码。词频是一个数字，词性为自定义的词性，注意词频数字和空格都要求是半角格式的。

下面看一个例子，不使用用户词典的分词结果如下：

```
In [3]:txt ='欧阳建国是创新办主任也是欢聚时代公司云计算方面的专家'
       print(','.join(jieba.cut(txt)))
```

欧阳 , 建国 , 是 , 创新 , 办 , 主任 , 也 , 是 , 欢聚 , 时代 , 公司 , 云 , 计算 , 方面 , 的 , 专家

使用用户词典 user_dict.txt 的分词结果如下：

```
In [4]: jieba.load_userdict('user_dict.txt')
       print(','.join(jieba.cut(txt)))
```

欧阳建国 , 是 , 创新办 , 主任 , 也 , 是 , 欢聚时代 , 公司 , 云计算 , 方面 , 的 , 专家

通过比较可以看出，使用用户词典后分词的准确性大大提高。

用户词典 user_dict.txt 的内容如下：

```
欧阳建国 5
创新办 5
欢聚时代 5
云计算 5
```

关于自定义词典，在提供自定义词的时候，为什么还需要指定词频？这里的词频有什么作用？

因为频率越高，成词的概率就越大。例如，"江州市长江大桥"，既可以是"江州 / 市长

/ 江大桥", 也可以是"江州 / 市 / 长江大桥"。

假设要保证第一种划分的话, 通过在自定义词典中提高"江大桥"的词频就可以做到, 但是设置多少合适呢?

这个例子其实比较极端, 因为"长江大桥""市长"这些词的频率都很高, 为了纠正, 才把"江大桥"的词频设置得很高。对于一般的词典中没有的新词, 大多数情况下不会处于有歧义的语境中, 故词频保持个位数, 如 2、3 或 4 就够了。

附: jieba 分词中出现的词性类型

- a 形容词
  - ad 副形词
  - ag 形容词性语素
  - an 名形词
- b 区别词
- c 连词
- d 副词
  - dg 副词性语素
- e 叹词
- f 方位词
- g 语素
- h 前接成分
- i 成语
- j 简称略语
- k 后接成分
- l 习用语
- m 数词
  - mg 数语素
  - mq 数量词
- n 名词
  - ng 名词性语素
  - nr 人名
  - ns 地名
  - nt 机构团体
  - nz 其他专名
- o 拟声词

- p 介词
- q 量词
- r 代词
  - rg 代词性语素
  - rr 人称代词
  - rz 指示代词
- s 处所词
- t 时间词
  - tg 时间词性语素
- u 助词
  - ud
  - ug
  - uj
  - ul
  - uv
  - uz
- v 动词
  - vd 副动词
  - vg 动词性语素
  - vi 不及物动词 (内动词)
  - vn 名动词
  - vq
- x 非语素字
- y 语气词
- z 状态词
  - zg

8.4 词　云

词云是将感兴趣的词语放在一幅图像中，可以控制词语的位置、大小、字体等。通常使用字体的大小来反映词语出现的频率，出现的频率越大，在词云中词语的字号就越大。

安装 wordcloud 库的命令如下：

```
conda install wordcloud
```

或者：

```
pip install wordcloud
```

wordcloud 库安装成功后，执行如下代码：

```
import jieba
from wordcloud import WordCloud
import matplotlib.pyplot as plt
s1 = " 在克鲁伊夫时代,巴萨联赛中完成了四连冠,后三个冠军都是在末轮逆袭获得的。在91/92赛季,
巴萨末轮前落后皇马1分,结果皇马客场不敌特内里费使得巴萨逆转。一年之后,巴萨用几乎相同的方式逆袭,
皇马还是末轮输给了特内里费。在93/94赛季中,巴萨末轮前落后拉科1分。巴萨末轮5比2屠杀塞维利亚,
拉科则0比0战平瓦伦西亚,巴萨最终在积分相同的情况下靠直接交锋时的战绩优势夺冠。神奇的是, 拉科
球员久基奇在终场前踢丢点球,这才有了巴萨的逆袭。"
s2 = " 巴萨上一次压哨夺冠,发生在09/10赛季中。末轮前巴萨领先皇马1分,只要赢球就将夺冠。
末轮中巴萨4比0大胜巴拉多利德,皇马则与对手踢平。巴萨以99分的佳绩创下五大联赛积分纪录,皇马
则以96分成为了悲情的史上最强亚军。"
s3 = " 在48/49赛季中,巴萨末轮2比1拿下同城死敌西班牙人,以2分优势夺冠。52/53赛季,巴
萨末轮3比0战胜毕巴,以2分优势力压瓦伦西亚夺冠。在59/60赛季,巴萨末轮5比0大胜萨拉戈萨。
皇马与巴萨积分相同,巴萨靠直接交锋时的战绩优势夺冠。"
mylist = [s1,s2,s3]
word_list = [" ".join(jieba.cut(sentence)) for sentence in mylist]
new_text = ' '.join(word_list)
wordcloud = WordCloud(font_path='simhei.ttf',
                      background_color="black").generate(new_text)
plt.imshow(wordcloud)
plt.axis("off")
plt.show()
```

上述代码总共 13 行。前 3 行导入相关的模块；s1~s3 行为要制作词云字符串的变量；mylist 行将 s1~s3 做成列表；word_list 行对 mylist 进行遍历，并将其做分词切割后形成列表；new_text 行将 word_list 行内的元素用空格连接起来，以便于计算词频；wordcloud 行将做好的分词算出词频并设置词云的字体和背景颜色；后 3 行是作图显示词云图。结果如图 8-1 所示。

对上面的代码进行改造，导入一篇本地文本 pachong.txt，替换 s1、s2、s3 行的内容，即删除 s1、s2、s3，用 text 行的内容替代，再把 mylist 修改为 list(text) 即可。代码如下：

```
import jieba
from wordcloud import WordCloud
import matplotlib.pyplot as plt
text = open(r'c:\Users\yubg\OneDrive\2018book\pachong.txt',encoding='utf8')
mylist = list(text)

word_list = [" ".join(jieba.cut(sentence)) for sentence in mylist]
new_text = ' '.join(word_list)
wordcloud = WordCloud(font_path='simhei.ttf',
                      background_color="black").generate(new_text)
plt.imshow(wordcloud)
plt.axis("off")
plt.show()
```

运行上述代码，显示的 text 文本词云图如图 8-3 所示。

图 8-3　text 文本词云图

8.5　背景词云图的制作

本节介绍用给定的背景图制作词云图的方法，生成的背景轮廓词云图如图 8-4 所示。

图 8-4　背景轮廓词云图

1. 准备数据

本例用从百度贴吧抓取的帖子的标题文本作为制作词云的数据。

文本的示例（Pachong.txt）如下：

> 【时间：2020-07-26 00:29:25】
>
> 【标题】海南医学院贴吧
>
> 【标题1】：[公告] 关于撤销 蜡笔小新加小葵 吧主管理权限的说明 ">[公告] 关于撤销 蜡笔小新加小葵 吧主管理权限的说明
>
> 【标题2】：「海南医学院 2016 级新生暨老乡群贴」">「海南医学院 2016 级新生暨老乡群贴」
>
> 【标题3】：有福建的学长学姐吗 想要咨询一下耶 "> 有福建的学长学姐吗 想要咨询一下耶
>
> 【标题4】：海南医学院 2020 新生群，欢迎新同学加入询问！"> 海南医学院 2020 新生群，欢迎新同学加入询问！
>
> 【标题5】：求解海医概况！！！挺急的！！！"> 求解海医概况！！！挺急的！！！
>
> 【标题6】：学校正式的 2020 新生群，大家快来加入吧！"> 学校正式的 2020 新生群，大家快来加入吧！
>
> 【标题7】：学长学姐们你们好 我想问一下 20 届新生咨询 QQ 群有吗？谢谢 "> 学长学姐们你们好 我想问一下 20 届新生咨询 QQ 群有吗？谢谢
>
> 【标题8】：排难解惑，公平公正，好坏必说 !"> 排难解惑，公平公正，好坏必说！
>
> 【标题9】：一年一度新生入学，作为一咸鱼，提前把帖子挂上，随便和小学弟 "> 一年一度新生入学，作为一咸鱼，提前把帖子挂上，随便和小学弟
>
> 【标题10】：湖南 529 分，能进临床吗 "> 湖南 529 分，能进临床吗

2. 分词

文本挖掘的第一步就是将文本分词。对于中文文本，这里继续使用 jieba 库进行分词。

```python
import jieba
text = open(r'pachong.txt',encoding='utf8')
data = text.readlines()
text.close()

data = ''.join(data)
hy = jieba.cut(data,cut_all=True)
print("Full Mode:", "/ ".join(hy))              # 全模式
```

这里 data 就是需要分词的文本，cut_all 就是将文本中所有可能的词都切分出来。上述文本分词之后的结果如下：

> Full Mode:【/ 时间 / : / 2020/ -/ 07/ -/ 26/ / / 00/ :/ 29/ :/ 25/ 】/
> /【/ 标题 / 】/ 海南 / 医学 / 医学院 / 学院 / 贴 / 吧 / /
> /【/ 标题 / 1/]:[/ 公告 /]/ 关于 / 撤销 / / / 蜡笔 / 蜡笔小新 / 加 / 小 / 葵 / /
> / / 吧 / 主管 / 管理 / 管理权 / 管理权限 / 权限 / 的 / 说明 / ">[/ 公告 /]/ 关于 / 撤销 / / /
> / 蜡笔 / 蜡笔小新 / 加 / 小 / 葵 / / / 吧 / 主管 / 管理 / 管理权 / 管理权限 / 权限 / 的 / 说明 / /
> /【/ 标题 / 2/]:「/ 海南 / 医学 / 医学院 / 学院 / 2016/ 级新生 / 新生 / 暨 / 老乡 / 群 / 贴

／」">「／ 海南 ／ 医学 ／ 医学院 ／ 学院 ／ 2016／ 级新生 ／ 新生 ／ 暨 ／ 老乡 ／ 群 ／ 贴 ／ 」／
／【／ 标题 ／ 3／ 】：／ 有 ／ 福建 ／ 的 ／ 学长 ／ 长学 ／ 学姐 ／ 吗 ／　　／ 想要 ／ 咨询 ／ 一下 ／
耶 ／ ">／ 有 ／ 福建 ／ 的 ／ 学长 ／ 长学 ／ 学姐 ／ 吗 ／　　／ 想要 ／ 咨询 ／ 一下 ／ 耶 ／　／
／【／ 标题 ／ 4／ 】：／ 海南 ／ 医学 ／ 医学院 ／ 学院 ／ 2020／ 新生 ／ 群 ／，／ 欢迎 ／ 迎新 ／ 同学 ／
加入 ／ 询问 ／ ！ ">／ 海南 ／ 医学 ／ 医学院 ／ 学院 ／ 2020／ 新生 ／ 群 ／，／ 欢迎 ／ 迎新 ／ 同学 ／ 加
入 ／ 询问 ／ ！ ／
／【／ 标题 ／ 5／ 】：／ 求解 ／ 海 ／ 医 ／ 概况 ／ ！！！ ／ 挺 ／ 急 ／ 的 ／ ！！！ ">／ 求解 ／ 海 ／ 医 ／
概况 ／ ！！！ ／ 挺 ／ 急 ／ 的 ／ ！！！ ／
／【／ 标题 ／ 6／ 】：／ 学校 ／ 校正 ／ 正式 ／ 的 ／ 2020／ 新生 ／ 群 ／，／ 大家 ／ 快来 ／ 加入 ／ 吧
／ ！ ">／ 学校 ／ 校正 ／ 正式 ／ 的 ／ 2020／ 新生 ／ 群 ／，／ 大家 ／ 快来 ／ 加入 ／ 吧 ／ ！ ／
／【／ 标题 ／ 7／ 】：／ 学长 ／ 长学 ／ 学姐 ／ 姐们 ／ 你们 ／ 你们好 ／　　／ 我 ／ 想 ／ 问 ／ 一下 ／
20／ 届 ／ 新生 ／ 咨询 ／ QQ／ 群 ／ 有 ／ 吗 ／ ？ ／ 谢谢 ">／ 学长 ／ 长学 ／ 学姐 ／ 姐们 ／ 你们 ／ 你们
好 ／　　／ 我 ／ 想 ／ 问 ／ 一下 ／ 20／ 届 ／ 新生 ／ 咨询 ／ QQ／ 群 ／ 有 ／ 吗 ／ ？ ／ 谢谢 ／／

3. 构建词云

接下来需要构建词云。这里使用现成的工具 wordcloud 库。使用 wordcloud 库构建词云的代码如下：

```
import jieba
from wordcloud import WordCloud
from imageio import imread
import matplotlib.pyplot as plt

content= open(r'pachong.txt',encoding='utf8')
mylist = list(content)
word_list = [" ".join(jieba.cut(sentence)) for sentence in mylist]
new_text = ' '.join(word_list)

pac_mask = imread("pachong.png")
wc = WordCloud(font_path='simhei.ttf',
               background_color="white",
               max_words=2000,
               mask=pac_mask).generate(new_text)
plt.imshow(wc)
plt.axis('off')
plt.show()
wc.to_file('d:\\ 我要的 .png')          # 保存词云图，如图 8-5 所示
```

运行上面的代码，结果如图 8-5 所示，这就是运用图 8-4 中左侧背景图，根据文本生成的词云图。

图 8-5　输出的"我要的.png"词云

上述代码中 wordcloud 库的基本用法如下：

```
wordcloud.WordCloud(font_path=None,
                    width=400,
                    height=200,
                    margin=2,
                    ranks_only=None,
                    prefer_horizontal=0.9,
                    mask=None,
                    scale=1,
                    color_func=None,
                    max_words=200,
                    min_font_size=4,
                    stopwords=None,
                    random_state=None,
                    background_color='black',
                    max_font_size=None,
                    font_step=1,
                    mode='RGB',
                    relative_scaling=0.5,
                    regexp=None,
                    collocations=True,
                    colormap=None,
                    normalize_plurals=True)
```

以上是 wordcloud 的所有参数格式，接下来具体介绍各个参数。

- font_path：字体样式的路径，需要展现什么字体就把该字体样式 + 后缀名写上。如：font_path = ' 黑体 .ttf'。
- width：输出的画布宽度，默认为 400 像素。
- height：输出的画布高度，默认为 200 像素。
- margin：画布偏移，词语边缘距离，默认为 2 像素。
- ranks_only：是否只用词频排序，而不是实际词频统计值，默认为 None。
- prefer_horizontal：词语水平方向排版出现的频率，默认为 0.9（词语竖直方向排版出现的频率为 0.1 ）。
- mask：如果 mask 为空，则使用二维遮罩绘制词云。如果 mask 非空，设置的宽、高值将被忽略，遮罩形状被 mask 取代。全白（#FFFFFF）的部分不会绘制，其余部分会用于绘制词云。例如，bg_pic = imread(' 读取一张图片 .png')，背景图片的画布一定要设置为白色（#FFFFFF），然后显示的形状为不是白色的其他颜色。用 Photoshop 软件将自己要显示的形状复制到一个纯白色的画布上再保存即可。
- scale：按照比例放大画布，如设置为 1.5，则长和宽都是原来画布的 1.5 倍。
- color_func：生成新颜色，如果为空，则使用 self.color_func。
- max_words：要显示的词的最大个数。
- min_font_size：显示的最小的字号大小。
- stopwords：设置需要屏蔽的词，如果为空，则使用内置的 STOPWORDS。
- background_color：背景颜色，如 background_color='white'，背景颜色为白色。
- max_font_size：显示的最大的字号大小。
- font_step：字体步长，如果步长大于 1，会加快运算，但是可能导致结果出现较大的误差。
- mode：当参数为 "RGBA" 并且 background_color 不为空时，背景为透明效果。
- relative_scaling：词频和字号大小的关联性。
- regexp：使用正则表达式分隔输入的文本。
- collocations：是否包括两个词的搭配。
- colormap：给每个单词随机分配颜色，若指定 color_func，则忽略该参数。
- normalize_plurals：是否移除单词末尾的 's'，布尔型，默认为 True。

生成词云的方法如下。

- fit_words(frequencies)：根据词频生成词云。
- generate(text)：根据文本生成词云。
- generate_from_frequencies(frequencies[, ...])：根据词频生成词云。
- generate_from_text(text)：根据文本生成词云。
- to_file(filename)：输出到文件。
- to_array()：转化为 NumPy 数组。

图 8-5 所示为根据文本生成的词云图，接下来根据词频生成词云。代码如下：

297

```
import jieba
from wordcloud import WordCloud
from imageio import imread
import matplotlib.pyplot as plt

content= open(r'pachong.txt',encoding='utf8')
mylist = list(content)
content.close()

word_list = [" ".join(jieba.cut(sentence)) for sentence in mylist]
new_text = ' '.join(word_list)
con_words = [x for x in jieba.cut(new_text) if len(x) >= 2]
frequencies =Counter(con_words).most_common()
frequencies =dict(frequencies)
pac_mask = imread("pachong.png")
wc = WordCloud(font_path='simhei.ttf',
               background_color="white",
               max_words=2000,
               mask=pac_mask). generate(new_text)
plt.imshow(wc)
plt.axis('off')
plt.show()

wc.to_file('d:\\ 我要的 _fre.png')                    # 保存词云图
```

运行上面的代码，根据调频生成的词云图如图 8-6 所示。

图 8-6 根据词频生成词云图

8.6 本章小结

　　本章主要学习了词云的制作方法。应熟悉 jieba 库的使用方法，会使用 wordcloud 库绘制词云图，注意相关参数的使用，了解 .generate() 和 .fit_words() 方法的区别。

✎ 读书笔记

第 **9** 章

航空客户分类

随着大数据时代的来临，传统的商业模式正在被一种新的营销模式——数据化营销替代。对不同客户采取不同的营销策略，可以将有限的资源集中在高价值的客户身上，以实现企业利润的最大化。

面对激烈的市场竞争，很多企业针对客户流失、竞争力下降、企业资源未充分利用等危机，通过建立合理的客户价值评估模型，对客户进行分群，如餐饮、通信、航空等行业。分析比较不同客户群的客户价值，并制定相应的营销策略，对不同的客户群提供个性化的客户服务是非常必要的。

9.1 情景问题的提出

航空公司应怎样对客户进行分群，以区分高价值客户和无价值客户呢？对不同的客户群体应实施怎样的个性化营销策略，以实现利润最大化呢？

餐饮企业也经常会碰到此类问题，如何通过客户的消费行为来评价客户对企业的贡献度，从而提高对某些客户群体的关注度，以实现企业利润的最大化？为提高餐饮的精准采购，如何通过客户对菜品的消费明细来判断哪些菜品是招牌菜（客户必点），哪些是配菜（点了招牌菜或许会点的菜品）？

对于上面的情景，可以使用聚类分析方法处理。

9.2 K-Means算法

聚类分析是在没有给定划分类别的情况下，根据数据的相似度进行分组的一种方法。分组原则是组内距离最小化，而组间距离最大化。

K-Means 算法是典型的基于距离的非层次聚类算法，在最小化误差函数的基础上将数据划分为预定的 K 个类别，采用距离作为相似度的评级指标，即认为两个对象的距离越近，其相似度越大。

该算法的执行过程如下：

（1）从 N 个样本数据中随机选取 K 个对象，作为初始聚类中心。

（2）分别计算每个样本到各个聚类中心的距离，将对象分配到距离最近的聚类中。

（3）所有对象分配完成之后，重新计算 K 个聚类中心。

（4）与前一次的 K 个聚类中心比较，如果发生变化，就重复过程（2），否则执行过程（5）。

（5）当聚类中心不再发生变化时，停止聚类过程并输出聚类结果。

该算法的伪代码如下：

```
************************************************************
创建 K 个点作为初始的聚类中心（随机选择）
当任意一个点的簇分配结果发生改变时
        对数据集中的每个数据点
                对每个聚类中心
                        计算聚类中心与数据点的距离
                将数据点分配到距离最近的簇
        对每个簇，计算簇中所有点的均值，并将均值作为聚类中心
************************************************************
```

9.3　情景问题模型的建立

根据航空公司目前积累的大量客户会员信息与其乘坐的航班记录，可以得到包括姓名、乘机间隔、乘机次数、消费金额等十几条属性信息。

本案例是想要获取客户价值，识别客户价值应用得最广泛的模型是 RFM 模型，三个字母分别代表 Recency（最近消费时间间隔）、Frequency（消费频率）、Monetary（消费金额）这三个指标。结合具体情景，最终选取客户消费时间间隔 R、消费频率 F、消费金额 M 这三个指标作为航空公司识别客户价值的指标。

为了方便说明操作步骤，本案例简单选择三个指标进行 K-Means 聚类分析来识别出最优价值的客户。航空公司在实际判断客户类别时，选取的观测维度要大得多。

主要步骤如下：

（1）对数据集进行清洗处理，包括数据缺失值与异常值的处理，数据属性的规约、清洗和变换，处理成可使用的数据 data。

（2）利用已预处理的数据 data，基于 RFM 模型进行客户分群，对各个客户群进行特征分析，对客户进行分类。

（3）针对不同类型的客户制定不同的营销政策，实行个性化服务。

9.4 代 码 实 现

步骤一：数据清洗。处理异常数据和缺失数据，并对数据进行必要的转换。

```
#-*- coding: utf-8 -*-
'''
基于 RFM 模型使用 K-Means 算法聚类航空消费行为特征数据
'''
import pandas as pd
#参数初始化
data = pd.read_excel(r'C:\Users\yubg\i_nuc.xls',
                     index_col = 'Id',sheet_name='Sheet2')    #读取数据
outputfile = r'C:\Users\yubg\data_type.xls'                #保存结果的文件名

k = 3                                                      #聚类的类别
iteration = 500                                            #聚类的最大循环次数
```

步骤二：标准化处理。

```
zscoredfile = r'C:\Users\yubg\zscoreddata.xls'            #标准化后的数据存储路径文件
data_zs = 1.0*(data - data.mean())/data.std()             #数据标准化
data_zs.to_excel(zscoredfile, index = False)              #数据写入，备用
```

步骤三：使用 K-Means 算法聚类航空消费行为特征数据，并导出各自类别的概率密度图。

```
from sklearn.cluster import KMeans
model = KMeans(n_clusters = k, n_jobs = 4, max_iter = iteration)#分为 k 类，并发数为 4
model.fit(data_zs)                                        #开始聚类

#简单打印结果
r1 = pd.Series(model.labels_).value_counts()              #统计各个类别的数目
r2 = pd.DataFrame(model.cluster_centers_)                 #找出聚类中心
r = pd.concat([r2, r1], axis = 1)          #横向连接 (0 表示纵向)，得到聚类中心对应类别下的数目
r.columns = list(data.columns) + [u' 类别数目 ']           #重命名表头
print(r)

#详细输出原始数据及其类别
r = pd.concat([data, pd.Series(model.labels_, index = data.index)], axis = 1)
#详细输出每个样本对应的类别
r.columns = list(data.columns) + [u' 聚类类别 ']           #重命名表头
r.to_excel(outputfile)                                    #保存结果

def density_plot(data):                                   #自定义作图函数
```

```
    import matplotlib.pyplot as plt
    plt.rcParams['font.sans-serif'] = ['SimHei']          #用来正常显示中文标签
    plt.rcParams['axes.unicode_minus'] = False           #用来正常显示负号
    p = data.plot(kind='kde', linewidth = 2, subplots = True, sharex = False)
    [p[i].set_ylabel(u'密度') for i in range(k)]
    plt.legend()
    return plt

pic_output = r'C:\Users\yubg\pd_'                         #概率密度图文件名的前缀
for i in range(k):
    density_plot(data[r[u'聚类类别']==i]).savefig(u'%s%s.png' %(pic_output, i))
```

主函数 KMeans() 中包括如下参数：

```
sklearn.cluster.KMeans(n_clusters=8,
                       init='k-means++',
                       n_init=10,
                       max_iter=300,
                       tol=0.0001,
                       precompute_distances='auto',
                       verbose=0,
                       random_state=None,
                       copy_x=True,
                       n_jobs=1,
                       algorithm='auto')
```

参数的说明如下。

- n_clusters：聚类的个数，即想聚成几类。
- init：初始聚类中心的获取方法。
- n_init：获取初始聚类中心的更选次数。为了弥补初始聚类中心的影响，算法默认用初始聚类中心来实现算法，然后返回最好的结果。
- max_iter：最大迭代次数（因为 K–Means 算法的实现需要迭代）。
- tol：容忍度，即 K–Means 算法运行准则收敛的条件。
- precompute_distances：用于确认是否需要提前计算距离，有 3 个值可选，即 auto、True、False，默认为 auto。auto 表示如果样本数乘以聚类数（featurs*samples）大于 12×10^6，则不预先计算距离；True 表示总是预先计算距离；False 表示永远不预先计算距离。
- verbose：冗长模式。
- random_state：随机生成聚类中心的状态条件。
- copy_x：表示是否修改数据的标记。如果为 True，即复制了就不会修改数据。在 scikit–learn 库的很多接口中都会有这个参数，用于表示是否对输入数据继续进行复制操作，以便不修改用户的输入数据。这个要理解 Python 的内存机制才会比较清楚。

- n_jobs：整型，默认为 1，指定计算所用的进程数。表示使用几个核并行运算，设置为 2 就是两个核并行运算。若值为 –1，则用所有的 CPU 进行运算。若值为 1，则不进行并行运算，以方便调试。若值小于 –1，则用到的 CPU 数为 (n_cpus + 1 + n_jobs)。如果 n_jobs 值为 –2，则用到的 CPU 数为总 CPU 数减 1。
- algorithm：K–Means 的实现算法，参数有 auto、full、elkan。其中，full 表示用 EM 方式实现。

虽然参数比较多，但是都已经给出了默认值。一般不需要传入这些参数，可以根据实际需要进行调用。

K–Means 分析类的调用与含义如下。

- model：初始化 K–Means 聚类。
- model.fit：聚类内容拟合。
- model.labels_：聚类标签，也可以是 predict，这两种方式都需要先设置 model.fit(data)，然后调用。
- model.cluster_centers_：聚类中心均值向量矩阵。
- model.inertia_：聚类中心均值向量的总和。

9.5 分类结果与分析

1. 分类结果

聚类中心对应类别下的样本数目如下：

```
        R          F          M      类别数目
0  -0.173537  -0.676641  -0.304186     518
1  -0.135478   1.059374   0.403697     342
2   3.405640  -0.295148   0.487604      40
```

导出文件中已经将源文件中的每个用户都标注了客户类型。

```
          R    F      M    聚类类别
Id
inuc001   21   17  1256.47    1
inuc002    1   19  1728.84    1
inuc003    8    4   617.83    0
inuc004   10    9  1380.94    0
    ..    ..    ..    ...    ...
inuc897    0    4  1331.32    0
inuc898   13   27   719.12    1
inuc899   16    6   735.31    0
inuc900   56    4  1869.92    2
```

客户分群 1 的概率密度函数如图 9–1 所示。

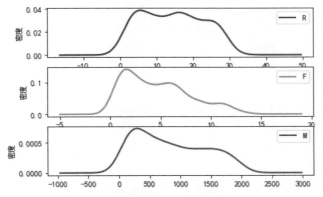

图 9-1　客户分群 1 的概率密度函数

客户分群 2 的概率密度函数如图 9–2 所示。

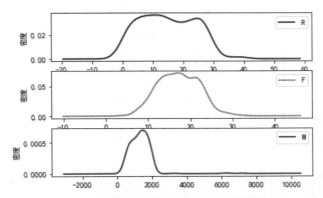

图 9-2　客户分群 2 的概率密度函数图

客户分群 3 的概率密度函数如图 9–3 所示。

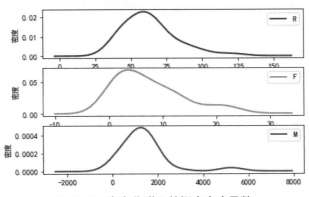

图 9-3　客户分群 3 的概率密度函数

2．结果分析

客户分群 1 的特点如下。

- 客户消费时间间隔相对较小，主要集中在 0~30 天。
- 乘机次数集中在 0~12 次。
- 消费金额集中在 0~1800 元。

客户分群 2 的特点如下。

- 客户消费时间间隔相对较小，主要集中在 0~30 天。
- 乘机次数集中在 10~25 次。
- 消费金额集中在 500~2000 元。

客户分群 3 的特点如下。

- 客户消费时间间隔相对较大，间隔分布在 30~80 天。
- 乘机次数集中在 0~15 次。
- 消费金额集中在 0~2000 元。

3．对比分析

客户分群 1 的消费时间间隔、消费次数和消费金额处于中等水平，代表一般客户。这类客户属于挽留客户，需要采取一定的营销手段，延长客户的生命周期。

客户分群 2 的消费时间间隔较短，消费次数较多，而且消费金额较大，属于高消费、高价值人群。这类客户对航空公司的贡献最高，应尽可能延长这类客户的高消费水平。

客户分群 3 的消费时间间隔较长，消费次数较少，消费金额也不是特别高，是价值较低的客户群体。这类客户是航空公司的低价值客户，可能只在机票打折的时候才会乘坐航班。

9.6 本章小结

本章介绍了聚类分析的 K-Means 算法，应掌握分析模型的建立和分析步骤，理解对数据分析结果的解释。

✏ 读书笔记

第10章

文本分类分析

根据新闻的内容能够判断它属于哪一个类别吗？是科技、教育还是健康？

针对这个目的，本章给出 10 个可选的分类，分别是体育、文化、健康、财经、汽车、时尚、娱乐、科技、教育、军事，并利用贝叶斯算法进行分类。

处理过程分为以下几步。

（1）数据清洗。爬取的新闻数据需要对文本数据预处理后才能使用。

（2）文本分词。通常处理的都是词，而不是一篇文章。

（3）去停用词。停用词会对结果产生影响，故需剔除掉。

（4）构建文本特征。构建合适的文本特征是自然语言处理中最重要的一步，可以选择词袋模型和 TF-IDF 两种方法进行对比。

（5）贝叶斯分类。基于贝叶斯算法完成最终的分类任务。

10.1 读取数据

首先，导入相关的库，并获取当前路径。然后，导入数据并观察数据。os.getcwd() 方法可以把需要导入的数据放到当前的路径下。具体代码如下：

```
In [1]: import pandas as pd
   ...: import numpy as np
   ...: import jieba #pip install jieba
   ...: import os
   ...: print(os.getcwd()) #print(os.path.abspath('.'))  #查看当前工作路径
out [1]:
C:\Users\yubg
In [2]: df_news = pd.read_table('data.txt',
   ...:            names=['classify','theme','URL','content'],
```

```
    ...:            encoding='utf-8')
    ...: df_news = df_news.dropna() #删除空值的行
    ...: df_news.tail(2)
Out[2]:
  classify ... content
4998 时尚 ... 导语：做了爸爸就是一种幸福，无论是领养还是亲生，更何况出现在影视剧中。时尚圈
永远是需要领军人 ...
4999 时尚 ... 全球最美女人合成图：韩国整形外科教授李承哲，在国际学术杂志美容整形外科学会学
报发表了考虑种族 ...

[2 rows x 4 columns]


In [3]:
```

如图 10-1 所示，是使用 Jupyter 显示的读取数据的结果。

	classify	theme	URL	content
4998	时尚	样板潮爸 时尚圈里的父亲们	http://lady.people.com.cn/GB/18215232.html	导语：做了爸爸就是一种幸福，无论是领养还是亲生，更何况出现在影视剧中。时尚圈永远是需要领军人...
4999	时尚	全球最美女人长啥样？中国最美女人酷似章子怡（图）	http://lady.people.com.cn/BIG5/n/2012/0727/c10...	全球最美女人合成图：韩国整形外科教授李承哲，在国际学术杂志美容整形外科学会学报发表了考虑种族...

图 10-1　Jupyter 显示的读取数据的结果

通过删除空行，并显示数据的最后 5 条，初步了解到数据共有 5000 条，每条数据有 classify、theme、URL、content 这 4 个特征。对于数据的容量和特征数也可以使用以下代码查看：

```
In [3]: len(df_news)              #查看数据的条数
Out[3]: 5000


In [4]: df_news.columns           #查看数据的属性，共4列
Out[4]: Index(['classify', 'theme', 'URL', 'content'], dtype='object')
```

还可以通过 shape 进行验证。

```
In [5]: df_news.shape
Out[5]: (5000, 4)
```

为了了解数据的内容形式，使用如下代码查看索引编号为 4995 的 content 中的值。

```
In [6]: df_news.iloc[4995,[3]]
Out[6]:
content  随着天气逐渐炎热，补水变得日益重要。据美国《跑步世界》杂志报道，喝水并不是为身体
补充水分的唯 ...
Name: 4995, dtype: object
```

也可以用 iat 来查看。loc、iloc 与 at、iat 的区别就是带有 i 开头的 iloc、iat 必须以 index 号和列索引号查看，loc 和 at 是以 index 别名和列名查看。

```
In [7]: df_news.iat[4995,3] #查看索引编号为 4995 的 content 中的内容
Out[7]: '随着天气逐渐炎热，补水变得日益重要。据美国《跑步世界》杂志报道，喝水并不是为身体
```
补充水分的唯一方式，各种瓜果蔬菜其实也是营养丰富的补水剂。：电解质的水果：哈密瓜、桃子、草莓。这
几种水果含水量丰富，而且钾元素含量高，能调节身体的电解质平衡，稳定心率，促进血液循环。：维生素
C 的水果：西瓜、猕猴桃、柑橘。维生素 C 能保持关节和软骨的灵活度，还能阻挡紫外线、污染对皮肤造成
的伤害，预防晒伤。：抗癌物质的水果：西红柿、西兰花。西红柿所含的番茄红素能够降低肺癌、胃癌、前列
腺癌、乳腺癌等一系列癌症的发病率，而西兰花 90% 的成分都是水，它所含的异硫氰酸盐也具有防癌效果。
：修复因子的水果：菠萝、樱桃。研究表明，菠萝所含的菠萝蛋白酶能减少感染，加速肌肉的自我修复；樱桃
所含的花青素和褪黑素同样能抑制炎症的发生。：益生菌的食物：酸奶。富含益生菌的食物可以预防呼吸道感
染疾病，同时酸奶蛋白质丰富，有助于增强免疫力。：消化液的食物：豆类。一杯煮熟的豆子含有半杯水分，
两个鸡蛋那么多的蛋白质和大量的膳食纤维。吃豆类食品能促进胃肠消化，且具有降脂功效。'

由于原始数据都是由爬虫获取的，所以内容看起来有些不整洁，后续还需要进行一番清洗操作。

该数据中每条数据都有如下 4 个特征。

- classify：新闻的类别，即标签，主要用于分类。
- theme：新闻的标题，作为特征。
- URL：新闻页面的链接。
- content：新闻的内容。

10.2　数　据　处　理

本节的任务是给定一篇新闻，判断它属于哪个类别，即根据文章的内容进行类别的划分。之前看到的数据都是数值类型的，直接传入算法中求解参数即可。本节的数据是文本类型的，所以需要把这些文本转换成特征，如将一篇文章转换成一个向量。

10.2.1　分词与过滤停用词

对于一篇文章来说，包含的内容还是有点太多了，如果直接将其转换成向量，用一串数字来表示这篇文章，难度有些大，效果也不尽如人意。通常的做法是先对文章进行分词，然后在词的层面上进行处理。

1. 中文分词

将数据中的 content 特征（列）转换为一个列表 con_list，即每篇文章转换为 con_list 列表中的一个元素。然后对每篇文章（也就是 con_list 中的每个元素）进行分词，再将每篇文章

的分词结果保存在 content_S 列表中。

（1）将 content 列转换为列表。

```
In [8]: con_list = df_news.content.values.tolist() #将每篇文章转换成一个 list
   ...: print (con_list[1000]) #随便选择其中一个看看
```

（2）对每篇文章进行分词，将结果保存在 content_S 列表中。

```
In [9]: content_S = []
   ...: for i in con_list:
   ...:     i_segment = jieba.lcut(i) #对每篇文章进行分词
   ...:     if len(i_segment) > 1 and i_segment != '\r\n': #换行符
   ...:         content_S.append(i_segment) #保存分词的结果
```

（3）查看第一篇文章的分词结果。

```
In [10]: content_S[0][:10]     #为了节省页面，仅显示 10 个分词
Out[10]: ['经销商', '\u3000', '电话', '\u3000', '试驾', '／', '订车', 'U', '憬', '杭州']
```

为了便于后续的数据处理，将 content_S 列表转换为数据框。

```
In [11]: df_content=pd.DataFrame({'content_S':content_S})  #转化为数据框
    ...: print(len(df_content))
    ...: df_content.head()
    5000
Out[11]:
    content_S
0 [ 经销商 ，    ，电话 ，    ，试驾 ，／，订车 ，U，憬，杭州 ，滨江区 ，江陵 ，...
1 [ 呼叫 ，热线 ，    ，4，0，0，8，0，1，0，0，-，3，0，0...
2 [M，I，N，I，品牌 ，在 ，二月 ，曾经 ，公布 ，了 ，最新 ，的 ，M，I...
3 [ 清仓 ，大 ，甩卖 ，!，一汽 ，夏利 ，N，5，、，威志 ，v，2，低至 ，...
4 [ 在 ，今年 ，3，月 ，的 ，日内瓦 ，车展 ，上 ，，，我们 ，见到 ，了 ，高尔夫 ...
```

df_content 是一个仅有一列的数据框，并且其每行数据都是一个列表，也就是由每篇文章的分词得到的。

2. 过滤停用词

完成分词任务之后，要处理的对象就是其中的每个词。

一篇文章的主题应该由其内容中的一些关键词来决定，如"车展""跑车""发动机"等，可以看出这些词与汽车相关。但是其中也有另一类词，如"今天""在""3 月份"等，这些词给人的感觉好像既可以在汽车相关的文章中使用，也可以在其他类型的文章中使用，可以把这类词设为停用词，也就是要过滤掉的词。

为了过滤掉这些不需要的停用词，首先要选择一个合适的停用词库，将需要剔除掉的词放在停用词库中。

（1）查看已有的停用词库 stopwords.txt。

```
In [12]:
    ...: stopwords=pd.read_csv(r"stopwords.txt",
    ...:                        sep="\t",
    ...:                        index_col=False,
    ...:                        quoting=3,
    ...:                        names=['stopword'],
    ...:                        encoding='utf-8')
    ...: stopwords.head(15)
Out[12]:
stopword
0  !
1  "
2  #
3  $
4  %
5  &
6  '
7  (
8  )
9  *
10 +
11 ,
12 -
13 --
14 .
```

（2）将停用词库转化为列表。

```
In [13]: stopwords_list = stopwords.stopword.values.tolist()
#将 stopwords 列转化为列表
```

（3）过滤停用词。为了过滤掉停用词，可以写一个转换函数，并返回 contents_clean（它的每个元素是每篇文章分词过滤后的列表）和 all_words（所有文章分词过滤后形成一个整体分词列表）。

```
In [14]: def drop_stopwords(content, stopwords_list):
    ...:     """
    ...:     过滤停用词
    ...:     content：需要过滤的文章分词列表
    ...:     stopwords_list：停用词列表文件
    ...:     返回 contents_clean,all_words
    ...:         contents_clean：过滤后的每篇文章分词做成列表的一个元素
```

```
        ...:        all_words：将过滤后的所有文章分词做成一个整体分词列表
        ...:        """
        ...:        contents_clean = []
        ...:        all_words = []
        ...:        for line in content:
        ...:            line_clean = [] #每篇文章过滤停用词后的列表
        ...:            for word in line:
        ...:                if word in stopwords_list:
        ...:                    continue
        ...:                line_clean.append(word) #将非停用词放进 line_clean
        ...:                all_words.append(str(word)) #将非停用词放进 all_words
        ...:            contents_clean.append(line_clean)
        ...:        return contents_clean,all_words
In [15]:contents_clean,all_words = drop_stopwords(content_S,stopwords)
```

（4）对第一篇文章过滤停用词的前后结果进行比较。

```
In [18]: print(content_S[0],'\n',contents_clean[0])
Out[18]: ['经销商', '\u3000', '电话', '\u3000', '试驾', '／', '订车', 'U', '憬', '杭州', '滨江区', '江陵', '路', '1', '7', '8', '0', '号', '4', '0', '0', '8', '-', '1', '1', '2', '2', '3', '3', '转', '5', '8', '6', '4', '#', '保常', '叮', '0', '0', '万', '9', '阒', '蕺', '邪', '自魄', '白云', '大道北', …, '0', '万']

['经销商', '电话', '试驾', '订车', 'U', '憬', '杭州', '滨江区', '江陵', '路', '号', '转', '保常', '叮', '万', '阒', '蕺', '邪', '自魄', '白云', '大道北', '号', '广州市', '天河区', '黄埔', '大道', '西', '号', '富力', '盈泰', '大厦', '室', '转', '保常福', '万', 'I', '蕉', '省', '淄博市', '张店区', …'环城路', '号', '万']
```

通过比较可以看出，过滤停用词后和过滤之前相比，剔除了很多无用的词，意思更清晰了。虽然这份停用词库 stopwords.txt 做得不是很完善，但是已经可以基本完成数据的清洗任务了。有兴趣的话，可以自行添加停用词来完善停用词库。

10.2.2 词云

下面利用 wordcloud 工具包制作词云。

（1）将整理好的 all_words 列表转换为数据框。

```
In [19]: df_all_words=pd.DataFrame({'all_words':all_words}) #将列表转换为数据框
    ...: df_all_words.head()
Out[19]:
all_words
0 经销商
```

```
1  电话
2  试驾
3  订车
4  U
```

（2）为 df_all_words 增加一列 count，其值全部设置为 1，为统计词频做准备。

```
In [20]: df_all_words.loc[:, 'count'] = 1      #添加一列 count 值为 1
    ...: words_count = df_all_words.groupby(by=['all_words']).agg({"count":np.size})

In [21]: words_count
Out[21]:
count
all_words
D   4
F   3
P   3
S   2
T   3
... ...
w   401
x   197
y   480
z   81
£   2

[104784 rows x 1 columns]
```

（3）对 words_count 重新排序。

```
In [22]: words_count=words_count.reset_index().sort_values(by=["count"],ascending=False)
         #重新排序
    ...: words_count.head()
Out[22]:
        all_words   count
4077    中           5199
4209    中国          3115
88255   说           3055
104747  S           2646
1373    万           2390
```

（4）制作带有背景轮廓的词云。

```
In [25]: from wordcloud import WordCloud
    ...:import matplotlib.pyplot as plt
```

```
...: import numpy as np
...: from PIL import Image
...: font = "C:/Windows/Fonts/simfang.ttf "                    # 设置字体
...: alice_mask = np.array(Image.open("0.png"))
...: text = ' '.join(all_words)
...: wc = WordCloud(background_color="white",
...:               max_words=2000,
...:               mask=alice_mask,
...:               contour_width=3,
...:               contour_color='steelblue',
...:               font_path=font)
...: wc.generate(text)
...: plt.imshow(wc)
Out[25]: <matplotlib.image.AxesImage at 0x20ee11a3a88>
```

运行上述代码，生成的词云如图 10-2 所示。

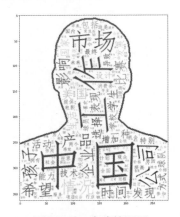

图 10-2　生成的词云

10.2.3　数据标签与数据分割

本节使用机器学习中经典的贝叶斯分类算法进行文本分类，所以需要将数据分割成训练集和测试集，并且每条数据都带上其所属类别——标签。

1．制作标签

将 df_news 数据框中 content 列的每一行对应上它原来的 classify 列作为标签。下面代码中索引为 4995 的标签为"时尚"，即这行的 contents_clean 的内容属于时尚这个类别。

```
In [27]:df_train=pd.DataFrame({'contents_clean':contents_clean,'label':df_
        news['classify']})
    ...: df_train.tail(2)
```

```
Out[27]:
                        contents_clean                                                    label
4998  [ 导语，做，爸爸，一种，幸福，无论是，领养，亲生，更何况，影视剧，中，...                       时尚
4999  [ 全球，最美，女人，合成图，韩国，整形外科，教授，李承哲，国际，学术，杂志...             时尚
```

尽管本章开头部分已经明确说明新闻数据分为 10 类，但是也可以自己提取分析出类别。将 classify 列的所有值全部提取，并过滤掉重复值即可。

```
In [28]: df_train.label.unique() # 提取分类标签
Out[28]:
array([' 汽车 ', ' 财经 ', ' 科技 ', ' 健康 ', ' 体育 ', ' 教育 ', ' 文化 ', ' 军事 ', ' 娱乐 ',
       ' 时尚 '], dtype=object)
In [29]: len(df_train.label.unique() )
Out[29]: 10
```

其实也可以直接通过 list(set(df_train.label.tolist())) 获得分类。为了方便处理数据，对分类设置编号，使用如下字典关系：

```
In [30]: label_mapping = {" 汽车 ": 1, " 财经 ": 2, " 科技 ": 3, " 健康 ": 4, " 体育 ":5,
                 " 教育 ": 6," 文化 ": 7," 军事 ": 8," 娱乐 ": 9," 时尚 ": 0}
```

当分类较少时可以使用上面这种方式，若分类较多，则需要使用如下方法：

```
label_mapping = {i:j for i,j in zip(list(set(df_train.label.values.tolist())),
             range(len(list(set(df_train.label.values.tolist()))+1))}
```

对 df_train 中的 label 列构建一个映射方法，按照 label_mapping 的对应关系进行替换，即 " 汽车 " 为 1，" 财经 " 为 2，" 科技 " 为 3，以此类推。

```
In [31]: df_train['label'] = df_train['label'].map(label_mapping) # 构建一个映射方法
    ...: df_train.head()
Out[31]:
                        contents_clean                                                    label
0  [ 经销商，电话，试驾，订车，U，憬，杭州，滨江区，江陵，路，号，转，...                     1
1  [ 呼叫，热线，服务，邮箱，k，f，p，e，o，p，l，e，d，a，...                         1
2  [M，I，N，I，品牌，二月，公布，最新，M，I，N，I，新，概念，...                        1
3  [ 清仓，甩卖，一汽，夏利，N，威志，V，低至，万，启新，中国，一汽，...               1
4  [ 日内瓦，车展，见到，高尔夫，家族，新，成员，高尔夫，敞篷版，款，全新，...            1
```

2. 分割数据集

为符合机器学习所需要的数据，需要将数据划分为训练集和测试集两部分。

sklearn.model_selection 模块的主要功能就是对数据进行分割。

这里先介绍一下机器学习的流程：收集数据；数据清洗；将数据划分为训练集和测试集；选择模型；确定模型的参数；使用测试集评估模型。

这里使用 sklearn.model_selection 模块对已经处理好的数据进行划分。

```
In [32]: from sklearn.model_selection import train_test_split
    ...: x_train, x_test, y_train, y_test = train_test_split(df_train['contents_clean'].values,
    ...:                                        df_train['label'].values,
    ...:                                        random_state=1)
    ...: x_train[0][:10]
Out[32]:
['中新网', '上海', '日电', '于俊', '父亲节', '网络', '吃', '一顿', '电影', '快餐']
```

为了方便数据的使用，还需要将训练数据的每条（过滤后的分词）都用空格连接起来，组成一句，这样连接起来的每个句子组成一个 words 列表。

```
In [33]: words = [] #每篇文章的分词连接成一句话，作为 words 列表的一个元素
    ...: for line_index in range(len(x_train)):
    ...:     try:
    ...:         words.append(' '.join(x_train[line_index])) #每篇文章的分词用空格连接
    ...:     except:
    ...:         print(line_index)
    ...:
    ...: print(words[0])                      #打印第一篇文章
```
中新网 上海 日电 于俊 父亲节 网络 吃 一顿 电影 快餐 微 电影 爸 对不起 我爱你 定于 本月
父亲节 当天 各大 视频 网站 首映 莫 谱 鞣 剑 保慈 障蚣 钦 呓 橚 埽 5. 缬 埃 ɑ 停 椋 悖 颍 镙
妫 椋 恚 称 微型 电影 新 媒体 平台 播放 状态 短时 休闲 状态 观看 完整 策划 系统 制作 体系 支
持 显示 较完整 故事情节 电影 微 超短 放映 微 周期 制作 天 数周 微 规模 投资 人民币 几千 数万
元 每部 内容 融合 幽默 搞怪 时尚 潮流 人文 言情 公益 教育 商业 定制 主题 单独 成篇 系列 成剧
唇 开播 微 电影 爸 对不起 我爱你 讲述 一对 父子 观念 缺少 沟通 导致 关系 父亲 传统 固执 钟情
传统 生活 方式 儿子 新派 音乐 达 习惯 晚出 早 生活 性格 张扬 叛逆 两种 截然不同 生活 方式 理
念 差异 一场 父子 间 拉开序幕 子 失手 打破 父亲 心爱 物品 父亲 赶出 家门 剧情 演绎 父亲节 妹
妹 哥哥 化解 父亲 这场 矛盾 映逋坏 嚼 斫 羧 6. 粤 5. 桨容 争执 退让 传统 尴尬 父子 尴尬 情
男人 表达 心中 那份 感恩 一杯 滤挂 咖啡 父亲节 变得 温馨 镁 缬 缮 虾 N 逢 煳 幕 传播 迪欧
咖啡 联合 出品 出品人 希望 观摩 扪心自问 父亲节 父亲 记得 父亲 生日 哪一天 父亲 爱喝 跨出 家
门 那一刻 感觉 一颗 颤动 心 操劳 天下 儿女 父亲节 大声 喊出 父亲 家人 爱 完

为了方便应用，可以写成函数，以便后面的测试集使用。

```
def deal_traindata(x_train):
    words = [] #每篇文章的分词连接成一句话，作为 words 列表的一个元素
    for line_index in range(len(x_train)):
        try:
            words.append(' '.join(x_train[line_index]))
        except:
            print(line_index)

    print(words[0])
    return words
```

查看 words 列表的长度，代码如下：

```
In [34]: print(len(words))
  3750
```

从 words 列表的长度可以知道，训练集有 3750 条数据，即有 3750 篇文章用作了训练集。同样地，对测试集也需要进行类似处理。

```
In [35]: test_words = []    # 每篇 test 文章的分词连接成一句话，作为 words 列表的一个元素
    ...: for line_index in range(len(x_test)):
    ...:     try:
    ...:         test_words.append(' '.join(x_test[line_index]))
    ...:     except:
    ...:         print(line_index)
    ...: print(test_words[0])
```

国家 公务员 考试 申论 应用文 类 试题 实质 一道 集 概括 分析 提出 解决问题 一体 综合性 试题 说 一道 客观 凝练 申发 论述 文章 题目 分析 历年 国考 申论 真题 公文 类 试题 类型 多样 包括 公文 类 事务性 文书 类 题材 从题 干 作答 材料 内容 整合 分析 无需 太 创造性 发挥 纵观 历年 申论 真题 作答 应用文 类 试题 文种 格式 作出 特别 重在 内容 考查 行文 格式 考生 平常心 面对 应用文 类 试题 准确 把握 作答 领会 内在 含义 把握 题材 主旨 材料 结构 轻松 应对 应用文 类 试题 R 弧 (19) 钒 盐 展文 写作 原则 T 材料 中来 应用文 类 试题 材料 总体 把握 客观 考生 材料 中来 材料 中 把握 材料 准确 理解 题材 主旨 T 政府 角度 作答 应用文 类 试题 更应 注重 政府 角度 观点 政府 角度 出发 原则 表述 观点 提出 解决 之策 考生 作答 站 政府 人员 角度 看待 提出 解决问题 T 文体 结构 形式 考查 重点 文体 结构 大部分 评分 关键点 解答 方法 薄 (19) ス 、 词明 方向 作答 题目 题干 作答 作答 方向 作答 角度 关键 向导 考生 仔细阅读 题干 作答 抓住 关键 词 作答 方向 相关 要点 整理 作答 思路 年国考 地市级 真 题为 例 潦惶姓 府 宣传 推进 近海 水域 污染 整治 工作 请 给定 资料 市政府 工作人员 身份 草拟 一份 宣传 纲要 R 求 保对 宣传 内容 要点 提纲掣领 陈述 玻 体现 政府 精神 全市 各界 关心 支持 污染 整治 工作 通俗易懂 超过 字 肮 、 词 近海 水域 污染 整治 工作 市政府 工作人员 身份 宣传 纲要 提纲掣领 陈述 体现 政府 精神 全市 各界 关心 支持 污染 整治 工作 通俗易懂 提示 归结 作答 要点 包括 污染 情况 原因 解决 对策 作答 思路 情况 原因 对策 意义 逻辑 顺序 安排 文章 结构 病 4. 缶殖 魸 iii 明 结构 解答 应用文 类 试题 考生 材料 整体 出发 大局 出发 高屋建瓴 把握 材料 主题 思想 事件 起因 解决 对策 阅读文章 构建 文章 结构 直至 快速 解答 场 16. 碴 乘悸 罚明 逻辑 应用文 类 试题 严密 逻辑思维 情况 原因 对策 意义 考生 作答 先 弄清楚 解答 思路 统筹安排 脉络 清晰 逻辑 表达 内容 表述 础 把握 明 详略 考生 仔细阅读 分析 揣摩 应用文 类 试题 内容 答题 时要 详略 得当 主次 分明 安排 内容 增加 文章 层次感 阅卷 老师 阅卷 时能 明白 清晰 一目了然 玻埃 保蹦兕 考 考试 申论 试卷 分为 省级 地市级 两套 试卷 能力 大有 省级 申论 试题 考生 宏观 角度看 注重 深度 广度 考生 深谋远虑 地市级 试题 考生 微观 视角 观察 侧重 考查 解决 能力 考生 贯彻执行 作答 区别对待

```
In [36]: print(len(test_words))
  1250
```

可以看到，测试集有 1250 条数据。

10.3 构建文本特征与建模

在 Scikit–learn 库的 sklearn.feature_extraction.text 模块中提供了 CountVectorizer 和 TfidfTransformer 函数。其中，CountVectorizer 函数用来构建语料库中的词频矩阵；TfidfTransformer 函数用来计算词语的 tfidf 权重值。

关于对数据集进行词频统计及特征转化的操作，先来看个简单的例子，代码如下：

```
In [1]: from sklearn.feature_extraction.text import CountVectorizer
   ...: texts=["I am a teacher",
   ...:        "my teeth is hard",
   ...:        "The teacher is very hard",
   ...:        'I have hard teeth']          #这里的4句话作为4篇文章
   ...: cv = CountVectorizer()               #词频统计
   ...: cv_fit=cv.fit_transform(texts)       #转换数据

In [2]: print("特征: ",cv.get_feature_names())
   ...: print(cv_fit.toarray())
特征: ['am', 'hard', 'have', 'is', 'my', 'teacher', 'teeth', 'the', 'very']
[[1 0 0 0 0 1 0 0 0]
 [0 1 0 1 1 0 1 0 0]
 [0 1 0 1 0 1 0 1 1]
 [0 1 1 0 0 0 1 0 0]]

In [3]: print(cv_fit.toarray().sum(axis=0))
[1 3 1 2 1 2 2 1 1]
```

在上面的代码中，将 texts 列表中的 4 个字符串元素当作 4 篇文章。观察可以发现，这 4 篇文章中总共包含 9 个词：am、hard、have、is、my、teacher、teeth、the、very。所以词袋模型的向量长度就是 9，使用 get_feature_names() 输出结果，便得到特征中各个位置的含义。例如，第一篇文章 "I am a teacher"（过滤后的实用词为 am、teacher）得到的向量为 [1 0 0 0 0 1 0 0 0]，它的意思就是首先看第一个位置 am 在这句话中有没有出现、出现了几次，结果为 1；接下来看 hard，出现了 0 次；同样 have、is、my 都出现了 0 次，那向量的第二个、第三个、第四个、第五个位置均为 0；teacher 在这句话中出现了 1 次，所以向量的第六个位置为 1，以此类推，就得到了词频矩阵最终的结果。

词袋模型是自然语言处理中最基础的一种特征提取方法，通过查看每一个词出现的次数来统计词频，接着把所有出现的词组成特征的名字，依次统计其个数就可以得到文本特征。这样感觉有点过于简单了，只考虑了词频而没有考虑词出现的位置以及先后顺序，那能不能稍微再改进一些呢？可以通过设置 ngram_range 参数来控制特征的复杂度，如不仅可以考虑单个的词，还可以考虑两个词连在一起，甚至更多的词连在一起的情况。

```
In [4]: from sklearn.feature_extraction.text import CountVectorizer
   ...: texts=["I am a teacher",
   ...:        "my teeth is hard",
   ...:        "The teacher is very hard",
   ...:        'I have hard teeth'] # 这里 4 句话当作 4 篇文章
   ...: cv = CountVectorizer(ngram_range=(1,4))
          # 设置 ngram_range 参数，让结果不仅包含一个词，还有两个词、三个词的组合
   ...: cv_fit=cv.fit_transform(texts) # 特征转化
```

```
In [5]: print(" 特征: ", cv.get_feature_names())
特征: ['am', 'am teacher', 'hard', 'hard teeth', 'have', 'have hard', 'have hard
teeth', 'is', 'is hard', 'is very', 'is very hard', 'my', 'my teeth', 'my teeth is',
'my teeth is hard', 'teacher', 'teacher is', 'teacher is very', 'teacher is very
hard', 'teeth', 'teeth is', 'teeth is hard', 'the', 'the teacher', 'the teacher is',
'the teacher is very', 'very', 'very hard']
```

```
In [6]: print(' 文章中各特征的频率: \n', cv_fit.toarray())
文章中各特征的频率:
[[1 1 0 0 0 0 0 0 0 0 0 0 0 0 0 1 0 0 0 0 0 0 0 0 0 0 0 0]
 [0 0 1 0 0 0 0 1 1 0 0 1 1 1 1 0 0 0 0 0 1 1 1 0 0 0 0 0]
 [0 0 1 0 0 0 0 1 0 1 1 0 0 0 0 1 1 1 1 0 0 0 1 1 1 1 1 1]
 [0 0 1 1 1 1 1 0 0 0 0 0 0 0 0 0 0 0 0 1 0 0 0 0 0 0 0 0]]
```

```
In [7]: print(' 所有文章中各特征总词频: \n', cv_fit.toarray().sum(axis=0))
所有文章中各特征总词频:
[1 1 3 1 1 1 1 2 1 1 1 1 1 1 1 2 1 1 2 1 1 1 1 1 1 1 1 1]
```

这里加入了 ngram_range=(1,4) 参数，其他保持不变，观察结果中的特征名字可以发现，这次的结果就不仅是一个词了，还有两个词、三个词组合在一起。例如，'am teacher' 表示文本中出现 'am' 词的后面又跟了一个 'teacher' 词出现的个数。与之前的单个词进行对比，得到的特征更复杂了一些，特征的长度也明显变长了，考虑到了上下文的前后关系。但是这只是一个简单的小例子，看起来还没什么问题。如果实际文本中出现的词的个数达成千上万呢？使用 ngram_range=(1,4) 参数，得到的词向量的长度就太长了，增加了计算的复杂度。通常情况下，ngram_range 参数设置为 2 基本就够了，若再多，计算起来就成了累赘。

接下来的工作就是提取特征、建立模型、训练模型，并分别进行精确度计算，对比结果。

10.3.1 词袋模型特征与建模

本节需要对训练集进行特征转化。

```
In [37]: from sklearn.feature_extraction.text import CountVectorizer
    ...: vec = CountVectorizer(analyzer='word',lowercase = False) #文本转化为特征
    ...: feature = vec.fit_transform(words)
    ...: feature.shape
Out[37]: (3750, 85093)
```

CountVectorizer 函数中的参数 analyzer='word'，其作用是使词频矩阵的构建过程中默认过滤所有的单词 'word'。

上面的输出结果 (3750, 85093) 表示有 3750 行 85093 列（特征），可以调用 feature.toarray() 查看。由于特征数目太多，下面添加 max_features 参数，对特征数目进行限制，以降低特征的数量。

```
In [38]: vec = CountVectorizer(analyzer='word', max_features=4000,  lowercase = False)
    ...: # 限制特征数目为 4000，考虑由词汇频率排序的顶级 max_feature
    ...: feature = vec.fit_transform(words)

In [39]: feature.shape
Out[39]: (3750, 4000)
```

在词频矩阵的构建过程中，加入了限制条件 max_features=4000，表示特征的最大长度为 4000，这会自动过滤掉一些词频较小的词语。如果不进行限制，最终得到的向量长度为 85093。去掉这个参数进行观察，会发现特征的长度过大，而且很多都是词频很低的词语，会导致特征过于稀疏，这对建模来说都是不利的。

对测试集也需要进行特征转化。

```
In [40]: test_data = vec.transform(test_words)
```

利用词袋模型特征建立贝叶斯模型，并对模型进行训练。

```
In [41]: from sklearn.naive_bayes import MultinomialNB # 导入贝叶斯模型
    ...: classifier = MultinomialNB()                   # 初始化朴素贝叶斯模型
    ...: classifier.fit(feature, y_train)               # 在训练集上进行训练，估计参数
    ...:
    ...: # 对测试集进行预测，保存预测结果
    ...: # y_predict = classifier.predict(x_test)
Out[41]: MultinomialNB(alpha=1.0, class_prior=None, fit_prior=True)
```

模型训练完毕，计算模型在测试集上的得分。

```
In [42]: classifier.score(test_data, y_test)
```

```
      ...:
      ...: # 模型评估:
      ...: # print(" 准确率 :", classifier.score(x_test, y_test))
      ...: # print(" 其他指标 :\n",classification_report(y_test, y_predict,
              target_names=news.target_names))
  Out[42]: 0.804
```

由此可知,词袋模型的准确率为80.4%。

接下来测试一下应用词袋模型的效果,给出一则新闻,预测其类别。

```
In [43]: txt = ["7 月 28 日,国际热核聚变实验堆(ITER)在法国南部举行安装启动仪式,开始了
为期 5 年的组装工程,这标志着这个人类历史上最大的核聚变项目进入了新的阶段。我国也承担了该项目
多个方面的重要工作。据英国《卫报》28 日报道,项目参与国的代表当日参与了 ITER 的安装启动仪式。该
项目由欧盟、中国、美国、俄罗斯、英国、印度、日本和韩国联合建设,共耗资 200 亿欧元(约合人民币
1640 亿元)。该核聚变装置包含数百万个零件,是人类历史上迄今为止最大的核聚变工程。ITER 计划的主
要目的在于模拟太阳产生能量的核聚变过程,因此其核心装置"托卡马克"(tokamak)也被称为"人造太
阳"。《卫报》报道称,ITER 项目将为大规模的核聚变提供概念实证,而不是为了未来的商业用途。ITER 总
干事贝尔纳·比戈(Bernard Bigot)在启动仪式上说,ITER 项目带来的能源将是"地球的奇迹",核聚变
提供的能量以及其他可再生能源将改变世界的能源使用。然而,这一项目还有许多困难需要克服。科技新闻
网站"Scitechdaily"28 日的一篇文章指出,由于核心装置托卡马克主要部件的尺寸和重量问题还未解决,
加之制造商众多、建设时间紧迫等诸多因素,ITER 依旧面临着巨大的工程和物流挑战。据新华社 28 日报道,
ITER 是当今世界规模最大、影响最深远的国际大科学工程,我国于 2006 年正式签约加入该计划。据中国国
际核聚变能源计划执行中心网站和此前报道显示,我国参与了该项目多个部件包括核心部件的制造以及其他
方面的工作。譬如中科院合肥研究院承担研制了 PF6 线圈,并在今年由合肥运输至法国;由中核集团牵头的
中法联合体则承担了杜瓦底座的接收及吊装工作。"]
```

```
In [43]: print(classifier.predict(vec.transform(txt)))
[8]
```

词袋模型给的判断结果为 8,这则新闻属于军事类别。

10.3.2　TF-IDF 模型特征与建模

在 10.3.1 节的贝叶斯模型中,选择了 MultinomialNB,这里额外做了一些平滑处理,主要目的是避免求解先验概率和条件概率时其值为 0。

词袋模型的效果看起来一般,能不能再改进一些呢?在这份特征中,之前所做的是均等地对待每个词,也就是只看这个词出现的个数,而不管它是什么词,这看起来还是有点问题的,因为对不同主题来说,有些词可能更重要一些,有些词就没什么太多价值。

先通过一个例子介绍一下 TF-IDF 模型特征。

```
In [44]: from sklearn.feature_extraction.text import TfidfVectorizer
    ...: X_test = [' 我是 一名 海医 教师 ', ' 我是 一名 海医 医生 ']
```

```
    ...: tfidf=TfidfVectorizer()                    # 构建一个矩阵计算 TF-IDF 权重特征
    ...: weight=tfidf.fit_transform(X_test).toarray() # 得到 TF-IDF 矩阵, 稀疏矩阵表示法
    ...: word=tfidf.get_feature_names()
    ...: print(weight)
    ...: for i in range(len(weight)):
    ...:     print (u" 第 ", i, u" 篇文章的 TF-IDF 权重特征 ")
    ...:     for j in range(len(word)):
    ...:         print (word[j], weight[i][j])


 [[0.44832087 0.           0.44832087 0.63009934 0.44832087]
  [0.44832087 0.63009934  0.44832087 0.          0.44832087]]
第 0 篇文章的 TF-IDF 权重特征
一名 0.44832087319911734
医生 0.0
我是 0.44832087319911734
教师 0.6300993445179441
海医 0.44832087319911734
第 1 篇文章的 TF-IDF 权重特征
一名 0.44832087319911734
医生 0.6300993445179441
我是 0.44832087319911734
教师 0.0
海医 0.44832087319911734
```

简单的两句话 "我是 一名 海医 教师" 和 "我是 一名 海医 医生", 分别构建这两句话的特征。一共出现了 5 个词 "我是""一名""海医""教师""医生", 所以特征的长度为 5, 这和词袋模型的结果是一样的。接下来得到的特征就是每个词的 TF-IDF 的权重值, 把它们组合在一起形成特征矩阵。观察发现, 两句话中唯一不同就是 "教师" 和 "医生", 其他词都是一致的, 所以论区分程度, 还是这两个词更重要一些, 其权重值自然就大。在结果中也得到了验证。

在 TfidfVectorizer() 函数中, 还可以加入很多参数来控制特征, 如过滤停用词、最大特征个数、词频最大与最小比例限制等, 这些都会对结果产生不同的影响。

利用 TfidfTransformer() 函数计算词语的 tf-idf 权重值。

```
In [45]: from sklearn.feature_extraction.text import TfidfVectorizer
    ...: vectorizer = TfidfVectorizer(analyzer='word', max_features=4000, lowercase = False)
    ...: vectorizer.fit(words)
    ...: vec_words = vectorizer.transform(words)
```

利用 TF-IDF 特征建立贝叶斯模型, 并对模型进行训练。

```
In [46]: from sklearn.naive_bayes import MultinomialNB
    ...: classifier = MultinomialNB()
    ...: classifier.fit(vec_words, y_train)
Out[46]: MultinomialNB(alpha=1.0, class_prior=None, fit_prior=True)

In [47]: classifier.score(vectorizer.transform(test_words), y_test)
Out[47]: 0.8152
```

由此可知，TF–IDF 模型的准确率为 81.52%。

应用 TF–IDF 模型的效果比之前的词袋模型有所提高，这也是预料之中的。下面测试一下应用 TF–IDF 模型的效果，测试所用新闻同 10.3.1 节中的词袋模型。

```
In [48]: txt = ["7 月 28 日，国际热核聚变实验堆（ITER）在法国南部举行安装启动仪式，开始了
为期 5 年的组装工程，这标志着这个人类历史上最大的核聚变项目进入了新的阶段。我国也承担了该项目
多个方面的重要工作。据英国《卫报》28 日报道，项目参与国的代表当日参与了 ITER 的安装启动仪式。该
项目由欧盟、中国、美国、俄罗斯、英国、印度、日本和韩国联合建设，共耗资 200 亿欧元（约合人民币
1640 亿元）。该核聚变装置包含数百万个零件，是人类历史上迄今为止最大的核聚变工程。ITER 计划的主
要目的在于模拟太阳产生能量的核聚变过程，因此其核心装置"托卡马克"（tokamak）也被称为"人造太
阳"。《卫报》报道称，ITER 项目将为大规模的核聚变提供概念实证，而不是为了未来的商业用途。ITER 总
干事贝尔纳·比戈（Bernard Bigot）在启动仪式上说，ITER 项目带来的能源将是"地球的奇迹"，核聚变
提供的能量以及其他可再生能源将改变世界的能源使用。然而，这一项目还有许多困难需要克服。科技新闻
网站"Scitechdaily"28 日的一篇文章指出，由于核心装置托卡马克主要部件的尺寸和重量问题还未解决，
加之制造商众多、建设时间紧迫等诸多因素，ITER 依旧面临着巨大的工程和物流挑战。据新华社 28 日报道，
ITER 是当今世界规模最大、影响最深远的国际大科学工程，我国于 2006 年正式签约加入该计划。据中国国
际核聚变能源计划执行中心网站和此前报道显示，我国参与了该项目多个部件包括核心部件的制造以及其他
方面的工作。譬如中科院合肥研究院承担研制了 PF6 线圈，并在今年由合肥运输至法国；由中核集团牵头的
中法联合体则承担了杜瓦底座的接收及吊装工作。"]
In [49]: print(classifier.predict(vectorizer.transform(txt)))
[8]
```

测试结果完全一致。

除了词袋模型特征和 TF–IDF 模型特征，还有没有其他更好的特征提取方法呢？方法是有的，如 word2vec 词向量模型，它是基于神经网络来实现的，它的强大之处在于，不仅对词进行了向量化，还会给出词的实际的含义，而不仅仅是统计词的出现位置和次数。如果读者对 word2vec 词向量模型感兴趣，可以参考 gensim 工具包，其中提供了非常简洁的函数用来构建特征。

10.4 本 章 小 结

本章主要介绍了词袋模型和 TF–IDF 模型对文本的分类分析，以及分词与过滤停用词的知识，涉及机器学习的部分内容，最终通过对已知数据的处理与分析得出新增数据的分类结果。

✎ 读书笔记

第11章

贷款风险评估分析

对于商业银行来说，判别出潜在的违约客户对风险管理非常重要。本章的案例将基于已有的数据，通过逻辑回归模型，对申请贷款的客户是否会违约进行评估预测，从而提高商业银行对客户的风险管理和贷款控制，降低商业银行的贷款风险。

11.1 问题分析

本章基于已有的大量的客户自然信息、业务信息、状态信息，通过对客户数据的处理，从已有数据中分析出对当前拟贷款的客户发生贷款违约的可能性。在已有数据中，选择一个时间点，并将在这个时间点之前一年的数据作为贷款的观察窗口，放款日到结束贷款日之间的数据作为贷款的预测窗口，如图 11-1 所示。本章所用的业务数据集均来自网络。

图 11-1　观察窗口与预测窗口

在预测时，将使用逻辑回归模型，通过训练数据进行训练拟合。训练拟合是为了得到如下回归方程：

$$Y = a_1 x_1 + a_2 x_2 + \cdots + a_n x_n + b$$

即找出 a_1、a_2、$\cdots$、a_n、b 等系数。

Y 表示特征标签 0、1、2；x_1、x_2、$\cdots$、x_n 为客户的一些特征，如存款余额、收入、支出等。

11.2 数据的导入与整理

商业银行为了提高对风险能力的把控，需要对已有的数据进行掌握和处理。数据分析的首要工作就是对数据进行整理和清洗。

11.2.1 导入数据

从已有的数据来看，数据分散在各个 CSV 文件中，需要熟悉数据，了解数据的特点和特征。首先将运行环境切换到数据所在的文件下，并打印输出文件夹下的所有文件名。

```
In [1]: import pandas as pd
   ...: import os

In [2]: os.chdir(r'D:\yubg\pre_book\chart19\19\data')    #切换到该路径下

In [3]: os.getcwd()                                      #查看当前运行环境
Out[3]: 'D:\\yubg\\pre_book\\chart19\\19\\data'

In [4]: loanfile = os.listdir()                          #提取当前路径下的所有文件名

In [5]: print(loanfile)
['accounts.csv', 'clients.csv', 'disp.csv', 'district.csv', 'loans.csv', 'trans.csv']
```

导入 loans.csv 文件，其内容如图 11–2 所示，其中记录了客户的贷款信息，共有 7 个字段。

	A	B	C	D	E	F	G
1	loan_id	account_id	date	amount	duration	payments	status
2	6227	6030	1995/3/4	28248	24	1177	A
3	7241	11021	1995/3/4	168984	24	7041	B
4	6737	8564	1995/3/11	76680	24	3195	A
5	7004	9869	1995/3/15	331560	60	5526	C
6	6169	5700	1995/3/16	103680	60	1728	D
7	5208	1247	1995/3/16	99696	48	2077	D

图 11-2 loans.csv 文件的内容

```
In [6]: loans = pd.read_csv('loans.csv', encoding = 'gbk')    #读取 loans.csv 文件

In [7]: loans.head()    #查看数据的前 5 行
Out[7]:
loan_id account_id        date  amount duration payments status
0  5314        1787  1993-07-05   96396       12     8033      B
```

```
1    5316        1801   1993-07-11   165960        36        4610      A
2    6863        9188   1993-07-28   127080        60        2118      A
3    5325        1843   1993-08-03   105804        36        2939      A
4    7240       11013   1993-09-06   274740        60        4579      A

In [8]: loans.columns              #提取所有的列名
Out[8]:
Index(['loan_id', 'account_id', 'date', 'amount', 'duration', 'payments','status'],
      dtype='object')

In [9]: loans.status.unique()      #去除重复的元素
Out[9]: array(['B', 'A', 'C', 'D'], dtype=object)
```

loans.csv 文件的字段说明如下。

- loan_id：贷款号（主键）。
- account_id：账户号。
- date：发放贷款日期。
- amount：贷款金额。
- duration：贷款期限。
- payments：每月归还额。
- status：还款状态。

其中 status 字段的 A、B、C、D 分别表示如下含义。

- A：合同终止，正常。
- B：合同终止，贷款没有支付。
- C：合同处于执行期，至今正常。
- D：合同处于执行期，欠债状态。

根据银行以往的贷款数据，处于 B 和 D 状态的为违约客户，A 为正常客户，C 的最终状态还不明确，是将要预测的客户。为了方便数据的处理，将 A 类客户标注为 0，B、D 类客户标注为 1，C 类客户标注为 2，这里的 0、1、2 可以看作标签。

```
In [10]: bad_good = {'B':1, 'D':1, 'A':0, 'C': 2} #标签
    ...: loans['bad_good'] = loans.status.map(bad_good)
    ...: loans.head()
Out[10]:
loan_id account_id          date   amount duration payments status bad_good
0   5314       1787   1993-07-05    96396       12     8033      B        1
1   5316       1801   1993-07-11   165960       36     4610      A        0
2   6863       9188   1993-07-28   127080       60     2118      A        0
3   5325       1843   1993-08-03   105804       36     2939      A        0
4   7240      11013   1993-09-06   274740       60     4579      A        0
```

327

读取 disp.csv 和 clients.csv 文件中的数据，其中包括客户的权限类型以及客户的自然信息。

```
In [11]: disp = pd.read_csv('disp.csv', encoding = 'gbk')

In [12]: disp.head(3)
Out[12]:
     disp_id    client_id    account_id    type
0    1          1            1             所有者
1    2          2            2             所有者
2    3          3            2             用户

In [13]: clients = pd.read_csv('clients.csv', encoding = 'gbk')

In [14]: clients.head(3)
Out[14]:
     client_id    sex    birth_date    district_id
0    1            女      1970-12-13    18
1    2            男      1945-02-04    1
2    3            女      1940-10-09    1
```

disp.csv 文件是权限分配表，每条记录描述了客户和账户之间的关系，以及客户操作账户的权限，该文件的内容如图 11-3 所示。

	A	B	C	D
1	disp_id	client_id	account_id	type
2	12953	13261	10789	所有者
3	12954	13262	10789	用户
4	12968	13276	10799	所有者
5	12977	13285	10807	所有者
6	12982	13290	10812	所有者
7	12983	13291	10812	用户

图 11-3　disp.csv 文件的内容

disp.csv 文件中相关字段的说明如下。

- disp_id：权限号（主键）。
- client_id：客户号。
- account_id：账户号。
- type：权限类型，只有"所有者"身份可以进行增值业务操作和贷款。

clients.csv 文件是客户信息表，每条记录描述了一个客户的特征信息，该文件的内容如图 11-4 所示。

	A	B	C	D
1	client_id	sex	birth_date	district_id
2	13261	男	1944/8/1	75
3	13262	女	1938/2/9	75
4	13276	男	1977/1/20	76
5	13285	男	1935/12/25	34
6	13290	男	1941/6/23	16
7	13291	女	1940/11/13	16

图 11-4　clients.csv 文件的内容

clients.csv 文件中相关字段的说明如下。

- client_id：客户号（主键）。
- sex：性别。
- birth_date：出生日期。
- district_id：地区号（客户所属地区）。

为了方便数据的处理，需要将这些数据表汇总到一张表中。下面使用 merge() 函数分别将 disp.csv 和 clients.csv 文件中的数据对应地合并到 loans.csv 文件中，并命名为 data2。

```
In [15]: data2 = pd.merge(loans, disp, on = 'account_id', how = 'left')

In [16]: data2.head(3)
Out[16]:
  loan_id account_id date       amount ... bad_good disp_id client_id type
0 5314    1787       1993-07-05 96396  ... 1        2166    2166      所有者
1 5316    1801       1993-07-11 165960 ... 0        2181    2181      所有者
2 6863    9188       1993-07-28 127080 ... 0        11006   11314     所有者

[3 rows x 11 columns]

In [17]: data2 = pd.merge(data2, clients, on = 'client_id', how = 'left')

In [18]: data2.head(3)
Out[18]:
  loan_id account_id date       amount ... type   sex birth_date district_id
0 5314    1787       1993-07-05 96396  ... 所有者 女  1947-07-22 30
1 5316    1801       1993-07-11 165960 ... 所有者 男  1968-07-22 46
2 6863    9188       1993-07-28 127080 ... 所有者 男  1936-06-02 45

[3 rows x 14 columns]
```

将 data2 中客户类型为 '所有者' 的数据提取出来，保存在 data2 中，即覆盖原来的 data2。

```
In [19]: data2=data2[data2.type=='所有者']
```

```
In [20]: data2.head()
Out[20]:
   loan_id account_id date         amount ... type     sex birth_date district_id
0  5314    1787       1993-07-05   96396  ... 所有者   女   1947-07-22  30
1  5316    1801       1993-07-11   165960 ... 所有者   男   1968-07-22  46
2  6863    9188       1993-07-28   127080 ... 所有者   男   1936-06-02  45
3  5325    1843       1993-08-03   105804 ... 所有者   女   1940-04-20  14
4  7240    11013      1993-09-06   274740 ... 所有者   男   1978-09-07  63

[5 rows x 14 columns]
```

对 district.csv 文件（人口地区统计表）进行同样的处理，该文件的内容如图 11-5 所示。最后也合并到客户类型为 ' 所有者 ' 的 data2 数据中，并保存为 data3。

	A	B	C	D	E	F	G	H	I	J
1	A1	GDP	A4	A10	A11	A12	A13	A14	A15	a16
2	66	13477	125832	48.3	8512	3.51	4.12	102	8.9	8.4
3	67	14294	106054	63.1	8110	5.77	6.55	109	15.3	14.5
4	68	27054	228848	57.2	9893	4.09	4.72	96	12.3	12.9
5	69	5902	42821	48.4	8173		7.01	124		15.9
6	70	31182	285387	89.9	10177	6.63	7.75	81	17.3	17.7
7	71	24943	161227	69.7	8678	5.93	5.57	102	15.4	14.3

图 11-5　district.csv 文件的内容

```
In [21]: district = pd.read_csv('district.csv', encoding = 'gbk')

In [22]: district.head()
Out[22]:
   A1 GDP     A4        A10    A11    A12   A13   A14  A15   A16
0  1  283894  1204953   100.0  12541  0.29  0.43  167  35.6  41.1
1  2  11655   88884     46.7   8507   1.67  1.85  132  12.1  15.0
2  3  13146   75232     41.7   8980   1.95  2.21  111  18.8  18.7
3  4  16108   149893    67.4   9753   4.64  5.05  109  17.5  19.7
4  5  13452   95616     51.4   9307   3.85  4.43  118  13.7  15.9
```

district.csv 文件中的每条记录描述了一个地区的人口统计学信息，具体的字段说明如下。

- A1：地区号（主键 district_id）。
- GDP：GDP 总量。
- A4：居住人口。
- A10：城镇人口比例。
- A11：平均工资。
- A12：1995 年失业率。
- A13：1996 年失业率。
- A14：1000 人中有多少位企业家。

- A15：1995 年犯罪率（千人）。
- A16：1996 年犯罪率（千人）。

```
In [23]: data3 = pd.merge(data2, district, left_on = 'district_id', right_on =
                          'A1', how = 'left')
    ...: data3.head()
Out[23]:
   loan_id account_id date          amount ...  A13  A14  A15   A16
0   5314    1787      1993-07-05 96396    ...  3.67 100  15.7  14.8
1   5316    1801      1993-07-11 165960   ...  2.31 117  12.7  11.6
2   6863    9188      1993-07-28 127080   ...  2.89 132  13.3  13.6
3   5325    1843      1993-08-03 105804   ...  1.71 135  18.6  17.7
4   7240    11013     1993-09-06 274740   ...  4.52 110  9.0   8.4

[5 rows x 24 columns]

In [24]:
```

接着读入交易数据表trans.csv 文件（该文件的内容如图11-6所示），并保存在trans 变量中。

	A	B	C	D	E	F	G	H	I	J
1	trans_id	account_id	date	type	operation	amount	balance	k_symbol	bank	account
2	637742	2177	1993/1/5	贷	从他行收款	$5,123	$5,923	养老金	YZ	62457513
3	2908688	9635	1993/1/5	贷	信贷资金	$400	$400			
4	232961	793	1993/1/5	贷	从他行收款	$3,401	$4,201		IJ	6149286
5	192096	652	1993/1/5	贷	信贷资金	$700	$700			
6	542215	1844	1993/1/6	贷	信贷资金	$500	$500			
7	565654	1926	1993/1/6	贷	信贷资金	$700	$700			

图 11-6 trans.csv 文件的内容

```
In [13]: trans = pd.read_csv('trans.csv', encoding = 'gbk')
In [19]: trans.head()
Out[19]:
   trans_id account_id date          type ...  balance k_symbol bank account
0  695247   2378       1993-01-01 贷    ...  $700    NaN      NaN  NaN
1  171812   576        1993-01-01 贷    ...  $900    NaN      NaN  NaN
2  207264   704        1993-01-01 贷    ...  $1,000  NaN      NaN  NaN
3  1117247  3818       1993-01-01 贷    ...  $600    NaN      NaN  NaN
4  579373   1972       1993-01-02 贷    ...  $400    NaN      NaN  NaN

[5 rows x 10 columns]
```

该数据表中缺项比较多，但对需要的数据影响不大。这里需要的是账户号、类型（贷或借）、余额、日期等字段的数据。将这些字段的数据及 loans 表中的账户号、日期都对应合并，保存到 data_4temp1 变量中。

```
In [24]: data_4temp1 = pd.merge(loans[['account_id', 'date']],
    ...:                        trans[['account_id','type','amount','balance','date']],
    ...:                        on = 'account_id')

In [25]: data_4temp1.columns = ['account_id', 'date', 'type',
    ...:                        'amount', 'balance', 't_date'] #修改列名，t_date 为交易时间
```

按照 'account_id' 和 't_date' 进行排序，并将 date、t_date 数据转化为时间格式。

```
In [26]: data_4temp1 = data_4temp1.sort_values(by = ['account_id','t_date'])

In [27]: data_4temp1['date']=pd.to_datetime(data_4temp1['date'])

In [28]: data_4temp1['t_date']=pd.to_datetime(data_4temp1['t_date'])     #t_date 是交易时间
    ...: data_4temp1.tail()
Out[28]:
        account_id date         type amount  balance  t_date
127263  11362      1996-12-27   借    $56     $51420   1998-12-08
127264  11362      1996-12-27   借    $4,780  $46640   1998-12-10
127265  11362      1996-12-27   借    $5,392  $41248   1998-12-12
127266  11362      1996-12-27   借    $2,880  $38368   1998-12-19
127267  11362      1996-12-27   贷    $163    $38531   1998-12-31
```

由于 data_4temp1 的 balance 和 amount 数据是字符型，不是数值型，不便于计算，因此需要将其中的 "," 和 "$" 符号去掉。

```
In [29]: data_4temp1['balance2'] = data_4temp1['balance'].map(lambda x:
            int(''.join(x[1:].split(','))))

In [30]: data_4temp1['amount2'] = data_4temp1['amount'].map(lambda x:
            int(''.join(x[1:].split(','))))
    ...:
    ...: data_4temp1.head()
Out[30]:
       account_id date         type amount  balance  t_date     balance2 amount2
10020  2          1994-01-05   贷    $1,100  $1,100   1993-02-26 1100     1100
10021  2          1994-01-05   贷    $20236  $21336   1993-03-12 21336    20236
10022  2          1994-01-05   贷    $3,700  $25036   1993-03-28 25036    3700
10023  2          1994-01-05   贷    $14     $25050   1993-03-31 25050    14
10024  2          1994-01-05   贷    $20236  $45286   1993-04-12 45286    20236
```

balance 和 amount 列的数据已经完成清洗，并保存在 balance2 和 amount2 列中。

11.2.2 整理数据

根据前面得到的贷款的4种结果A、B、C、D,要判断一个处于C状态的客户是否会出现"还贷违约"的现象,需要对客户资料加以分析。客户能否履约还贷,涉及客户的收入、日常消费、贷款期限、当地的经济状况等因素。

如果仅看一个人的支出或收入,得出的结果不一定准确,有些人收入很高,但他的支出更高,入不敷出,还不了贷的风险就高。本案例通过整理数据,使用变异系数进行衡量,变异系数=余额标准差/余额均值,变异系数越大,表明波动性越大。除了这些自然数据和变异系数外,还有一些数据需要继续梳理,如贷款前一年内的账户平均余额、余额标准差、平均收入和平均支出的比例等。

接下来提取放款日之前一年中的数据。

```
In [31]:import datetime
    ...: data_4temp2 = data_4temp1[data_4temp1.date>data_4temp1.t_date][
    ...:              data_4temp1.date<data_4temp1.t_date + datetime.timedelta(days=365)]
    ...: data_4temp2.tail()
__main__:3: UserWarning: Boolean Series key will be reindexed to match DataFrame
index.
Out[31]:
        account_id date       type ... t_date      balance2 amount2
127026  11362      1996-12-27 借    ... 1996-12-06  39766    129
127027  11362      1996-12-27 借    ... 1996-12-07  29366    10400
127028  11362      1996-12-27 借    ... 1996-12-07  29036    330
127029  11362      1996-12-27 借    ... 1996-12-08  28980    56
127030  11362      1996-12-27 借    ... 1996-12-10  24200    4780

[5 rows x 8 columns]
```

下面计算账户余额均值、余额标准差以及变异系数。

```
In [32]: data_4temp3 = data_4temp2.groupby('account_id')['balance2'].agg(
            [('avg_balance','mean'), ('stdev_balance','std')])

In [33]: data_4temp3['cv_balance'] = data_4temp3[['avg_balance','stdev_balance']].
            apply(lambda x: x[1]/x[0],axis = 1)   #变异系数=余额标准差/余额均值

In [34]: data_4temp3.head()
Out[34]:
    avg_balance   stdev_balance cv_balance
account_id
2  32590.759259  12061.802206  0.370099
19 25871.223684  15057.521648  0.582018
```

```
25  56916.984496      21058.667949      0.369989
37  36658.981308      20782.996690      0.566928
38  31383.581818      10950.723180      0.348932
```

data_4temp3 数据框的变量中保存着账户余额均值、余额标准差以及变异系数。

在银行数据中，有很多术语不便于理解，这里把"借"和"贷"改为 out 和 income。并对数据按照 account_id 和 type1 列分组，对 amount2 列进行统计求和。

```
In [35]: type_dict = {' 借 ':'out',' 贷 ':'income'}
    ...: data_4temp2['type1'] = data_4temp2.type.map(type_dict)
    ...: data_4temp4 = data_4temp2.groupby(['account_id','type1'])[['amount2']].sum()
    ...: data_4temp4.head()
Out[35]:
                        amount2
account_id  type1
2           income      276514
            out         153020
19          income      254255
            out         198020
25          income      726479
```

对数据进行转置，把每个客户的数据变换成一行记录，将 out 和 income 各做成一列，再计算出借贷比 r_out_in。

```
In [36]: data_4temp5 = pd.pivot_table( data_4temp4, values = 'amount2',
    ...:                               index = 'account_id', columns = 'type1')

In [37]: data_4temp5.fillna(0, inplace = True)

In [38]: data_4temp5['r_out_in'] = data_4temp5[
    ...: ['out','income']].apply(lambda x: x[0]/x[1], axis = 1)

In [39]: data_4temp5.head()
Out[39]:
    type1  income        out           r_out_in
account_id
2          276514.0      153020.0      0.553390
19         254255.0      198020.0      0.778824
25         726479.0      629108.0      0.865969
37         386357.0      328541.0      0.850356
38         154300.0      105091.0      0.681082
```

将 data_4temp3 数据框中的账户余额均值、余额标准差，以及 data_4temp5 数据框中的 income、out、r_out_in 都合并到 data3 中，做成一个数据框 data4。

```
In [40]: data4 = pd.merge(data3, data_4temp3, left_on='account_id',
              right_index= True, how = 'left')
    ...: data4 = pd.merge(data4, data_4temp5, left_on='account_id',
              right_index= True, how = 'left')
In [41]: data4.head()
Out[41]:
   loan_id account_id date      ... income      out      r_out_in
0  5314    1787       1993-07-05 ... 20100.0     0.0      0.000000
1  5316    1801       1993-07-11 ... 243576.0    164004.0 0.673318
2  6863    9188       1993-07-28 ... 75146.0     54873.0  0.730219
3  5325    1843       1993-08-03 ... 120310.0    86018.0  0.714970
4  7240    11013      1993-09-06 ... 276327.0    235214.0 0.851216

[5 rows x 30 columns]
```

下面计算贷存比（贷款金额 / 余额均值）与贷收比（贷款金额 / 收入）。

```
In [42]: data4['r_lb'] = data4[['amount','avg_balance']].apply(lambda x:
            x[0]/x[1],axis = 1)
            # 贷款金额 / 余额均值
    ...: data4['r_lincome'] = data4[['amount','income']].apply(lambda x:
            x[0]/x[1],axis = 1)
            # 贷款金额 / 收入
    ...:
    ...: data4.head()
Out[42]:
   loan_id account_id date      ... r_out_in  r_lb     r_lincome
0  5314    1787       1993-07-05 ... 0.000000  7.869061 4.795821
1  5316    1801       1993-07-11 ... 0.673318  3.773893 0.681348
2  6863    9188       1993-07-28 ... 0.730219  4.227398 1.691108
3  5325    1843       1993-08-03 ... 0.714970  2.561987 0.879428
4  7240    11013      1993-09-06 ... 0.851216  5.518998 0.994257

[5 rows x 32 columns]

In [43]: data4.columns
Out[43]:
Index(['loan_id', 'account_id', 'date', 'amount', 'duration', 'payments',
'status', 'bad_good', 'disp_id', 'client_id', 'type', 'sex',
'birth_date', 'district_id', 'A1', 'GDP', 'A4', 'A10', 'A11', 'A12',
'A13', 'A14', 'A15', 'A16', 'avg_balance', 'stdev_balance',
'cv_balance', 'income', 'out', 'r_out_in', 'r_lb', 'r_lincome'],
dtype='object')
```

```
In [44]: len(data4)
Out[44]: 682
```

至此，已经把需要的数据处理完毕，共计 682 条。

11.3 模型训练

前面分析过需要对 C 类客户进行预测，因此需要对用户进行分离，将 C 类客户和其他三类客户的数据分开。将剥离 C 类客户后剩余的数据 data_model 作为训练数据，也就是要通过分析这些数据来判断 C 类数据 for_predict 的违约风险。

```
In [45]: data_model = data4[data4.status!='C']  # 提取非 C 类数据

In [46]: for_predict = data4[data4.status=='C']  # 提取 C 类数据，作为要预测的数据

In [47]: len(data_model)
Out[47]: 279

In [48]: len(for_predict)
Out[48]: 403
```

这样就将 682 条数据分为非 C 类数据 279 条和 C 类数据 403 条。

从非 C 类 279 条 data_model 数据中提取 70% 的数据作为训练数据 train，随机种子数取 1235，表示可重复此次随机抽样数据；余下的 30% 作为测试数据 test，以评估预测模型的正确率。

```
In [49]: train = data_model.sample(frac=0.7, random_state=1235).copy()

In [50]: train.head()
Out[50]:
     loan_id account_id date       ... r_out_in  r_lb      r_lincome
54   7137    10439      1994-06-03 ... 0.541439  2.807903  0.492667
324  5625    3189       1996-12-15 ... 0.860036  4.273290  0.630033
77   5395    2176       1994-07-30 ... 0.875700  6.888996  0.374799
16   7104    10320      1993-12-13 ... 0.534601  5.746692  1.798342
90   6120    5481       1994-09-11 ... 0.792140  4.594025  0.396970

[5 rows x 32 columns]

In [51]: test = data_model[~ data_model.index.isin(train.index)].copy()

In [52]: test.head()
```

```
Out[52]:
    loan_id account_id date        ...  r_out_in  r_lb       r_lincome
2   6863    9188       1993-07-28  ...  0.730219  4.227398   1.691108
4   7240    11013      1993-09-06  ...  0.851216  5.518998   0.994257
10  7121    10364      1993-11-10  ...  0.690504  0.639703   0.138246
12  6228    6034       1993-12-01  ...  0.468974  10.460478  0.752471
14  5523    2705       1993-12-08  ...  0.591653  2.502991   1.104357

[5 rows x 32 columns]

In [53]: print(' 训练集样本量 : %i \n 测试集样本量 : %i' %(len(train), len(test)))
训练集样本量 : 195
测试集样本量 : 84
```

这里有一个需要解决的问题：在处理好的 data4 数据中有 32 个特征，除了 bad_good 作为分类结果外，其余 31 个特征是否都是有用的呢？这需要用前向法进行筛选，即从前向后回归。首先模型中只有一个对因变量影响最显著的自变量，之后尝试加入另一个自变量，观察加入自变量后的整个模型对因变量的影响是否显著增加（这里需要进行检验，如 F、t、r 等检验），通过这一过程反复迭代，直到没有自变量符合加入模型的条件。

也可以采用向后法，即从后向前回归。将所有变量均放入模型，之后尝试将其中一个自变量从模型中剔除，看整个模型对因变量的影响是否有显著变化，之后将使影响减少的最小的变量剔除出队列，通过这一过程反复迭代，直到没有自变量符合剔除模型的条件。

还可以用向前向后逐步回归，即上面两种方法的结合，不是一味地增加变量，而是增加一个变量后，对整个模型的所有变量进行检验，剔除作用不显著的变量，最终得到一个相对最优的变量组合。

```
In [54]:
def forward_select(data, response):
    """ 前向逐步回归算法
    Parameters:
    -----------
    data : pandas DataFrame with all possible predictors and response
    response: string, name of response column in data
    Returns:
    -----------
    model: an "optimal" fitted statsmodels linear model
    with an intercept
    selected by forward selection
    evaluated by adjusted R-squared
    """
    import statsmodels.api as sm
    import statsmodels.formula.api as smf
```

```
remaining = set(data.columns)          #将字段名转换成集合类型
remaining.remove(response)             # 去掉因变量的字段名
selected = []
current_score, best_new_score = float('inf'), float('inf')
# 目前的分数和最好的分数初始值都为无穷大（因为 aic 值越小越好）
# 循环筛选变量
while remaining:
    aic_with_candidates=[]
    for candidate in remaining:        #逐个遍历自变量
        formula = "{} ~ {}".format(response,' + '.join(selected + [candidate]))
        #将自变量名连接起来
        aic = smf.glm(formula=formula, data=data,family=sm.families.
                Binomial(sm.families.links.logit)).fit().aic
        # 利用 ols 训练模型，得出 aic 值
        aic_with_candidates.append((aic, candidate))#将每次的 aic 值放进空列表
    aic_with_candidates.sort(reverse=True)#降序排序 aic 值
    best_new_score, best_candidate=aic_with_candidates.pop()
    # 最好的 aic 值等于删除列表的最后一个值，以及最好的自变量等于列表的最后一个自变量
    if current_score > best_new_score:        # 如果目前的 aic 值大于最好的 aic 值
        remaining.remove(best_candidate)
        # 移除加进来的变量名，即第 2 次循环时不考虑此自变量
        selected.append(best_candidate)         # 将此自变量作为放入模型中的自变量
        current_score = best_new_score          # 最新的分数等于最好的分数
        print ('aic is {},continuing!'.format(current_score)) # 输出最小的 aic 值
    else:
        print('forward selection over!')
        break

formula = "{} ~ {} ".format(response,' + '.join(selected))#最终的模型算式
print('final formula is {}'.format(formula))
model = smf.glm(formula=formula, data=data, family=sm.families.Binomial
        (sm.families.links.logit)).fit()
return(model)
```

下面将挑选一些认为有影响力的特征进行筛选，并训练模型。训练模型是为了得到如下回归方程：

$$Y = a_1 x_1 + a_2 x_2 + \cdots + a_n x_n + b$$

即找出系数 a_1、a_2、$\cdots$、a_n 和截距 b。

```
In [55]: candidates = ['bad_good', 'A1', 'GDP', 'A4', 'A10', 'A11', 'A12','amount',
    ...:               'duration','A13', 'A14', 'A15', 'A16', 'avg_balance', 'stdev_balance',
    ...:               'cv_balance', 'income', 'out', 'r_out_in', 'r_lb', 'r_lincome']
```

```
In [56]: len(candidates)
Out[56]: 21

In [57]: data_for_select = train[candidates]

In [58]: lg_m1 = forward_select(data=data_for_select, response='bad_good')
__main__:25: DeprecationWarning: Calling Family(..) with a link class as argument
is deprecated.
Use an instance of a link class instead.
aic is 167.43311432504638,continuing!
aic is 135.82435856041837,continuing!
forward selection over!
final formula is bad_good ~ r_lb + cv_balance
__main__:40: DeprecationWarning: Calling Family(..) with a link class as argument
is deprecated.
Use an instance of a link class instead.
```

通过训练模型，挑选了 21 个特征进行前向法筛选，得出的分类 bad_good 仅跟贷存比 r_lb 和变异系数 cv_balance 有关。模型的优劣可以通过绘制 ROC 曲线查看，如图 11-7 所示。

```
In [59]: import sklearn.metrics as metrics
    ...: import matplotlib.pyplot as plt
    ...: fpr, tpr, th = metrics.roc_curve(test.bad_good, lg_m1.predict(test))
    ...: plt.figure(figsize=[6, 6])
    ...: plt.plot(fpr, tpr, 'b--')
    ...: plt.title('ROC curve')
    ...: plt.show()
```

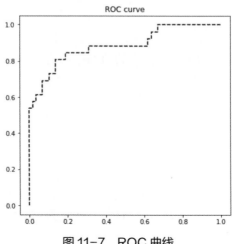

图 11-7　ROC 曲线

ROC 曲线用来反映敏感性与特异性之间的关系。根据曲线位置，把整个图形划分成两部分，曲线下方部分的面积称为 AUC（Area Under Curve），用来表示预测准确性，AUC 值越高，即曲线下方的面积越大，说明预测的准确率越高。ROC 曲线越接近左上角（X 越小，Y 越大），说明预测的准确率越高。

```
In [60]: print('AUC = %.4f' %metrics.auc(fpr, tpr))
AUC = 0.8846
```

这里 AUC 值达到 88.46%，相对来说准确率较高。

11.4 模型预测

模型已经训练好了，也得出了预测的准确率，下面对 C 类数据 for_predict 进行预测。

```
In [61]: for_predict['prob']=lg_m1.predict(for_predict)
    ...: for_predict[['account_id','prob']].head()
__main__:1: SettingWithCopyWarning:
A value is trying to be set on a copy of a slice from a DataFrame.
Try using .loc[row_indexer,col_indexer] = value instead

See the caveats in the documentation: https://pandas.pydata.org/pandas-docs/
stable/user_guide/indexing.html#returning-a-view-versus-a-copy
Out[61]:
    account_id    prob
23  1071          0.704914
30  5313          0.852249
38  10079         0.118128
39  5385          0.177591
42  8321          0.024302
```

由预测结果可以看出，账号 1071 的客户的违约率约为 70.49%。

```
In [62]: lg_m1.params
Out[62]:
Intercept -7.425952
r_lb 0.439077
cv_balance 10.135468
dtype: float64
```

通过调用 lg_m1.params 模型文件，可以得到模型的相关参数，如斜率系数、截距等。本案例的贷存比为 0.439077，变异系数为 10.135468，截距为 −7.425952。

完整代码如下所示：

```python
# coding: utf-8
import pandas as pd
import os

# 导入数据
os.chdir(r'D:\yubg\data')
os.getcwd()
loanfile = os.listdir()

loans = pd.read_csv('loans.csv', encoding = 'gbk')
disp = pd.read_csv('disp.csv', encoding = 'gbk')
clients = pd.read_csv('clients.csv', encoding = 'gbk')
disp = pd.read_csv('disp.csv', encoding = 'gbk')
district = pd.read_csv('district.csv', encoding = 'gbk')
trans = pd.read_csv('trans.csv', encoding = 'gbk')

bad_good = {'B':1, 'D':1, 'A':0, 'C': 2}        #标签
loans['bad_good'] = loans.status.map(bad_good)
loans.head()

data2 = pd.merge(loans, disp, on = 'account_id', how = 'left')
data2 = pd.merge(data2, clients, on = 'client_id', how = 'left')
data2=data2[data2.type==' 所有者 ']

data2.head()

data3 = pd.merge(data2, district, left_on = 'district_id', right_on = 'A1', how = 'left')
data3.head()

# 贷款前一年内的账户余额均值、余额标准差、变异系数、平均收入和平均支出的比例
data_4temp1 = pd.merge(loans[['account_id', 'date']],
                       trans[['account_id','type','amount','balance','date']],
                       on = 'account_id')
data_4temp1.columns = ['account_id', 'date', 'type', 'amount', 'balance',
                       't_date'] #amount : 金额
data_4temp1 = data_4temp1.sort_values(by = ['account_id','t_date'])

data_4temp1['date']=pd.to_datetime(data_4temp1['date'])
data_4temp1['t_date']=pd.to_datetime(data_4temp1['t_date'])#t_date 是交易时间
data_4temp1.tail()
```

```python
# 将对账户余额进行清洗
data_4temp1['balance2'] = data_4temp1['balance'].map(lambda x:
            int(''.join(x[1:].split(','))))
data_4temp1['amount2'] = data_4temp1['amount'].map(lambda x:
            int(''.join(x[1:].split(','))))

data_4temp1.head()


# 根据取数窗口提取交易数据
import datetime
data_4temp2 = data_4temp1[data_4temp1.date>data_4temp1.t_date][
    data_4temp1.date<data_4temp1.t_date + datetime.timedelta(days=365)]
# 提取放款日之前的一年内的数据
data_4temp2.tail()


#账户余额均值、余额标准差、变异系数
data_4temp3 = data_4temp2.groupby('account_id')['balance2'].agg([('avg_
            balance','mean'), ('stdev_balance','std')])#账户余额均值、余额标准差
data_4temp3['cv_balance'] = data_4temp3[['avg_balance','stdev_balance']].
            apply(lambda x: x[1]/x[0],axis = 1)
# 变异系数 = 余额标准差 / 余额均值
# 变异系数越大表明波动性越大
data_4temp3.head()


# 平均支出和平均收入的比例
type_dict = {' 借 ':'out',' 贷 ':'income'}
data_4temp2['type1'] = data_4temp2.type.map(type_dict)
data_4temp4 = data_4temp2.groupby(['account_id','type1'])[['amount2']].sum()
data_4temp4.head()


# 对数据进行变换，把每个客户的数据变换成一行记录
data_4temp5 = pd.pivot_table(
            data_4temp4, values = 'amount2',
            index = 'account_id', columns = 'type1')
data_4temp5.fillna(0, inplace = True)
data_4temp5['r_out_in'] = data_4temp5[
            ['out','income']].apply(lambda x: x[0]/x[1], axis = 1)
data_4temp5.head()


data4 = pd.merge(data3, data_4temp3, left_on='account_id', right_index= True,
        how = 'left')# 合并平均余额、余额标准差到 data3 中
data4 = pd.merge(data4, data_4temp5, left_on='account_id', right_index= True,
```

```
                how = 'left')# 合并 income、out、r_out_in 到 data3 中
data4.head()

# 计算贷存比、贷收比
data4['r_lb'] = data4[['amount','avg_balance']].apply(lambda x: x[0]/x[1],axis = 1)
# 贷款金额 / 余额均值
data4['r_lincome'] = data4[['amount','income']].apply(lambda x: x[0]/x[1],axis = 1)
# 贷款金额 / 收入

data4.head()

# 构建 Logistic 模型
data4.columns

# 提取状态为 C 的数据用于预测。其他样本随机抽样，建立训练集与测试集
data_model = data4[data4.status!='C']
for_predict = data4[data4.status=='C']

train = data_model.sample(frac=0.7, random_state=1235).copy()
test = data_model[~ data_model.index.isin(train.index)].copy()
print(' 训练集样本量：%i \n 测试集样本量：%i' %(len(train), len(test)))


# 定义向前逐步回归函数
def forward_select(data, response):
    """ 前向逐步回归算法
    Parameters:
    -----------
    data : pandas DataFrame with all possible predictors and response
    response: string, name of response column in data
    Returns:
    -----------
    model: an "optimal" fitted statsmodels linear model
            with an intercept
            selected by forward selection
            evaluated by adjusted R-squared
    """
    import statsmodels.api as sm
    import statsmodels.formula.api as smf
    remaining = set(data.columns)# 将字段名转换成集合类型
    remaining.remove(response)# 去掉因变量的字段名
```

```
    selected = []
    current_score, best_new_score = float('inf'), float('inf')
    #目前的分数和最好的分数初始值都为无穷大（因为 aic 值越小越好）
    #循环筛选变量
    while remaining:
        aic_with_candidates=[]
        for candidate in remaining: #逐个遍历自变量
            formula = "{} ~ {}".format(response,' + '.join(selected + [candidate]))
            #将自变量名连接起来
            aic = smf.glm(formula=formula, data=data, family=sm.families.
                Binomial(sm.families.links.logit)).fit().aic
            #利用 ols 训练模型得出 aic 值
            aic_with_candidates.append((aic, candidate))
            #将每次的 aic 值放进空列表
        aic_with_candidates.sort(reverse=True)#降序排序 aic 值
        best_new_score, best_candidate=aic_with_candidates.pop()
        #最好的 aic 值等于删除列表的最后一个值，以及最好的自变量等于列表的最后一个自变量
        if current_score > best_new_score: # 如果目前的 aic 值大于最好的 aic 值
            remaining.remove(best_candidate)
            #移除加进来的变量名，即第二次循环时，不考虑此自变量了
            selected.append(best_candidate) #将此自变量作为加进模型中的自变量
            current_score = best_new_score #最新的分数等于最好的分数
            print ('aic is {},continuing!'.format(current_score)) #输出最小的 aic 值
        else:
            print ('forward selection over!')
            break

    formula = "{} ~ {} ".format(response,' + '.join(selected))#最终的模型算式
    print('final formula is {}'.format(formula))
    model = smf.glm(formula=formula, data=data, family=sm.families.Binomial(sm.families.
                links.logit)).fit()
    return(model)


# 定义向前逐步回归函数（二）
# import statsmodels.formula.api as smf
# import pandas as pd


# def forward_selected(data, response):
#     """ 前向逐步回归算法，源代码来自 https://planspace.org/20150423-forward_selection_
#             with_statsmodels/
#     使用 Adjusted R-squared 来评判新加的参数是否能提高回归中的统计显著性
#     Linear model designed by forward selection.
```

```
#      Parameters:
#      -----------
#      data : pandas DataFrame with all possible predictors and response
#      response: string, name of response column in data
#      Returns:
#      -----------
#      model: an "optimal" fitted statsmodels linear model
#              with an intercept
#              selected by forward selection
#              evaluated by adjusted R-squared
#      """
#      remaining = set(data.columns)
#      remaining.remove(response)
#      selected = []
#      current_score, best_new_score = 0.0, 0.0
#      while remaining and current_score == best_new_score:
#          scores_with_candidates = []
#          for candidate in remaining:
#              formula = "{} ~ {} + 1".format(response,' + '.join(selected + [candidate]))
#              score = smf.ols(formula, data).fit().rsquared_adj
#              scores_with_candidates.append((score, candidate))
#          scores_with_candidates.sort()
#          best_new_score, best_candidate = scores_with_candidates.pop()
#          if current_score < best_new_score:
#              remaining.remove(best_candidate)
#              selected.append(best_candidate)
#              current_score = best_new_score
#      formula = "{} ~ {} + 1".format(response,' + '.join(selected))
#      model = smf.ols(formula, data).fit()
#      return model


candidates = ['bad_good', 'A1', 'GDP', 'A4', 'A10', 'A11', 'A12','amount', 'duration',
              'A13', 'A14', 'A15', 'A16', 'avg_balance', 'stdev_balance',
              'cv_balance', 'income', 'out', 'r_out_in', 'r_lb', 'r_lincome']
data_for_select = train[candidates]


lg_m1 = forward_select(data=data_for_select, response='bad_good')
lg_m1.summary().tables[1]


import sklearn.metrics as metrics
```

```
import matplotlib.pyplot as plt
fpr, tpr, th = metrics.roc_curve(test.bad_good, lg_m1.predict(test))
plt.figure(figsize=[6, 6])
plt.plot(fpr, tpr, 'b--')
plt.title('ROC curve')
plt.show()

print('AUC = %.4f' %metrics.auc(fpr, tpr))

for_predict['prob']=lg_m1.predict(for_predict)
for_predict[['account_id','prob']].head()

lg_m1.params
```

11.5 本 章 小 结

　　本章涉及机器学习的内容，通过对已有的数据进行分析，利用逻辑回归模型进行建模，对模型进行训练，并对贷款客户进行预测，最终得出客户的违约率。

✎ 读书笔记

第三部分 拓展与应用

- os 与 glob 模块
- 字符串的格式化输出
- 在 Python 中使用数据库
- DIY 库的发布
- 机器学习入门

第12章

os 与 glob 模块

本章是对数据处理部分的补充，主要针对文件路径的提取、文件夹的新建与删除、文件名的修改、文件的复制与删除等操作进行讲解。

针对文件名和文件路径的操作主要学习 os 和 glob 两个模块。

12.1 os 模 块

os 模块提供了非常丰富的方法来处理文件和目录。os 模块在 Python 中包含普遍的操作系统功能，如：获取当前工作目录，即当前 Python 脚本工作目录的路径；改变当前工作目录；提取文件路径（含文件名）；创建 / 删除文件或文件夹等。

12.1.1 文件路径

在进行数据处理时，有时需要对文件的路径进行操作，如提取文件的路径。os 模块中提供了相应的操作。例如，想获取当前的工作路径，通过调用 os 模块的 getcwd() 方法即可；当需要进入指定的工作路径 path 时，可以使用 os.chdir(path) 方法。代码如下：

```
In [1]: import os

In [2]: os.getcwd()                          #获取当前工作路径
Out[2]: 'C:\\Users\\yubg\\desktop'

In [3]: os.chdir("c:\\Users\\yubg")          #改变当前工作目录到指定的路径

In [4]:
```

运行上述代码，获取当前工作路径和改变当前工作路径的结果分别如图 12-1 和图 12-2 所示。

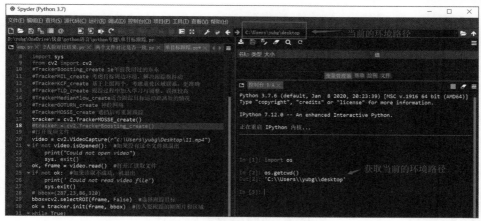

图 12-1　获取当前工作路径

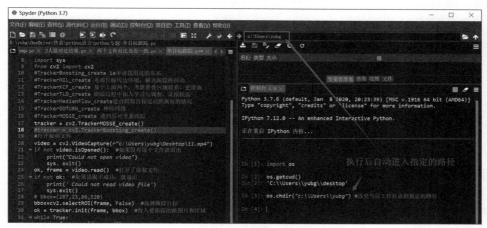

图 12-2　改变当前工作路径

在 Jupyter 中，直接在 cell 界面中运行 %pwd 即可返回当前路径，如图 12-3 所示。

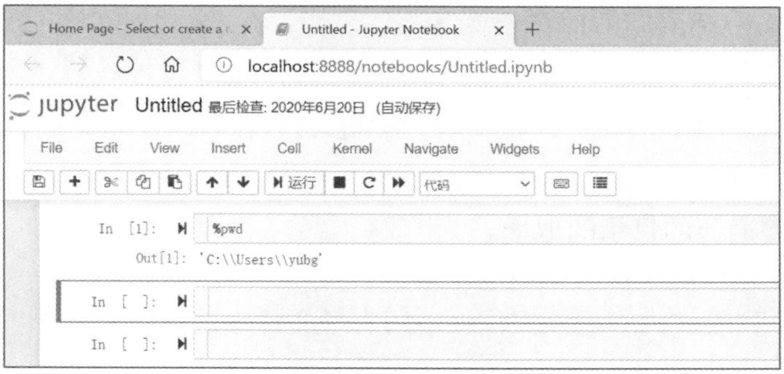

图 12-3　返回当前路径

12.1.2 目录与文件名

提取指定目录下的所有文件名和文件夹名可以使用 os.listdir() 方法。如图 12-4 所示，yubg 文件夹下有 3 个文件和 2 个文件夹 docm1 与 docm2。

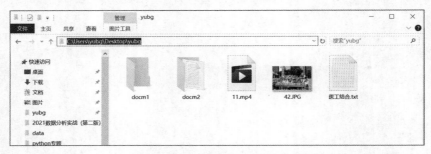

图 12-4　yubg 文件夹下的文件

现在需要提取 yubg 文件夹下的所有文件名和文件夹名，代码如下：

```
In [4]: os.listdir(r'c:\Users\yubg\desktop\yubg')
Out[4]: ['11.mp4', '42.JPG', 'docm1', 'docm2', ' 医工结合 .txt']
```

返回的结果是一个列表，其中包含文件名和子目录（子文件夹）。

在 yubg 文件夹下，创建一个"文件夹 2"，代码如下：

```
In [5]: os.mkdir(r'c:\Users\yubg\desktop\yubg\ 文件夹 2')

In [6]:
```

删除 yubg 文件夹下的 docm1 文件夹，代码如下：

```
In [6]: os.rmdir(r'c:\Users\yubg\desktop\yubg\docm1') # 删除指定文件夹

In [7]:
```

在进行数据清洗时，经常用到 walk() 方法对指定目录下的文件和子文件夹进行遍历，以便高效地处理文件、目录方面的任务。

os.walk() 方法的语法格式如下：

```
os.walk(path[, topdown=True[, onerror=None[, followlinks=False]]])
```

返回的结果是一个三元组 (root,dirs,files)。各参数的说明如下。

- path：当前要遍历的目录的地址。
- root：当前要遍历的文件夹本身的地址。
- dirs：是一个列表，内容是该文件夹中所有子文件夹的名字。
- files：是一个列表，内容是该文件夹中所有的文件名。

```
In [7]: for i in os.walk("c:\\Users\\yubg\\Desktop\\yubg"):
   ...:     print(i)
   ...:
('c:\\Users\\yubg\\Desktop\\yubg', ['docm2', ' 文件夹 2'], ['11.mp4', '42.JPG', ' 医
工结合 .txt'])
('c:\\Users\\yubg\\Desktop\\yubg\\docm2', [], [' 子文件夹下的文件 .txt'])
('c:\\Users\\yubg\\Desktop\\yubg\\ 文件夹 2', [], [])
In [8]:
```

 注意：上述代码返回的结果是三个元组，每个元组都是三元的。第一个元组是当前目录、当前目录下的文件夹、当前目录下的文件；第二个元组是目录下的第一个子文件夹目录及其下的子文件夹和文件；第三个元组是目录下的第二个子文件夹目录及其下的子文件夹和文件。

返回当前路径的上一层，即父目录，可以执行如下代码：

```
In [8]:os.path.abspath(os.path.dirname(os.getcwd())+os.path.sep+".")
Out[8]: 'c:\\Users'
```

在需要修改目录名和文件名时，可以使用 rename() 方法。

os.rename(src, dst) 方法用于重命名文件或目录，如果 dst 是一个已存在的目录，将抛出异常 OSError。参数说明如下。

- src：原目录名 / 文件名。
- dst：新目录名 / 文件名。

```
In [9]: path = r"c:\Users\yubg\Desktop\ybg"

In [10]: os.rename(path, r"c:\Users\yubg\Desktop\ybg0")

In [11]: os.rename(r"c:\Users\yubg\Desktop\ybg0\imgtopdf.pdf",
                   r"c:\Users\yubg\Desktop\ybg0\img2pdf.pdf")
```

当新目录名 / 文件名已经存在时，会提示错误信息："FileExistsError: [WinError 183] 当文件已存在时，无法创建该文件。"

12.1.3　os 模块的其他操作

除了前面介绍的常用操作，还有 os 模块的其他一些方法偶尔会用到，列举如下。

1. 系统操作

- os.sep：系统路径分隔符。
- os.name：使用的工作平台，Windows 平台下为 nt；Linux、UNIX 平台下为 posix。

- os.getcwd()：获取当前路径，在 Jupyter 下可以使用 %pwd 命令返回当前路径。
- os.chdir()：用于改变当前工作目录到指定的路径，如 os.chdir("c:\jrmode")。

2. 目录操作

- os.listdir()：返回指定目录下的所有文件和目录名。
- os.mkdir()：创建一个目录。
- os.rmdir()：删除一个目录。
- os.rename(src, dst)：重新命名目录名和文件名。
- os.remove(path)：删除一个文件（含文件名的完整路径）。

3. path 模块

- os.path.basename()：返回当前的文件名或文件夹名。
- os.path.getsize()：返回当前文件的大小。
- os.path.abspath()：返回当前文件的绝对路径。
- os.path.exists()：判断目标是否存在。
- os.path.split(path)：返回一个路径的目录名和文件名。
- os.path.splitext()：分离文件名与扩展名。
- os.path.abspath(name)：获取绝对路径。
- os.path.join(path,name)：连接目录与文件名或目录，返回完整路径。
- os.path.basename(path)：返回文件名。
- os.path.dirname(path)：返回文件路径。

12.2 glob模块

glob 模块是 Python 中自带的一个操作文件的相关模块。该模块的功能相对较少。使用该模块查找文件，可以找到符合特定规则的文件路径名，只需要用到 *、?、[] 这三个匹配符。

- *：匹配 0 个或多个字符。
- ?：匹配单个字符。
- []：匹配指定范围内的字符，如 [0-9]，匹配数字。

示例代码如下：

```
In [8]: import glob
   ...: glob.glob(r'c:\Users\yubg\desktop\yubg\*.jpg')      #获取指定路径下 jpg 后缀的文件
Out[8]: ['c:\\Users\\yubg\\desktop\\yubg\\42.JPG']
```

glob 模块中有一个 iglob() 方法，用于逐个获取匹配的文件名。与 glob() 方法的区别是，glob() 方法同时获取所有匹配的完整路径（含文件名），而 iglob() 方法是一个迭代器（iterator）

对象，一次只能获取一个匹配路径。

```
In [32]: f = glob.iglob(r'd:\yubg\calligraph\*.png')
    ...: print(f)
    ...: for py in f:
    ...:     print(py)
    ...:
<generator object _iglob at 0x0000027957AE9AC8>
d:\yubg\calligraph\water.png
d:\yubg\calligraph\水预测概率.png
```

12.3 实战案例：生成专属的二维码

本案例需要先安装 MyQR 库，安装命令如下：

```
pip install myqr
```

执行如下代码：

```
from MyQR import myqr
import os
from PIL import Image

version, level, qr_name = myqr.run(
    words='https://user.qzone.qq.com/120487362/blog/1583685236',
    version=1,
    level='H',
    picture=" 蝈蝈 .png",
    colorized=True,
    contrast=1.0,
    brightness=1.0,
    save_name=None,
    save_dir= os.getcwd())
print(qr_name)

im = Image.open(qr_name)          # 读取二维码
im.show()                         # 显示二维码
```

读取二维码的语句中，qr_name 表示生成的二维码的保存路径。运行上述代码，生成的二维码如图 12-5 所示。

图 12-5　生成的二维码

上述代码中 myqr.run() 的参数说明如下。

- words='Hello world'：在命令后输入链接或者句子作为参数，然后在程序的当前目录中生成相应的二维码图片文件，默认情况下命名为 qrcode.png。
- version=1：设置容错率为最高。默认边长取决于输入信息的长度和使用的纠错等级，而默认的纠错等级是最高级的 H。
- level='H'：控制纠错水平，范围是 L、M、Q、H，从左到右依次升高。
- picture='WChat.png'：用来在二维码中显示的图片。
- colorized=True：可以使生成的图片由黑白（False）变为彩色（True），默认为 False。
- contrast=1.0：调节图片对比度，默认为 1.0，表示原始图片，值越大则对比度越高。
- brightness=1.0：调节图片的亮度。
- save_name='test.png'：默认为 None，并保存图片的名称为 qrcode.png。格式可以是 .jpg、.png、.bmp、.gif。
- save_dir=os.getcwd()：图片的保存路径，os.getcwd() 为保存在当前环境的路径下，也可以设置为绝对路径，如 save_dir=r'c:\Users\yubg'。

参数 words 可替换为链接或者文本；想要生成彩色的二维码图片，修改 colorized 为 True；picture 可以替换为自己喜欢的图片。

12.4　本 章 小 结

本章介绍了对 os 模块和 glob 模块的使用方法，尤其是读取某个目录及其下所有文件的操作。

第13章

字符串的格式化输出

在输出数据时，有时需要对其进行格式控制，如输出的对齐方式，或者保留有效数字的位数等。Python 格式化输出有两种方式：% 和 format。format 方式的功能要比 % 方式强大，其中 format 方式可以实现自定义字符填充空白、字符串居中显示、转换二进制、整数自动分割、百分比显示等功能。在 Python 3.6 以后的版本中新增了 f 格式化。

13.1 %格式化

先看一个例子。

```
>>>name1 = "Yubg"
>>>print("He said his name is %s." %name1)
    He said his name is Yubg.
```

上面的代码是想输出一句话，在这句话中使用了一个占位符 %s，在这个占位符上输出什么内容，要看这个字符串后跟着的 % 后面的内容，此处给出的是第一行就赋值为 "Yubg" 的变量 name1。也就是说，在一个字符串中暂时不想给出具体的值，就先用一个占位符占位，后面再告诉这个占位符要填充的值是什么。再如下面的例子。

```
>>>print("%s 今年 %d 岁了。" %(" 小明 ",20))
    小明今年 20 岁了。
```

上面的代码中，%s 表示占位符处填充字符串，%d 表示占位符处填充整数。类似控制还有以下方法，如占位符处填充小数（浮点数）。

- %s：表示占位字符串。

- %d：表示占位整数。
- %.2f：表示要填充保留两位有效数字的浮点数。
- %%：表示输出 % 号。示例代码如下：

```
>>> print("今年%s价格提高了%.2f%%。" %("苹果",0.25))
    今年苹果价格提高了0.25%。
```

如果在 %d 位置上赋值字符串，就会报错，示例代码如下：

```
>>> name ="Yubg"
...:print("He said his name is %d."%name1)
  Traceback(most recent call last):

    File "<ipython-input-12-22599779316a>", line 2, in <module>
      print ("he said his name is %d." %name1)

  TypeError:%d format: a number is required, not str
```

% 占位符也可以使用字典的形式赋值，方法是在 % 占位符后给出填充的字典所对应的键名 key，并且用小括号括起来。

```
>>>"i am %(name)s age %(age)d"    % {"name": "alex", "age": 18}
'i am alex age 18'
>>>"percent %.2f"                 % 99.97623
'percent 99.98'
>>>"i am %(pp).2f"                % {"pp": 123.425556 }
'i am 123.43'
>>>"i am %(pp)+.2f %%"            % {"pp": 123.425556,}
'i am +123.43 %'
```

13.2 format格式化

除了使用 % 字符串方式进行格式化之外，推荐使用 format 方式进行格式化，这种方式非常灵活，不仅支持使用位置进行格式化，还支持使用关键参数进行格式化。

Python 中提供了 format() 函数用于字符串的格式化。

（1）通过关键字格式化字符串。可以用字典当关键字传入值，在字典前加 ** 即可。示例代码如下：

```
>>>print('{名字}今天{动作}'.format(名字='陈某某',动作='拍视频'))  #通过关键字
    陈某某今天拍视频
```

```
>>>grade = {'name' : ' 陈某某 ', 'fenshu': '59'}
>>>print('{name} 电工考了 {fenshu}'.format(**grade))
   陈某某电工考了 59
```

（2）通过位置格式化字符串。示例代码如下：

```
>>>print('{1} 今天 {0}'.format(' 拍视频 ',' 陈某某 '))          # 通过位置
   陈某某今天拍视频

>>>print('{0} 今天 {1}'.format(' 陈某某 ',' 拍视频 '))
   陈某某今天拍视频
```

（3）填充和对齐符号 ^、<、> 分别表示居中、左对齐、右对齐，后面带宽度（一个汉字为一个宽度）。示例代码如下：

```
>>>print('{:^14}'.format(' 陈某某 '))          # 共占位 14 个宽度，陈某某居中
      陈某某

>>>print('{:>14}'.format(' 陈某某 '))          # 共占位 14 个宽度，陈某某居右对齐
          陈某某

>>>print('{:<14}'.format(' 陈某某 '))          # 共占位 14 个宽度，陈某某居左对齐
   陈某某

>>>print('{:*<14}'.format(' 陈某某 '))          # 占位 14 个宽度并居左对齐，其他用 * 填充
   陈某某 ***********

>>>print('{:&>14}'.format(' 陈某某 '))          # 占位 14 个宽度并居右对齐，其他用 & 填充
   &&&&&&&&&& 陈某某
```

（4）表示数字的精度和类型通常一起使用。示例代码如下：

```
>>>print('{:.1f}'.format(4.234324525254))
   4.2

>>>print('{:.4f}'.format(4.1))
4.1000
```

（5）进制转化，b、o、d、x 分别表示二进制、八进制、十进制、十六进制。示例代码如下：

```
>>>print('{:b}'.format(250))
   11111010

>>>print('{:o}'.format(250))
   372
```

```
>>>print('{:d}'.format(250))
    250
```

```
>>>print('{:x}'.format(250))
    fa
```

（6）千分位分隔符 "，"，这种情况只针对数字。示例代码如下：

```
>>>print('{:,}'.format(100000000))
    100,000,000
```

```
>>>print('{:,}'.format(235445.234235))
    235,445.234235
```

13.3 f格式化

f格式化通过在普通字符串前添加 f 或 F 前缀来格式化字符串，其效果类似于 % 或者 .format()。先看下面的例子。

```
>>>name1 = "Fred"
>>>print("He said his name is %s." %name1)
He said his name is Fred.

>>>print("He said his name is {name1}.".format(**locals()))
He said his name is Fred.

>>>f"He said his name is {name1}."              # Python 3.6 之后才有的新功能
'He said his name is Fred.'
```

locals() 函数的用法如下：

```
>>> def test(arg):
        z = 1
        print(locals())
>>> test(4)
{'z': 1, 'arg': 4}
```

test() 函数在它的局部名字空间中有两个变量：arg（其值被传入函数）和 z（是在函数中定义的）。locals() 函数返回一个名字 / 值对的字典，这个字典的键是字符串形式的变量名，字典的值是变量的实际值。所以用 4 来调用 test，会打印出包含函数两个局部变量的字典：arg（4）和 z（1）。

```
>>> test('doulaixuexi')                                    #locals 可以用于所有类型的变量
{'z': 1, 'arg': 'doulaixuexi'}
```

13.4 Template格式化

Python 标准库 string 中引入了 Template 模块，可以用来格式化字符串。使用方式如下。

```
>>>from string import Template
>>>templ_string = 'Hello $name, there is a $error error!!!'
>>>res=Template(templ_string).substitute(name="yubg", error="432")
>>>print(res)
    Hello yubg, there is a 432 error!!!
```

程序需要处理由用户提供的输入内容时，此时使用模板字符串 Template 是最保险的方法。

13.5 本 章 小 结

本章主要介绍了格式化字符串输出的各种方法。

- 如果要格式化的字符串是由用户输入的，基于安全性考虑，推荐使用 Template 方法。
- 如果使用的是 Python 3.6 以上的版本，推荐使用 f 方法。
- 如果要兼容 Python 2.×，推荐使用 format 方法。
- 如果不是用于测试的代码，一般不推荐使用 % 方法。

本章要求重点掌握 format() 格式化字符串的方法。

✏ 读书笔记

第14章

在 Python 中使用数据库

　　数据库（Database）是按照数据结构进行组织、存储和管理数据的仓库。在信息化社会中，充分、有效地管理和利用各类信息资源是进行科学研究和决策管理的前提条件。数据库技术是管理信息系统、办公自动化系统、决策支持系统等各类信息系统的核心部分，是进行科学研究和决策管理的重要技术手段。目前比较流行的数据库有大型数据库 Oracle Database、办公用数据库 Microsoft Access、小型数据库 MySQL 以及嵌入式数据库 SQLite。

　　SQLite 是一个软件库，实现了自给自足的、无服务器的、零配置的、事务性的 SQL 数据库引擎。SQLite 是世界上最广泛部署的 SQL 数据库引擎，且开源。SQLite 数据库占用的资源非常少，仅需几百 KB 的内存即可，处理速度快，可以直接使用 C 语言或配合 C#、PHP、Java 等编程语言使用。SQLite 诞生于 2000 年，2015 年发布了新版本 SQLite3。

　　在 Python 中操作数据库时，要先导入数据库对应的驱动，然后通过 Connection 对象和 Cursor 对象操作数据。最后确保打开的 Connection 对象和 Cursor 对象都被正确地关闭，否则资源就会泄露。

　　在 Python 中使用 SQLite 数据库，需要以下几个关键步骤。

　　（1）导入 sqlite3 模块包：

```
import sqlite3
```

　　（2）通过 sqlite3 的 connect() 函数连接已经存在的或新创建的数据库，获得操作数据库的句柄：

```
conn = sqlite3.connect( 数据库名称 )
```

　　（3）利用句柄执行 SQL 指令：

```
conn.execute(sql 指令串 )
```

（4）利用句柄把操作结果提交给数据库：

```
conn.commit()
```

（5）关闭数据库的连接：

```
conn.close()
```

14.1 创建/打开数据库

创建数据库与连接一个已有数据库的操作方法一样。如果数据库不存在，先创建数据库，最后返回一个数据库对象。

首先导入 SQLite 模块以驱动数据库模块，该模块是 Python 集成的内置类库，提供 Python 操作 sqlite3 的相关接口，无须安装。

```
import sqlite3
```

连接到 SQLite 数据库，数据库文件名为 test.db，如果不存在，则自动创建。

```
conn = sqlite3.connect('test.db')
```

为了能够对数据库中的数据表进行操作，需要创建游标对象 conn.cursor()，通过返回的 c 对象执行相应的 SQL 语句。

```
c = conn.cursor()
```

cursor() 函数提供了一种对从表中检索出的数据进行操作的灵活手段。游标实际上是一种能从包括多条数据记录的结果中每次提取一条记录的机制。在 SQlite 中并没有一种描述表中单一记录的表达形式，除非使用 where 子句来限制只有一条记录被选中。因此必须借助于游标进行面向单条记录的数据处理。由此可见，游标允许应用程序对查询语句 select 返回的行结果中的每一行进行相同或不同的操作，而不是一次对整个结果进行同一种操作。它还提供了基于游标位置对表中数据进行删除或更新的能力，正是游标把作为面向集合的数据库管理系统与面向行的程序设计两者联系起来，使两种数据处理方式能够进行沟通。

有了游标，就可以对表进行各种操作，如创建表、对表进行增删改查等。在执行这些操作时，均通过 c.execute() 方法执行 SQL 语句。

```
c.execute('''CREATE TABLE company
        (ID      INT PRIMARY KEY  NOT NULL,
        NAME            TEXT      NOT NULL,
        AGE             INT       NOT NULL,
        ADDRESS         CHAR(50),
        SALARY          REAL);
```

```
            ''')
```

上面语句创建了一个名为 company 的数据表，它有一个主键 ID、一个 NAME、一个 AGE，以及 ADDRESS 和 SALARY，如果 NAME 是不可以重复的，可以设置 NAME 为 varchar(10) UNIQUE。

这里需要提醒的是，操作语句只有提交了之后才能生效。这里使用数据库连接对象 c 进行提交（commit）和回滚（rollback）操作。提交之后需要及时关闭游标和数据库连接。

```
conn.commit()
c.close()
conn.close()
```

这样就创建好了一个数据库及带有字段设置的数据表。

完整代码如下所示：

```
In [1]: import sqlite3
   ...: conn = sqlite3.connect('test.db')
   ...: c = conn.cursor()
   ...: c.execute('''CREATE TABLE company
   ...:              (ID INT PRIMARY KEY NOT NULL,
   ...:              NAME TEXT NOT NULL,
   ...:              AGE INT NOT NULL,
   ...:              ADDRESS CHAR(50),
   ...:              SALARY REAL);
   ...:              ''')
   ...:
   ...: conn.commit()
   ...: c.close()
   ...: conn.close()

In [2]:
```

14.2 插 入 数 据

插入记录（数据）时首先要连接数据库，并创建游标。

```
In [2]: conn = sqlite3.connect('test.db')
   ...: c = conn.cursor()
```

插入记录用 c.execute() 方法，并带上 SQL 插入语句。插入语句的语法格式如下：

```
INSERT INTO *** (???) VALUES (^^^)
```

其中，*** 表示数据表的名称；？？？ 表示数据表中要插入的记录的相应字段，每个字段之间用逗号分隔；^^^ 表示？？？ 对应的值。例如：

```
In [3]: c.execute("INSERT INTO company (ID,NAME,AGE,ADDRESS,SALARY) \
   ...: VALUES (1, 'Paul', 32, 'California', 20000.00 )")
   ...:
   ...: c.execute("INSERT INTO company (ID,NAME,AGE,ADDRESS,SALARY) \
   ...: VALUES(2, 'Allen', 25, 'Texas', 15000.00 )")
   ...:
   ...: c.execute("INSERT INTO company(ID,NAME,AGE,ADDRESS,SALARY) \
   ...: VALUES (3, 'Teddy', 23, 'Norway', 20000.00 )")
   ...:
   ...: c.execute("INSERT INTO COMPANY (ID,NAME,AGE,ADDRESS,SALARY) \
   ...: VALUES (4, 'Mark', 25, 'Rich-Mond ', 65000.00 )")
Out[3]: <sqlite3.Cursor at 0x14ed0c41810>
```

插入记录后要记得提交和关闭连接。

```
In [4]: conn.commit()
   ...: conn.close()
```

也可以一次性插入多条记录，用 executemany() 方法执行。例如：

```
In [5]: conn = sqlite3.connect('test.db')
   ...: c = conn.cursor()
   ...:
   ...: reco = [(5, 'Paul0', 31, 'California0', 20600.00 ),
   ...:         (6, 'Allen0', 26, 'Texas0', 15500.00 ),
   ...:         (7, 'Teddy0', 28, 'Norway0', 27000.00 ),
   ...:         (8, 'Mark0', 23, 'Rich-Mond0 ', 65500.00 )]
   ...: c.executemany("insert into company (ID,NAME,AGE,ADDRESS,SALARY) values(?,
               ?, ?, ?, ?)", reco)
   ...: conn.commit()
   ...: conn.close()

In [6]:
```

SQL 语句中的参数，可以使用 "?" 作为替代符号，并在后面的参数中给出具体值。这里不能用 Python 的格式化字符串，如 "%s"，因为这一用法容易受到 SQL 注入的攻击。

14.3 查 询 记 录

在查询记录时也需要先连接到数据库，并利用以下语句查询，把查询结果赋值给 cursor：

```
cursor = c.execute("SELECT *** from ???")
```

其中，*** 表示数据表中要查询的记录的相应字段，每个字段之间用逗号分隔；??? 表示数据表名称。

示例代码如下：

```
In [6]: conn = sqlite3.connect('test.db')
   ...: c = conn.cursor()
   ...:
   ...: cursor = c.execute("SELECT id, name, address, salary from COMPANY")
   ...: for row in cursor:
   ...:     print("ID = ", row[0])
   ...:     print("NAME = ", row[1] )
   ...:     print("ADDRESS = ", row[2] )
   ...:     print("SALARY = ", row[3], "\n" )
   ...:
   ...: conn.close()
ID = 1
NAME = Paul
ADDRESS = California
SALARY = 20000.0

ID = 2
NAME = Allen
ADDRESS = Texas
SALARY = 15000.0

ID = 3
NAME = Teddy
ADDRESS = Norway
SALARY = 20000.0

ID = 4
NAME = Mark
ADDRESS = Rich-Mond
SALARY = 65000.0

ID = 5
NAME = Paul0
```

```
ADDRESS = California0
SALARY = 20600.0

ID = 6
NAME = Allen0
ADDRESS = Texas0
SALARY = 15500.0

ID = 7
NAME = Teddy0
ADDRESS = Norway0
SALARY = 27000.0

ID = 8
NAME = Mark0
ADDRESS = Rich-Mond0
SALARY = 65500.0
```

查询记录时不需要执行提交（commit）操作。

在执行查询语句后，Python 将返回一个循环器，包含查询获得的多条记录。可以循环读取，也可以使用 SQLite3 中提供的 fetchone() 和 fetchall() 方法读取记录。例如：

```
In [7]: conn = sqlite3.connect('test.db')
   ...: c = conn.cursor()
   ...:
   ...: cursor = c.execute("SELECT id, name, address, salary from COMPANY")
   ...: c.fetchone()              #调用一次显示一条记录 ，游标下移
   ...: c.fetchone()
   ...:
   ...: c.fetchall()              #一次性显示所有的查询记录
   ...:
   ...: conn.close()
```

在 SQLite 中查询一个表是否存在的方法如下：

```
SELECT name FROM sqlite_master WHERE type='table' AND name='table_name';
```

其中，table_name 表示要查找的表的名字。

14.4 修改记录

修改记录也称为更新记录。语法格式如下：

```
c.execute("UPDATE *** set ??? = ^^^ where ID=?")
```

其中，*** 表示数据表名称；??? 表示要修改的字段；^^^ 表示修改后的值；? 表示要修改的记录序号。

示例代码如下：

```
In [8]: conn = sqlite3.connect('test.db')
   ...: c = conn.cursor()
   ...:
   ...: c.execute("UPDATE COMPANY set SALARY = 25000.00 where ID=1")
   ...: conn.commit()
   ...:
   ...: cursor = conn.execute("SELECT id, name, address, salary from COMPANY")
   ...: for row in cursor:
   ...:     print("ID = ", row[0])
   ...:     print("NAME = ", row[1] )
   ...:     print("ADDRESS = ", row[2] )
   ...:     print("SALARY = ", row[3], "\n" )
   ...:
   ...: conn.close()
ID = 1
NAME = Paul
ADDRESS = California
SALARY = 25000.0

ID = 2
NAME = Allen
ADDRESS = Texas
SALARY = 15000.0

ID = 3
NAME = Teddy
ADDRESS = Norway
SALARY = 20000.0
```

```
ID = 4
NAME = Mark
ADDRESS = Rich-Mond
SALARY = 65000.0

ID = 5
NAME = Paul0
ADDRESS = California0
SALARY = 20600.0

ID = 6
NAME = Allen0
ADDRESS = Texas0
SALARY = 15500.0

ID = 7
NAME = Teddy0
ADDRESS = Norway0
SALARY = 27000.0

ID = 8
NAME = Mark0
ADDRESS = Rich-Mond0
SALARY = 65500.0
```

14.5　删除记录

删除记录的语法格式如下：

```
c.execute("DELETE from *** where ID=?;")
```

其中，*** 表示数据表的名称；? 表示要删除的记录的序号。

示例代码如下：

```
In [9]: conn = sqlite3.connect('test.db')
   ...: c = conn.cursor()
   ...:
```

```
    ...: c.execute("DELETE from COMPANY where ID=2;")
    ...: conn.commit()
    ...:
    ...: cursor = conn.execute("SELECT id, name, address, salary from COMPANY")
    ...: for row in cursor:
    ...:     print(row)
    ...:     print("ID = ", row[0])
    ...:     print("NAME = ", row[1] )
    ...:     print("ADDRESS = ", row[2] )
    ...:     print("SALARY = ", row[3], "\n" )
    ...: conn.close()
(1, 'Paul', 'California', 25000.0)
ID = 1
NAME = Paul
ADDRESS = California
SALARY = 25000.0


(3, 'Teddy', 'Norway', 20000.0)
ID = 3
NAME = Teddy
ADDRESS = Norway
SALARY = 20000.0


(4, 'Mark', 'Rich-Mond ', 65000.0)
ID = 4
NAME = Mark
ADDRESS = Rich-Mond
SALARY = 65000.0


(5, 'Paul0', 'California0', 20600.0)
ID = 5
NAME = Paul0
ADDRESS = California0
SALARY = 20600.0


(6, 'Allen0', 'Texas0', 15500.0)
ID = 6
NAME = Allen0
```

```
ADDRESS = Texas0
SALARY = 15500.0

(7, 'Teddy0', 'Norway0', 27000.0)
ID = 7
NAME = Teddy0
ADDRESS = Norway0
SALARY = 27000.0

(8, 'Mark0', 'Rich-Mond0 ', 65500.0)
ID = 8
NAME = Mark0
ADDRESS = Rich-Mond0
SALARY = 65500.0
```

也可以使用 c.execute('DROP company') 语句直接删除整张表。

14.6 增删改查的异常处理

对于进行增删改查操作时出现的异常，常用 try 语句来捕获。例如，插入记录时出现异常：

```
In [10]: import sqlite3
    ...: conn = sqlite3.connect('test.db')
    ...: c = conn.cursor()
    ...: sql = "INSERT INTO company (ID,NAME,AGE,ADDRESS,SALARY) \
    ...: VALUES (3, 'Paul', 32, 'California', 20000.00 )"
    ...: try:
    ...:     c.execute(sql)
    ...:     conn.commit()
    ...: except Exception as e:
    ...:     print(e)
    ...: conn.rollback()
    ...: conn.close()
UNIQUE constraint failed: company.ID

In [11]:
```

这里会出现错误提示，因为第 3 条记录在数据表中已经有了，可以将记录 ID 修改为 9

或者更大的数字，也就是修改为数据表中没有的序号。

14.7 实战案例：我的库我做主（MySQL）

Python 中操作 MySQL 的模块是 pymysql，连接 MySQL 数据库需要安装 pymysql 模块。目前 Python 3.× 仅支持 pymysql，对 MySQLdb 模块不支持。安装 pymysql 模块的命令为：pip install pymysql，安装过程如图 14-1 所示。

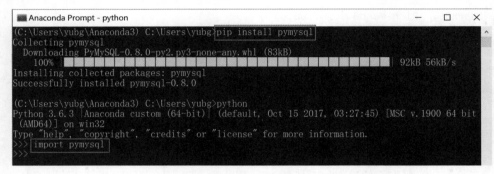

图 14-1　pymysql 模块的安装过程

在 Python 编辑器中输入 import pymysql，如果编译未出错，则表示 pymysql 模块安装成功。

1. 连接与访问 MySQL

在新版的 Pandas 库中，主要是以 sqlalchemy 方式与数据库建立连接，支持 MySQL、PostgreSQL、Oracle、SQL Server、SQLite 等主流数据库。

```
import pymysql

# 连接数据库
conn = pymysql.connect(host='192.168.1.152',    # 访问地址
port= 3306,                                       # 访问端口
user = 'root',                                    # 登录名
passwd='123123',                                  # 访问密码
db='test')                                        # 库名

# 创建游标
cur = conn.cursor()

# 查询 test 库的 lcj 表中存在的数据
cur.execute("select * from lcj")
```

```
#fetchall: 获取 lcj 表中所有的数据
ret1 = cur.fetchall()
print(ret1)

# 获取 lcj 表中前 3 行数据
ret2 = cur.fetchmany(3)
print(ret2)

# 获取 lcj 表中第一行数据
ret3= cur.fetchone()
print(ret3)

# 关闭游标对象
cur.close()

# 关闭连接的数据库
conn.close()
```

2. 读取数据

读取 MySQL 数据库中的数据使用 read_sql() 函数，语法格式如下：

```
read_sql(sql,conn)
```

参数说明如下。

- sql：从数据库中查询数据的 SQL 语句。
- conn：数据库的连接对象，需要在程序中创建。

示例代码如下：

```
import pandas as pd
import pymysql

dbconn=pymysql.connect(host="**********",
                       database="kimbo",
                       user="kimbo_test",
                       password="******",
                       port=3306,
                       charset='utf8')          # 加上字符集参数，防止中文乱码
sqlcmd="select * from table_name"                # SQL 语句
a=pd.read_sql(sqlcmd,dbconn)                      # 利用 pandas 模块导入 MySQL 数据
dbconn.close()
b=a.head()                                        # 取前 5 行数据
print(b)
```

读取数据的其他方法如下所示。

方法一:

```
import pymysql.cursors
import pymysql
import pandas as pd

# 连接配置信息
config = { 'host':'127.0.0.1',
           'port':3306,              # MySQL 默认端口
           'user':'root',            # MySQL 默认用户名
           'password':'root',
           'db':'db_test',           # 数据库
           'charset':'utf8',
           'cursorclass':pymysql.cursors.DictCursor }


# 创建连接
conn= pymysql.connect(**config)
# 执行 sql 语句
try:
    with conn.cursor() as cursor:
        sql="select * from table_name"
        cursor.execute(sql)
        result=cursor.fetchall()
finally:
    conn.close();
df=pd.DataFrame(result)              # 转换成 DataFrame 格式
print(df.head())
```

方法二:

```
import pandas as pd
from sqlalchemy import create_engine

engine = create_engine(' mysql+pymysql://user:password@host:port/databasename ')
# user:password 是账户和密码, host:port 是访问地址和端口, databasename 是库名
df = pd.read_sql('table_name',engine)              # 从 MySQL 库中读取表名 table_name
```

3. 写入数据

向 MySQL 数据库中写入数据的语法格式如下:

```
to_sql(tableName, con= 数据库连接 )
```

参数说明如下。

- tableName:数据库中的表名。

- con：数据库的连接对象，需要在程序中创建。

示例代码如下：

```python
# Python 3.8 下利用 pymysql 模块将 DataFrame 文件写入 MySQL 数据库
from pandas import DataFrame
from pandas import Series
from sqlalchemy import create_engine


# 启动引擎
engine = create_engine("mysql+pymysql://user:password@host:port/databasename?
                        charset=utf8")
# 这里一定要写成 mysql+pymysql，不要写成 mysql+mysqldb
# user:password 是账户和密码，host:port 是访问地址和端口，databasename 是库名


# DataFrame 数据
df = DataFrame({'age':Series([26,85,64]),'name':Series(['Ben','John','Jerry'])})


# 存入 MySQL
df.to_sql(name = 'table_name',
    con = engine,
    if_exists = 'append',
    index = False,
    index_label = False)
```

数据库引擎的说明如下：

```python
engine = create_engine("mysql+pymysql://user:password@host:port/databasename?
            charset=utf8")
```

参数说明如下：

- mysql+pymysql：要用的数据库和需要用的接口程序。
- user：数据库账户。
- password：数据库密码。
- host：数据库所在服务器的地址。
- port：MySQL 占用的端口。
- databasename：数据库的名字。
- charset=utf8：设置数据库的编码方式，这样可以防止识别不了 latin 字符而报错。

4. 对 MySQL 的增删改查

现有 MySQL 数据库 test，其数据表为 user1，如表 14-1 所示，这里使用 Python 对数据表进行增删改查操作。

表 14-1　user1 数据表

id	username	password
1	张三	333333
2	李四	444444
3	刘七	777777
5	赵八	888888

（1）查询操作。在 Python 中查询 MySQL 数据库使用 fetchone() 方法获取单条数据，使用 fetchall() 方法获取多条数据。

- fetchone()：该方法获取下一个查询结果集。结果集是一个对象。
- fetchall()：接收全部的返回结果行。
- rowcount：只读属性，返回执行 execute() 方法后影响的行数。

示例代码如下：

```python
import pymysql  # 导入 pymysql

# 打开数据库连接
db= pymysql.connect(host="localhost",
                    user="root",
                    password="123456",
                    db="test",
                    port=3307)

# 使用 cursor() 方法获取操作游标
cur = db.cursor()

# 编写 sql 查询语句，user1 为 test 库中的表名
sql = "select * from user1"
try:
    cur.execute(sql)                       #执行 sql 语句

    results = cur.fetchall()               #获取查询的所有记录
    print("id","name","password")
    #遍历结果
    for row in results :
        id = row[0]
        name = row[1]
        password = row[2]
        print(id,name,password)
except Exception as e:
```

```
        raise e
finally:
    db.close()                                      # 关闭连接
```

（2）插入操作。示例代码如下：

```
import pymysql
db= pymysql.connect(host="localhost",
                    user="root",
                    password="123456",
                    db="test",
                    port=3307)


# 使用 cursor() 方法获取操作游标
cur = db.cursor()

sql_insert ="insert into user1(id,username,password) values(4,' 孙二 ','222222')"

try:
    cur.execute(sql_insert)
    db.commit()                                     # 提交到数据库中执行
except Exception as e:
    # 如果发生错误则回滚
    db.rollback()
finally:
    db.close()
```

上述代码向 user1 表中插入了一条记录：id=4,username=' 孙二 ',password='222222'，其中的 sql_insert 语句可以写成如下形式：

```
# 插入语句
sql_insert = "INSERT INTO user1(id, username, password) \
             VALUES ('%d', '%s', '%s' )" % (4, ' 孙二 ', '222222')
```

（3）更新操作。示例代码如下：

```
import pymysql
db= pymysql.connect(host="localhost",
                    user="root",
                    password="123456",
                    db="test",
                    port=3307)


# 使用 cursor() 方法获取操作游标
cur = db.cursor()
```

```
sql_update ="update user1 set username = '%s' where id = %d"

try:
    cur.execute(sql_update % ("xiongda",3))      # 向 sql 语句传递参数
    db.commit()                                  # 提交到数据库中执行
except Exception as e:
    # 返回错误提示
    db.rollback()
finally:
    db.close()
```

上述代码更新了 user1 表中 id=3 的记录 username : xiongda。

（4）删除操作。示例代码如下：

```
import pymysql
db= pymysql.connect(host="localhost",
                    user="root",
                    password="123456",
                    db="test",
                    port=3307)


# 使用 cursor() 方法获取操作游标
cur = db.cursor()

sql_delete ="delete from user1 where id = %d"

try:
    cur.execute(sql_delete % (3))                # 向 sql 语句传递参数
    db.commit()
except Exception as e:
    # 返回错误提示
    db.rollback()
finally:
    db.close()
```

上述代码删除了 user1 表中 id=3 的记录。

（5）创建数据表。如果数据库连接存在，可以使用 execute() 方法为数据库创建表。下面的代码将创建一个名为 YUBG 的数据表。

```
import pymysql
db= pymysql.connect(host="localhost",
                    user="root",
```

```
                        password="123456",
                        db="test",
                        port=3307)

# 使用 cursor() 方法创建一个游标对象 cursor
cursor = db.cursor()

# 使用 execute() 方法执行 sql 语句，如果表存在则删除
cursor.execute("DROP TABLE IF EXISTS YUBG")

# 使用预处理语句创建表
sql = """CREATE TABLE YUBG (
            Name   CHAR(20) NOT NULL,
            Nickname   CHAR(20),
            Age INT,
            Sex CHAR(1),
            Income FLOAT )"""

cursor.execute(sql)

# 关闭数据库连接
db.close()
```

14.8 本 章 小 结

本章主要介绍了 SQLite3 和 MySQL 数据库的增删改查操作，以及 Python 对数据库操作的基本方法。

✎ 读书笔记

第15章

DIY 库的发布

本章 DIY 一个 Python 绘制分形的库 fractal，并在线发布，上传到 PyPI 平台。下载 fractal 库的源代码可以访问 GitHub 网站，网址是 https://github.com/pysrc/fractal。

在命令行中输入 pip install fractal，可以安装 fractal 库，之后可以直接用 import fractal 语句调用。

启动 Anaconda Prompt，安装 fractal 库，如图 15-1 所示。

图 15-1　安装 fractal 库

15.1　分 形 简 介

分形（Fractal）一词是芒德勃罗（B. B. Mandelbrot）创造出来的，其原意具有不规则、支离破碎等意义。分形具有以非整数维形式充填空间的形态特征。通常分形被定义为"一个粗糙或零碎的几何形状，可以分成数个部分，且每一部分都（至少近似地）是整体缩小后的形状"，即具有自相似的性质。

分形是一套以分形特征为研究主题的数学理论。分形理论既是非线性科学的前沿和重要分支，又是一门新兴的横断学科，是研究一类现象特征的新的数学分科，相对于其几何形态，它与微分方程与动力系统理论的联系更为显著。分形的自相似特征可以是统计自相似，构成分形也不限于几何形式，时间过程也可以，故而与另一数学理论鞅论关系密切。

分形几何是一门以不规则几何形态为研究对象的几何学。由于不规则现象在自然界普遍存在，因此分形几何学又被称为描述大自然的几何学。分形几何学建立以后，很快就引起了各个学科领域的关注。不仅在理论上，而且在实用上分形几何都具有重要价值。

分形作为一种数学工具，现已应用于各个领域，如应用于计算机辅助工程的各种分析软件中，如绘制弯弯曲曲的海岸线、起伏不平的山脉、粗糙不堪的断面、变幻无常的浮云、九曲回肠的河流、纵横交错的血管、令人眼花缭乱的满天繁星等。各种分形示意图如图 15-2 所示。

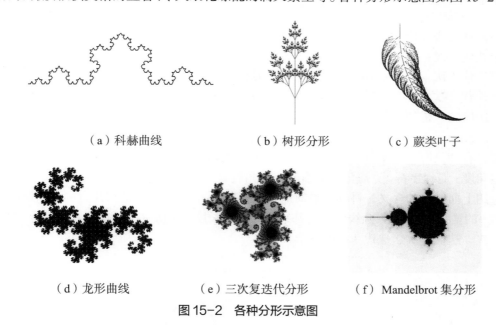

（a）科赫曲线　　　　　　　（b）树形分形　　　　　　（c）蕨类叶子

（d）龙形曲线　　　　（e）三次复迭代分形　　　（f）Mandelbrot 集分形

图 15-2　各种分形示意图

15.2 分形的绘制方法

本节介绍几种分形的绘制方法。

15.2.1 L-System

L-System 又叫做 L- 系统，是 1968 年由匈牙利生物学家 Lindenmayer 提出的有关生长发展中的细胞交互作用的数学模型，被广泛应用于植物生长过程的研究。L-System 的本质是一个相似重写系统，是一系列不同形式的正规语法规则，多被用于植物生长过程建模，也被用于模拟各种生物体的形态，生成自相似的分形，例如迭代函数系统。

假定有如下文法：G[S]= { S, Vt, Vn , p}

- 文法开始符 S：{ F }。
- 终结符 Vt：{+, – }。
- 非终结符 Vn：{ F }。
- 产生式规则 p：F –> F–F++F–F。

约定符号的含义：

- F：画一条直线。
- +：右转 60°。
- –：左转 60°。

假设从文法开始符开始：

- 迭代 0 次：F。
- 迭代 1 次：F–F++F–F（由产生式规则 p 得出）。
- 迭代 2 次：F–F++F–F–F–F++F–F++F–F++F–F–F–F++F–F（每一个下划线都由上一次迭代的 F 得到）。
- ....

假设有一只海龟在爬行，遇到字符 F，海龟就向前走一个步长；遇到字符 –，海龟就向左转一定角度；遇到字符 +，海龟就向右转一定角度。

应用上面约定的含义，科赫曲线的迭代过程如图 15-3 所示。值得注意的是，这里随着迭代次数 n 的增加，每次由 F 画线的长度都缩短为最初长度的 $1/(n+1)$，图 15-3 中给出了迭代 0 次、迭代 1 次、迭代 2 次、迭代 3 次的图形。

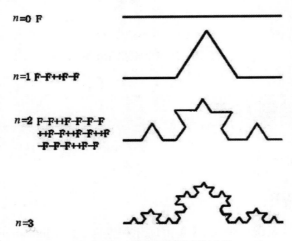

图 15-3　科赫曲线的迭代过程

绘制科赫曲线的代码如下：

```
# 科赫曲线
from fractal import Pen

p = Pen([500, 300], title="Koch")
p.setPoint([5, 190])
# 给出 L 系统描述
p.doD0L(omega="f", P={"f": "f+f--f+f"}, delta=60, times=4, length=490, rate=3)
# 等待绘制结束
p.wait()
```

上述代码中，经过改写规则 p，每次偏转角度为 60°，总共迭代 4 次，图形宽度为 490 像素，相邻两次迭代间的线段缩短为原来的 1/3。经过这样的过程就生成了如图 15-4 所示的美丽的科赫曲线。

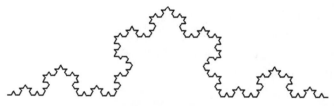

图 15-4　科赫曲线

L-System 模块的核心代码如下：

```
def draw(self, omega, P, delta, length):
    i = 0
    while i < len(omega):
        if omega[i] == '+':
            self.left(delta)
        elif omega[i] == '-':
            self.right(delta)
        elif omega[i] == '[':
            k = 0
            st = i
            while i < len(omega):
                if omega[i] == "[":
                    k += 1
                elif omega[i] == "]":
                    k -= 1
                if k == 0:
                    break
                i += 1
```

```
                sub = omega[st + 1:i]
                curpoint = self.pos[:]
                curangle = self.angle
                self.draw(sub, P, delta, length)
                self.pos = curpoint
                self.angle = curangle
            else:
                self.forward(length)
            i += 1
```

15.2.2 迭代函数系统 IFS

迭代函数系统（Iterated Function System，IFS）是分形理论的重要分支。它以仿射变换为框架，根据几何对象的整体与局部具有自相似的结构，将总体形状以一定的概率按不同的仿射变换迭代下去，直至得到满意的分形图形。

关于仿射变换，通俗理解就是一个矩阵通过一个变换变成另一个矩阵的过程，新矩阵与原矩阵相似，例如在原矩阵上做拉伸、旋转、缩小等操作。

下面给出蕨类 IFS 的示例，代码如下：

```
# IFS 生成蕨类叶子

from fractal import IFS
from random import random

def ifsp(x, y):
    p = random()
    if p < 0.01:
        return (0, 0.16 * y)
    elif p < 0.07:
        if random() > 0.5:
            return (0.21 * x - 0.25 * y, 0.25 * x + 0.21 * y + 0.44)
        else:
            return (-0.2 * x + 0.26 * y, 0.23 * x + 0.22 * y + 0.6)
    else:
        return (0.85 * x + 0.1 * y, -0.05 * x + 0.85 * y + 0.6)

ob = IFS([400, 500], title = "蕨")
ob.setPx(100, 100, 100)
ob.setIfsp(ifsp)
ob.doIFS(200000)
ob.wait()
```

上述代码中，从原点 (0, 0) 开始，经过函数 ifsp 迭代（也就是仿射变换），生成一组新坐标，将其点涂黑，再以相同的方式迭代新产生的坐标，经过 20 万次迭代后就生成了如图 15-5 所示的蕨类叶子。

图 15-5　蕨类叶子

IFS 模块的核心代码如下：

```python
def __run(self):
    start = self.start
    for i in range(self.n):
        if self.__coo:
            self.screen.set_at(
                (int(self.enlarge * start[0] + self.pl), int(self.enlarge *
                start[1] + self.pt)), self.pcolor)
        else:
            self.screen.set_at((int(self.enlarge * start[0] + self.pl), self.screen.
            get_height(
            ) - int(self.enlarge * start[1] + self.pt)), self.pcolor)
        start = self.ifsp(*start)

def doIFS(self, n, start=None, color=None):
    """

        开始迭代
        start: 迭代起点
        color: 描点颜色
    """

    self.n = n
    if start == None:
        self.start = (0, 0)
    else:
        self.start = start
    if color == None:
        self.pcolor = [0, 0, 0]
```

```
    else:
        self.pcolor = color
    if self.ifsCode != None:
        self.ifsp = self.__parseIfsCode
```

15.2.3 Julia 集

Julia 集是以法国数学家加斯顿·朱利亚（Gaston Julia）的名字命名的。Julia 集是一个在复平面上形成分形的点的集合。

Julia 集的迭代过程如下：

$$Z = Z^2 + C$$

当复数 C 确定后，对复平面上的点进行迭代，Z 为初始值，每一次迭代的结果是下一次迭代的输入，迭代一定次数后（理论上可以是无穷次，但是计算机上不能这样操作），当复数的模长在一定范围内时（小于某个值，称为逃逸半径），就认为其为不动点，将不动点涂黑，当其模长大于逃逸半径，按迭代次数着色，迭代次数反映了逃逸速度。

下面给出一个 Julia 集分形的示例，代码如下：

```
from fractal import Julia
ju = Julia([500, 500])
ju.setC(-0.77 + 0.17j)
ju.doJulia(400)
ju.wait()
```

上述代码中设置常复数 $C = -0.77 + 0.17j$，最多迭代 400 次，采用默认逃逸半径（默认为 2）、默认配色方案，就生成了如图 15-6 所示的美丽的 Julia 集分形。

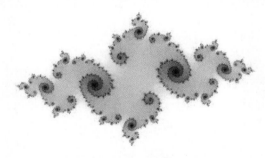

图 15-6　Julia 迭代图

Julia 集模块的核心代码如下：

```
# 以下仅给出部分源码，完整源码请到前面给出的 GitHub 地址查看
class Julia(Base):
```

```python
def __init__(self, size, title=""):
    Base.__init__(self, size, self.__run, title)
    self.setExp(2)
    self.setC(None)
    self.setRadius(2)
    self.width = size[0]
    self.height = size[1]
    self.setRange(3.5, 3.5)
    self.setCentre(0 + 0j)

def setRadius(self, R):
    # 设置逃逸半径
    self.R = R

def setC(self, C):
    # 设置参考值 C
    self.C = C

def setExp(self, expc):
    # 设置指数，默认为 2
    self.expc = expc

def color(self, n, r=2):
    if n < len(reds):
        return reds[n]
    else:
        if r < self.R:
            return blues[int((len(blues) - 1) * r / self.R)]
        else:
            return purples[int((len(purples) - 1) * self.R / r)]

def setColor(self, call):
    self.color = call

def setCentre(self, z0):
    # 设置中心点
    self.z0 = z0

def setRange(self, xmax, ymax):
    # 设置坐标范围，范围越小，图形的放大倍数就越高
    self.xmax = xmax
    self.ymax = ymax
```

```
def __getXY(self, i, j):
    # 通过像素坐标获取映射后的坐标
    return complex((i / self.width - 0.5) * self.xmax + self.z0.real, (j /
    self.height - 0.5) * self.ymax + self.z0.imag)

def scala(self, i, j, rate):
    # 将 (i, j) 像素点置于中心位置，放大 rate 倍
    self.setCentre(self.__getXY(i, j))
    self.xmax /= rate
    self.ymax /= rate

def __calc(self, start, w, h):
    # 绘制以 start 为起点，宽 w 和高 h 的子区域
    for i in range(w):
        for j in range(h):
            if calc:   # 如果 C 库可加载
                ct, r = jCalc((start[0] + i, start[1] + j, self.z0.real,
                              self.z0.imag, self.C.real,
                              self.C.imag, self.width, self.height,
                              self.xmax, self.ymax, self.N,
                              self.expc, self.R))
                self.screen.set_at(
                    [start[0] + i, start[1] + j], self.color(ct, r))
            else:
                ct = 0
                z = self.__getXY(start[0] + i, start[1] + j)
                for k in range(self.N):
                    ct = k
                    if abs(z) > self.R:        # 大于逃逸半径，则返回
                        break
                    z = z**self.expc + self.C
                self.screen.set_at(
                    [start[0] + i, start[1] + j], self.color(ct, abs(z)))

def __run(self):
    # 线程中
    print("x range :[-%.2e,%.2e]\ny range :[-%.2e,%.2e]" % (
        self.xmax, self.xmax, self.ymax, self.ymax))
    if self.C == None:
        raise Exception(" 请设置迭代常数 ")
        return
```

```
        tn = 5   # 25 个子线程绘图
        ci = self.width // tn
        cj = self.height // tn
        ts = []
        for i in range(tn):
            for j in range(tn):
                t = Thread(target=self.__calc, args=(
                    [i * ci, j * cj], self.width // tn, self.height // tn))
                t.start()
                ts.append(t)
        for t in ts:
            t.join()
        del ts

    def doJulia(self, N):
        # 进入迭代
        # N: 单点最大迭代次数
        self.N = N
```

15.2.4 Mandelbrot 集

Mandelbrot 集是人类有史以来做出的最奇异、最瑰丽的几何图形,曾被称为"上帝的指纹"。与 Julia 集相似,Mandelbrot 集由如下公式的迭代得出:

$$Z = Z^2 + C$$

Z 的初始值是一样的,例如都是 $0+0j$, C 的值是复平面的坐标。

下面给出一个 Mandelbrot 集分形的示例,代码如下:

```
from fractal import Mandelbrot
man = Mandelbrot([500, 500])
man.setRange(5, 5)
man.doMandelbrot(200)
man.wait()
```

运行上述代码,显示的 Madelbrot 集分形如图 15-7 所示。

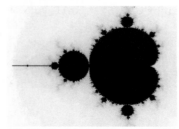

图 15-7 Mandelbrot 集分形

由于后面改变了配色方案，因此图形颜色可能与这里给出的不一致。Julia 集与 Mandelbrot 集的分形都是可以局部放大的，在图形上单击即可。

Mandelbrot 集模块的核心代码如下：

```python
class Mandelbrot(Base):

    def __init__(self, size, title=""):
        Base.__init__(self, size, self.__run, title)
        self.setExp(2)
        self.setRadius(2)
        self.setZ0(0 + 0j)
        self.width = size[0]
        self.height = size[1]
        self.setRange(3.5, 3.5)
        self.setCentre(0 + 0j)

    def setRadius(self, R):
        # 设置逃逸半径
        self.R = R

    def setZ0(self, Z0):
        # 设置起始迭代复数（一般为 0+0j）
        self.Z0 = Z0

    def setCentre(self, z0):
        # 设置中心点
        self.z0 = z0

    def setRange(self, xmax, ymax):
        # 设置坐标范围，范围越小，图形的放大倍数就越高
        self.xmax = xmax
        self.ymax = ymax

    def __getXY(self, i, j):
        # 通过像素坐标获取映射后的坐标
        return complex((i / self.width - 0.5) * self.xmax + self.z0.real,
                (j / self.height - 0.5) * self.ymax + self.z0.imag)

    def scala(self, i, j, rate):
        # 将 (i, j) 像素点置于中心位置，放大 rate 倍
        self.setCentre(self.__getXY(i, j))
        self.xmax /= rate
        self.ymax /= rate
```

```python
    def setExp(self, expc):
        # 设置指数，默认为 2
        self.expc = expc

    def color(self, n, r=2):
        if n < len(reds):
            return reds[n]
        else:
            if r < self.R:
                return blues[int((len(blues) - 1) * r / self.R)]
            else:
                return purples[int((len(purples) - 1) * self.R / r)]

    def setColor(self, call):
        self.color = call

    def __calc(self, start, w, h):
        # 绘制以 start 为起点，宽 w 和高 h 的子区域
        for i in range(w):
            for j in range(h):
                if calc:    # 如果加载动态链接库则没问题
                    ct, r = mCalc((start[0] + i, start[1] + j, self.Z0.real,
                                   self.Z0.imag, self.z0.real,
                                   self.z0.imag, self.width, self.height, self.xmax,
                                   self.ymax,
                                   elf.N, self.expc, self.R))
                    self.screen.set_at(
                        [start[0] + i, start[1] + j], self.color(ct, r))
                else:
                    ct = 0
                    z = self.Z0
                    c = self.__getXY(start[0] + i, start[1] + j)
                    for k in range(self.N):
                        ct = k
                        if abs(z) > self.R:       # 大于逃逸半径，则返回
                            break
                        z = z**self.expc + c
                    self.screen.set_at(
                        [start[0] + i, start[1] + j], self.color(ct, abs(z)))

    def __run(self):
        # 绘图
        print("x range : [-%.2e,%.2e]\ny range : [-%.2e,%.2e]" % (
            self.xmax, self.xmax, self.ymax, self.ymax))
```

```
tn = 5  # 25 个子线程绘图
# if calc: # 如果可以调用 C 库，则只需要一个线程
#     tn = 1
ci = self.width // tn
cj = self.height // tn
ts = []
for i in range(tn):
    for j in range(tn):
        t = Thread(target=self.__calc, args=(
            [i * ci, j * cj], self.width // tn, self.height // tn))
        t.start()
        ts.append(t)
    for t in ts:
        t.join()
    del ts


def doMandelbrot(self, N):
    # 开始迭代
    # N: 最大迭代次数
    self.N = N
```

15.3 发布fractal库

使用 pip 命令安装 Python 第三方库很方便，如果已经写好了 fractal 库，想跟其他人分享，该如何上传到 PyPI 平台呢？下面将详细介绍。

（1）在 PyPI 平台（https://pypi.python.org/pypi）上申请一个账号。在 PyPI 平台上，单击 Register 链接，如图 15-8 所示，进入注册界面。

图 15-8　单击 Register 链接注册账号

进入注册界面，单击 Warehouse 链接，如图 15-9 所示，按照要求填写注册信息。

图 15-9　单击 Warehouse 填写注册信息

（2）安装 twine 模块。通过 pip 命令 pip install twine 可以安装 twine 模块，如图 15-10 所示。

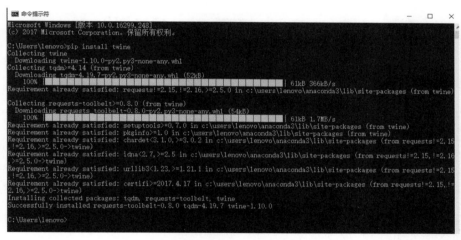

图 15-10　安装 twine 模块

（3）编写 setup.py 文件。setup.py 文件是模块的描述文件，但不包含模块的函数说明等内容。setup.py 文件的内容大致如下：

```python
from setuptools import setup, find_packages

setup(
    name="fractal",                    # 模块名
    version="0.3.0",                   # 版本
    keywords=["fractal", " 分形 "],     # 关键字
    description=" 对分形比较感兴趣，看 pypi 上没有相关库，自己做着玩 ",     # 描述
    license="MIT",                     # 协议
    author=" 作者 ",
```

```
    author_email="1570184051@qq.com",      # 作者邮箱
    packages=find_packages(),               # 找到包下的所有子包
    install_requires=["pygame>=1.9.3"],     # 依赖
    platforms="any",                        # 运行平台
    url="https://github.com/pysrc/fractal", # 项目地址
    zip_safe=False,
    package_data={ # 数据文件
        "": ["*.dll", "*.pyd", "*.so"]
    }
)
```

setup.py 文件要与 fractal 文件夹以及第（4）步生成的 dist 文件夹放在同一级目录中，如图 15-11 所示。其中，fractal 文件夹中放置的就是 fractal 库的所有文件，dist 文件夹是第（4）步打包后生成的文件夹，其余的文件夹或文件用于辅助说明，并不上传到 PyPI，但会上传到 GitHub。

图 15-11　存放 setup.py 文件的目录

fractal 文件夹如图 15-12 所示。

图 15-12　fractal 文件夹

（4）启动命令提示符，并将命令行定位到 setup.py 文件的目录位置。执行打包命令：python setup.py sdist，如图 15-13 所示，打包生成 dist 文件夹。

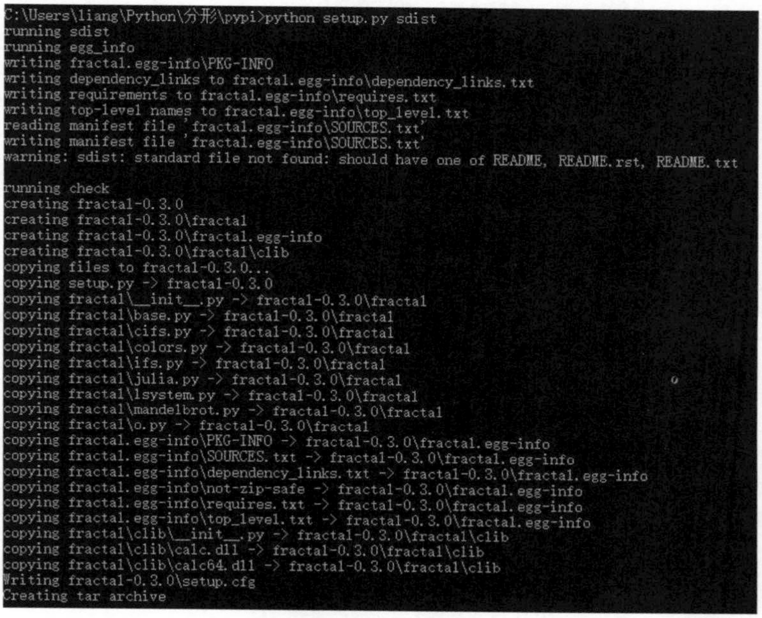

图 15-13　运行打包命令

打包完成后，生成 dist 文件夹，其中包含的文件如图 15-14 所示。

图 15-14　dist 文件夹

作者每次打包可能都会修改版本，故文件较多，上传到 PyPI 平台时只需上传最新版本即可。

在命令行下继续执行命令：

```
twine upload .\dist\fractal-0.3.0.tar.gz
```

按提示输入用户名和密码（就是第一步申请的），等待进度条显示完成，表明 fractal 库已经发布到 PyPI 平台，如图 15-15 所示。

图 15-15　发布 fractal 库

至此，有网络的地方都可以用 pip 命令下载、安装并使用 fractal 库了。

对于一个好的第三方库，除了上传到 PyPI 平台，还应该在 GitHub 网站上建立仓库，以方便别人阅读源码、贡献代码以及查看文档。

15.4　本 章 小 结

本章介绍了 DIY 共享库的方法和其发布的流程，有兴趣的读者可以自行尝试。

✎ 读书笔记

第16章

机器学习入门

　　机器学习在很多人眼里也许是一个专业性强、可望而不可及的领域。如果你是一个机器学习的"小白"，那么以下建议将会让你对机器学习的信心倍增。

　　不需要什么都懂。你可以只听过机器学习这个名词，不必知道更多的概念名词，如监督学习、无监督学习、信息熵、特征工程等。你的目标就是完整地跟着案例操作一遍，然后看看结果。刚开始不必什么都懂。

　　不需要明白算法的原理。对于初学者，不用过多地深究算法原理，以后可以循序渐进地了解，只需要重点关注函数调用和赋值即可。当然，知道机器学习算法的局限性和配置方式很重要，对算法原理的学习可以放在以后，那时需要具备一定的数学基础，如矩阵、微积分等知识。

　　不用是机器学习专家。其实这是必然的，如果你已是专家，那就什么都已经解决了。在学习本书的时候，不必关注每种算法的优缺点，但在学完后应该深入地学习每种算法的优点和局限性，争取做到知其然更知其所以然。

　　本章内容并没有涉及机器学习的全部步骤，毕竟本章只是带领大家入门。把机器学习的重要步骤掌握了，也就算达到了本章的目的，正所谓"师父领进门，修行在个人"。本章归纳的机器学习步骤如下：

- 导入数据
- 处理数据
- 训练模型
- 评估算法
- 做出预测

16.1 入门案例

机器学习的实现步骤其实也很固定，先来看个案例。

假设房屋的价格只与面积有关，下面给出房屋面积和价格之间的关系表，见表16-1，请估算出 40 平方米的房屋价格。

表16-1 房屋面积与价格之间的关系表

面积 /m²	56	32	78	160	240	89	91	69	43
价格 / 万元	90	65	125	272	312	147	159	109	78

可以先将数据的分布情况利用散点图可视化，如图 16-1 所示，其大概是一个线性关系，即 $y = ax + b$。

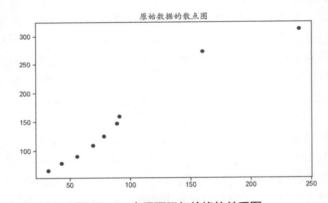

图 16-1 房屋面积与价格的关系图

对于这种线性预测问题，在机器学习中已经有人给出了很好的解决方案，并编写了完整的程序代码——线性回归模型，这里只需要导入 sklearn.linear_model 中的 LinearRegression 模块并调用其中的函数即可。

针对该数据分布情况和所提出的问题，可以使用下面的程序进行建模和预测。

导入相应的库，语句如下：

```
from sklearn.linear_model import LinearRegression
import matplotlib.pyplot as plt
import numpy as np
```

录入数据，并对数据进行处理和分析，语句如下：

```
x=np.array([56,32,78,160,240,89,91,69,43])
```

```
y=np.array([90,65,125,272,312,147,159,109,78])

#处理数据并画图进行数据分析
X = x.reshape(-1,1)                               #将数据变为1列
Y = y.reshape(-1,1)
plt.figure(figsize=(10,6))                        # 初始化图形窗口
plt.scatter(X,Y,s = 50)                           # 原始数据的散点图
plt.title(" 原始数据散点图 ")
plt.show()                                        # 显示的结果如图 16-1 所示
```

建立模型并训练模型，语句如下：

```
model = LinearRegression()                        #建立模型
model.fit(X,Y)                                    # 训练模型
```

模型预测，将测试数据代入，查看预测结果，语句如下：

```
x1=np.array([40,]).reshape(-1,1)                  # 处理预测数据
x1_pre = model.predict(np.array(x1))              # 预测面积为 40 平方米时的房价
print(x1_pre)
```

输出结果为：

```
array([[79.59645966]])
```

至此，通过 LinearRegression 模型，对给定的数据求出了面积为 40 平方米的房屋价格大概为 79.5965 万元。

不仅可以预测出 40 平方米房屋的大概价格，还可以将这个线性关系中的参数 a、b 的值求出来。具体代码如下：

```
b=model.intercept_                                #求截距 b
a=model.coef_                                      #求斜率 a
print("a=%d"%a,"\n"," b=%d"%b)
```

输出结果为：

```
a=1
b=28
```

将模拟出来的直线在图上绘制出来，同时可以绘制出原来的数据散点图，并将 40 平方米的房屋价格用红色的点在图中标记出来，代码如下：

```
#定义画布，并把原始数据散点图绘制出来
plt.figure(figsize=(10,8))
plt.scatter(X,Y) #原始数据散点图

#绘制模拟的直线图
```

```
y = a*X +b
plt.plot(X,y)

#绘制 40 平方米的房屋价格数据点，并用红色进行标注
y1 = a*x1+b
plt.scatter(x1,y1,color='r')
plt.show()
```

程序的输出结果如图 16-2 所示，能够很清晰地看出 40 平方米的房屋价格是符合前面给出的数据模拟的直线的。

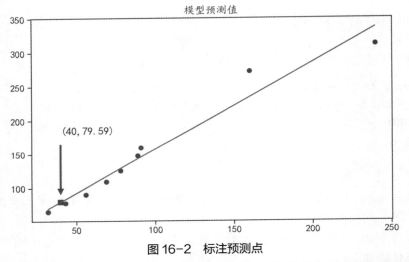

图 16-2　标注预测点

以上是对一元线性回归的实现方法。但在现实中，影响房屋价格的因素很多，不仅与面积有关，还与地理位置、小区容积率等因素有关，这就要用到多元线性回归进行拟合了。

在机器学习中，常用的学习方法除了一元线性回归、多元线性回归模型，还包括逻辑回归、聚类、决策树、随机向量、支持向量机、朴素贝叶斯等模型，这些模型的使用方法基本类似。以上面的一元线性回归模型为例，步骤如下。

（1）整理数据：数据预处理和分析，将数据处理为适合模型使用的数据格式。

（2）建立模型：model=LinearRegression()。

（3）训练模型：model.fit(x,y)。

（4）模型预测：model.predict([[a]])。

（5）评价模型：利用可视化方式直观地评价模型的预测效果。

在实际的机器学习模型的应用过程中，数据预处理与分析及特征工程是工作量最大的部分。在机器学习模型的使用过程中，充分理解数据、将数据整理为合适的数据格式，以及从数据中提取有用的特征，往往会消耗大量的时间。

16.2 监督学习和无监督学习

机器学习分为监督学习、无监督学习、半监督学习或者强化学习等。深度学习只是机器学习的一个分支。

监督学习是指从给定的训练数据集中学习出一个函数（模型参数），当给出新的数据时，可以根据这个函数预测结果。也就是说，训练集和测试集中每条数据都带有明确的结果(标签)。例如，现在有一些患者的症状信息，也给出了这些患者最后确诊的是什么病，将这些信息输入模型进行训练，当新来一位患者时，将其症状信息输入模型，模型会给出预测结果，并预测患者可能患的是什么病。

无监督学习就是数据中没有明确给出标签，通过计算机自己去找出相应的规律并对数据进行分类，对于新给定的数据，按照前面找到的规律进行归类。例如，有一箱子积木，只知道其中一些是三角形，另一些是方形。通过模型训练，可以自动将积木分为三角形和方形两类，或者三角形、长方形、正方形等多个类。

16.2.1 监督学习

首先来看一个监督学习的案例。

问题描述：现在有 768 条糖尿病人的病例信息，见表 16-2。每条病例信息都记录了 8 个方面的数据（也叫属性或者特征），包括怀孕次数、口服葡萄糖耐量试验中 2 小时的血浆葡萄糖浓度、舒张压、三头肌皮褶厚度、2 小时血清胰岛素、体重指数、糖尿病谱系功能、年龄、是否阳性。该数据集中除了包含这 8 个描述患者医疗细节的特征外，还记录了一个用于指示患者是否在 5 年内患上糖尿病的确诊信息。

当新来一位患者时，能否从给定的 768 条病例信息中，预测该患者是否患有糖尿病？

表 16-2　部分糖尿病人的特征数据

怀孕次数	口服葡萄糖耐量试验中 2 小时的血浆葡萄糖浓度 / （mg·dL^{-1}）	舒张压 /mmHg	三头肌皮褶厚度 /mm	2 小时血清胰岛素 / （μU·mL^{-1}）	体重指数 / (kg·m^{-2})	糖尿病谱系功能	年龄 /岁	是否阳性
6	148	72	35	0	33.6	0.627	50	1
1	85	66	29	0	26.6	0.351	31	0
8	183	64	0	0	23.3	0.672	32	1
1	89	66	23	94	28.1	0.167	21	0
0	137	40	35	168	43.1	2.288	33	1
5	116	74	0	0	25.6	0.201	30	0
3	78	50	32	88	31	0.248	26	1

该数据是一个二分类问题，即判断该病人是否患有糖尿病，是即阳性（1），否即阴性（0）。

对于二分类问题，可以采用决策树、逻辑回归、随机森林、XGBoost、lightGBM、catBoost 等模型进行处理。这里采用 XGBoost 算法来建模处理该问题。

导入数据，语句如下：

```
import numpy as np
path = r"D:\python\14\pima-indians-diabetes.csv"
dataset = np.loadtxt(path, delimiter=",",skiprows=1)
```

需要将数据集的特征和对应的结果（标签）分开，即将数据的列分成输入特征（X）和输出标签（Y）。

因为模型是通过对给定的数据进行训练后才符合本案例所需的分类标准，所以必须将 X 和 Y 都拆分为训练集和测试集。训练集用于训练 XGBoost 模型，测试集用于了解该模型的精度。

在拆分数据集之前，先拿出一条数据作为后面预测的新来病例数据，以查看模型预测的结果。这里取最后一条数据作为新来的病例数据。

```
X_new = dataset[-1,0:8]
Y_new = dataset[-1,8]
```

现在的数据集输入特征 X 和输出标签 Y 都是 767 条。代码如下：

```
X = dataset[:-1,0:8]
Y = dataset[:-1,8]
print(len(X),len(Y))
```

拆分数据可以使用 scikit-learn 库中的 train_test_split() 函数，该函数可以自动划分数据为训练集和测试集。为该函数添加两个参数，一个是随机数生成器的种子值 23，这个值可以理解为没有什么实际的意义，随便指定，主要是便于以后每次执行这个案例时，总是得到相同的数据分割；另一个参数是划分比例 test_size，一般训练集和测试集的划分标准为 3:1，即测试集占 25%。

```
from sklearn.model_selection import train_test_split
X_train,X_test,y_train,y_test=train_test_split(X,Y,
                                    test_size=0.25,
                                    random_state=23)
```

接下来训练模型。用于分类的 XGBoost 模型使用 XGBClassifier() 函数创建模型，并用 fit() 函数通过训练集来训练或拟合模型。当然，也可以在构造的 XGBClassifier() 函数中添加一些用于训练模型的参数。这里使用默认的参数值。

```
from xgboost import XGBClassifier
model = XGBClassifier()
model.fit(X_train, y_train)
```

这样，模型就训练好了。这个模型的预测能力到底怎么样呢？这就需要用到测试集了。因为测试集中的每条数据都有标签（结果），所以可以对每条数据测试的结果都进行记录，最后对正确的次数计算百分比，这个百分比就是模型预测结果的正确率。

使用测试集对训练好的模型进行测试，通过预测出来的值（结果）与真实的值（标签）进行比较来评估模型的性能。为此，使用 scikit-learn 库中内置的 accuracy_score() 函数计算模型预测结果的正确率。

```
from sklearn.metrics import accuracy_score
y_pred = model.predict(X_test)
predictions = [round(value) for value in y_pred]
accuracy = accuracy_score(y_test, predictions)
print("Accuracy: %.2f%%" % (accuracy * 100.0))
```

输出结果为：

```
Accuracy: 76.04%
```

上面计算正确率的 5 行代码也可以用 1 行代码实现，结果是一样的。

```
model.score(X_test , y_test )   #测试精确度
```

此时可以预测新的病例 X_new 是否患有糖尿病了，继续使用 model.predict() 进行预测。

首先需要对数据进行预处理，因为前面预测数据时不是一条一条地将数据输入，而是将测试集整体输入，而新来的病例不是一个数据集，而是只有一条信息的数据，所以从形式上首先要符合输入的数据形式。先来看一下测试集的数据形式。

```
print(X_test,"\n_____\n",X_new)
```

X_test 数据和 X_new 数据用下划线隔开，结果如下：

```
[[  5.     88.     78.     ...   27.6     0.258  37.  ]
 [ 13.    104.     72.     ...   31.2     0.465  38.  ]
 [  1.    116.     70.     ...   27.4     0.204  21.  ]
 ...
 [  4.    128.     70.     ...   34.3     0.303  24.  ]
 [  7.    103.     66.     ...   39.1     0.344  31.  ]
 [  2.    120.     54.     ...   26.8     0.455  27.  ]]
 _____
 [  1.     93.     70.     31.     0.     30.4     0.315  23.  ]
```

通过输出的数据形式可以发现，X_test 的每条数据用一个列表表示，再将所有的数据用一个大列表包裹，列表内的每个元素仍然是列表，即列表嵌套列表。如果只有一条数据，也应该是列表嵌套列表的形式，即列表里只有一个列表元素。而 X_new 中只有一层列表，所以需要对新来的这条病例数据 X_new 再嵌套一层列表。

```
Y_pred = model.predict(np.array([X_new]))
print(" 预测结果为: %s"%Y_pred,"\n"," 真实结果为 %s"%Y_new)
```

输出结果为:

```
预测结果为: [0.]
真实结果为 0.0
```

真实结果（标签）也为 0，说明预测结果为阴性，其正确率为 76.04%。

当然，这个模型的正确率还有很大的提升空间，这需要对参数进行设置——调参，还有可能需要对数据进行标准化，以及对数据特征进行选取等。如本例中,病例的特征信息有 8 个，是不是每个特征信息都有用呢？例如，患者的信息中有 "姓名"，但显然姓名与是否患病没有关系。所以这 8 个特征的重要性可以用条形图来展示，如图 16–3 所示。

```
from matplotlib import pyplot
from xgboost import plot_importance
plot_importance(model)
pyplot.show()
```

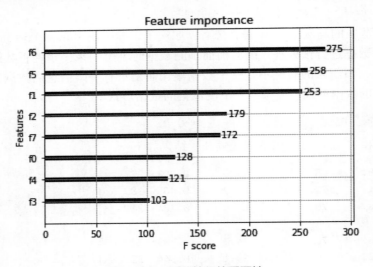

图 16-3　不同特征的重要性

f0~f7 表示按表 16–1 的表头顺序排列的 8 个特征。从图 16–3 中可以看出，f6、f5、f1 特征的重要性相比其他几个特征高。

值得注意的是，有些模型并不是靠调参就能解决问题的。一般的机器学习都有对模型进行评估的步骤，可以多选择几个模型进行比较。

16.2.2 无监督学习

无监督学习的一个典型案例就是聚类。先造一些数据，并将这些数据用散点图显示出来。

这些数据在生成的时候其实已经暗中分成了两簇，第一簇的横坐标集中在 [1,30] 区间，第二簇的横坐标集中在 [41,70] 区间。

先绘制散点图，结果如图 16-4 所示。

```
import numpy as np
import pandas as pd
import matplotlib.pyplot as plt

data = pd.DataFrame(list(zip(np.arange(1,30,0.5),np.random.randint(1,15,58)))
                    +list(zip(np.arange(41,70,0.5),np.random.randint(10,25,58))))
plt.scatter(data[0],data[1])
```

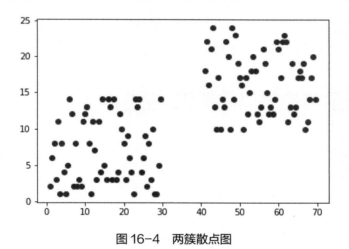

图 16-4　两簇散点图

接下来对数据集 data 进行聚类，使用 sklearn.cluster 模块中的 KMeans 模型。KMeans() 函数需要提供初始值 n，n 表示想要分成的类的数目，这里假设分成 2 类。

```
from sklearn.cluster import KMeans

model=KMeans(n_clusters=2)
model.fit(data)
```

模型训练完成之后，可以查看原始数据集 data 都分在哪个簇中。

```
model.labels_          # 每个样本的所属中心标签索引，同 predict(X)
#model.predict(data)   # 预测数据集 X 中每个样本所属的聚类中心索引
```

输出结果为：

```
array([1, 1, 1, 1, 1, 1, 1, 1, 1, 1, 1, 1, 1, 1, 1, 1, 1, 1, 1, 1, 1, 1,
       1, 1, 1, 1, 1, 1, 1, 1, 1, 1, 1, 1, 1, 1, 1, 1, 1, 1, 1, 1, 1, 1,
       1, 1, 1, 1, 1, 1, 1, 1, 1, 1, 1, 1, 1, 0, 0, 0, 0, 0, 0, 0, 0,
       0, 0, 0, 0, 0, 0, 0, 0, 0, 0, 0, 0, 0, 0, 0, 0, 0, 0, 0, 0, 0,
       0, 0, 0, 0, 0, 0, 0, 0, 0, 0, 0, 0, 0, 0, 0, 0, 0, 0, 0, 0, 0,
       0, 0, 0, 0, 0, 0])
```

可见，结果与生成的数据的预设一致，它将横坐标在 [1,30] 区间的数据归为一类，标签为 1；将横坐标在 [41,70] 区间的数据归为另一类，标签为 0。

再随机输入几个数据测试一下：

```
print(model.predict([(1.0, 14)]),\
      model.predict([(62, 23)]),\
      model.predict([(36, 10)]))
```

输出结果为：

```
[1] [0] [0]
```

这表明（1.0,14）被归为标签为 1 的簇，（62,23）和（36,10）被归为标签为 0 的簇。

16.3 机器学习中常见的算法

通过前面的案例可以看出，机器学习的步骤大同小异。

（1）整理数据：数据预处理。

（2）建立模型：model= 模型函数 ()。

（3）训练模型：model.fit(x,y)。

（4）模型预测：model.predict([[a]])。

其他的算法如 SVM、KNN 及随机森林、Adaboost 和 GBRT 等，大部分只需替换以上案例代码中导入相应的模块和实例化模型两部分即可。替换内容对应的代码见表 16-3。

表 16-3　机器学习算法、导入模块与实例化模型的代码

算　法	导入模块	实例化模型
逻辑回归	from sklearn.linear_model import logstic	model= logstic.LogisticRegression()
SVM	from sklearn import svm	clf= svm.SVR()
决策树	from sklearn import tree	clf= tree.DecisionTreeRegressor()
KNN	from sklearn import neighbors	clf= neighbors.KNeighborsRegressor()

算　法	导入模块	实例化模型
随机森林	from sklearn import ensemble	clf= ensemble.RandomForestRegressor(n_estimators=20) # 这里使用 20 个决策树
Adaboost	from sklearn import ensemble	clf= ensemble.AdaBoostRegressor(n_estimators=50)
GBRT	from sklearn import ensemble	clf= ensemble.GradientBoostingRegressor(n_estimators=100)
XGBoost	from xgboost import XGBClassifier	clf=XGBClassifier()
catBoost	import catboost as cb	clf=cb.CatBoostClassifier()
lightGBM	import lightgbm as lgb	clf=lgb.LGBMClassifier()
神经网络	from sklearn.neural_network import MLPClassifier	mlp=MLPClassifier(random_state=42)
聚类	from sklearn.cluster import KMeans	model=KMeans(n_clusters=n)

具体的应用案例请读者自行查阅资料学习。

16.4　本章小结

本章介绍了机器学习的入门知识，以及机器学习的基本步骤，并给出了监督学习和无监督学习的案例。

✏ 读书笔记

参 考 文 献

[1] 余本国. Python 数据分析基础 [M]. 北京：清华大学出版社，2017.

[2] 张良均，王璐，谭立云，等. Python 数据分析与挖掘实战 [M]. 北京：机械工业出版社，2016.

[3] 余本国. Python 编程与数据分析应用 [M]. 北京：人民邮电出版社，2020.

[4] 常国珍，赵仁乾，张秋剑. Python 数据科学技术详解与商业实践 [M]. 北京：机械工业出版社，2018.

[5] 余本国. 基于 Python 的大数据分析基础及实战 [M]. 北京：中国水利水电出版社，2018.